Torsten Rüdinger
Philipp Oppermann

Kleine Mühlenkunde

Deutsche Technikgeschichte vom Reibstein zur Industriemühle

Ein herzliches Glück zu!
aus der historischen Mühle in
Potsdam.

Torsten Rüdinger

30.07.2010

Deutsche Gesellschaft
für Mühlenkunde und
Mühlenerhaltung (DGM) e.V.

Inhalt

7
Grußwort

8
Einführung

11
Die Kraft von Mensch und Tier
11 **Reibsteine und Handdrehmühlen**
13 **Göpel und Rossmühlen**

17
Die Kraft des Wassers
19 **Wasserbauliche Anlagen**
27 **Wasserräder und Mühlengebäude**
28 Bauformen, Arten, Einsatzbereiche
Radwelle mit Lagerzapfen
Lagerung der Wasserradwelle
Radarme bzw. Radarmverband
Radkranz
31 **Arten von Wasserrädern**
31 Oberschlächtige Wasserräder
32 Rück(en)schlächtige Wasserräder
33 Mittelschlächtige Wasserräder
34 Unterschlächtige Wasserräder
Schiff(s)mühlen
38 **Kraftübertragung vom Rad zur Maschine**
40 **Löffelradantrieb**
41 **Wassermühlen mit Turbinen**

51
Die Kraft des Windes
53 **Mühlenflügel**
57 Segelgatterflügel
59 Türenflügel
60 Jalousieklappenflügel
64 Bilau´sche Ventikantenflügel
65 Ten Have-Flügel
67 **Mühlengebäude**
67 Bockwindmühle
72 Kokerwindmühle
75 Paltrockwindmühle
77 Rollbockwindmühle
79 Turmwindmühle
83 Holländerwindmühle
Erdholländer
Wallholländer
Galerieholländer
Unterbaute Holländer
Drehbare Kappe
Windrose
90 Kuriositäten
Kombinierte Wind- und Wassermühle
Doppel-Mühle
Scheunenwindmühle
94 **Windräder**
97 Windkraftanlagen

99
Die Kraft der Maschinen
101 **Dampfmaschinen**
105 **Verbrennungs- und Elektromotoren**
110 **Ausblick**

115
Die Arbeit der Mühlen
117 **Herstellung von Lebensmitteln**
117 Getreidemühle
117 Aufbau und Arbeitsweise des Mahlgangs
121 Die Verarbeitungsschritte des Getreides
Annahme, Qualitätsüberprüfung und Lagerung
Getreidetransport
Reinigung des Getreides
Vermahlung und Sichtung
Mischen
Auslieferung
131 Hafermühle
132 Ölmühle
134 Senfmühle
136 Zichorienmühle
137 Gradierwerk
138 Weitere Nutzungsarten
139 **Herstellung von Werkstoffen**
139 Waidmühle
140 Papiermühle
142 Kreidemühle
144 Lohmühle
145 Pochwerk und Stampfe
146 Weitere Nutzungsarten
147 **Bearbeitung von Werkstoffen**
147 Sägemühle
148 Steinsäge- und Schleifmühle
150 Eisenverarbeitung und Hammerwerke
151 Walkmühle
152 Drahtzieherei
153 Weitere Nutzungsarten
154 **Andere Einsatzarten von Mühlen**
154 Wasserschöpfmühle
156 Stromerzeugung in Mühlen

159
Müller und Mühlenbauer
161 **Der Müller heute**
162 **Berufsaussichten**

165
Die Mühle als Kulturgut
165 **Mühlensterben und Mühlenrettung**
167 **Mühlen und Denkmalschutz**
170 **Landschaftsbild und Mühlenumfeld**
172 **Neue Nutzungskonzepte**
174 **Mühlen und Tourismus**
176 Mühlenstraßen
178 Das Internationale Mühlenmuseum in Gifhorn
181 Die Historische Mühle in Potsdam
184 **Gesellschaftliche Aufgabe: Mühlenerhaltung**

188
Literatur (Auswahl)

190
Abbildungsverzeichnis

191
Adressen

192
Register

194
Impressum

175 Jahre
Muhlenstandort

Grußwort

Unsere historischen Wind-, Wasser- und Motormühlen haben in den letzten 100 Jahren einen enormen Wandel erfahren. Nur noch in wenigen Fällen dienen sie ihrer angestammten Aufgabe, der Herstellung von Lebens- und Futtermitteln oder weiteren produktiven Zwecken. Diese Veränderungen gingen einher mit neuen Lebensgewohnheiten ganz allgemein, bedeuteten aber hinsichtlich des technikgeschichtlichen Erbes vielfach den Verlust bedeutender Anlagen oder günstigenfalls deren Weiterbestehen bei anderweitiger Nutzung.

In funktionierenden oder ruhenden Schauanlagen, in Museen, Gaststätten oder Freizeiteinrichtungen begegnen uns die alten Mühlen mit neuen Aufgaben. Sie haben sich auf diese Weise einen weiteren Freundeskreis erschlossen, der in den letzten Jahren mehr und mehr gewachsen ist. Nicht zuletzt hat der jährlich stattfindende Deutsche Mühlentag zu dieser erfreulichen Entwicklung wesentlich beigetragen. Die nahezu volksfestartigen Veranstaltungen haben deutlich gemacht, dass das technische Interesse der Besucher an der historischen Müllerei gewachsen ist. Technische Details und historische Zusammenhänge sind gefragt und für die Mühlengäste mehr und mehr der Hauptgrund ihres Besuchs.

Die beiden Autoren Philipp Oppermann und Torsten Rüdinger besitzen profunde Kenntnisse der Materie und durch ihre langjährige berufliche Tätigkeit wissen sie um den Bedarf der Mühlenbesucher nach unterstützender Fachlektüre. Die „Kleine Mühlenkunde“ verhilft Mühleninteressierten zu einem besseren Verständnis und zur Vertiefung des visuellen Erlebnisses. Sie vermittelt übersichtlich und leicht verständlich umfassende Informationen rund um die historische Müllerei von den Anfängen bis in unsere Zeit der Veränderungen und Umnutzungen. Ich wünsche der „Kleinen Mühlenkunde“ zahlreiche interessierte Leser. Den Autoren, dem Verlag und allen Unterstützern dieses Vorhabens danke ich herzlich.

Glück zu!

Erhard Jahn
Präsident der Deutschen Gesellschaft
für Mühlenkunde und Mühlenerhaltung (DGM) e.V.

Mühle Rosenmüller Cammer (Brandenburg)

Einführung

Mühlen faszinieren. Als historische Orte, kühne Bauwerke und technische Wunderwerke. Seit über 2.000 Jahren gehen der technische Fortschritt und die Entwicklung der Mühlentechnik Hand in Hand. Daher gewähren historische Mühlen einen Blick in die Vergangenheit. Nicht nur über immer neue technische Lösungen bei der Nutzung der Naturkräfte können sie erzählen. Mehr noch: Sie sind Zeugen gesellschaftlicher Entwicklung auf dem Lande und in der Stadt.

Das 20. Jahrhundert bedeutete für die tradierte Technik von Wind- und Wassermühlen eine einschneidende Wende: Es brachte die Industrialisierung all jener Tätigkeiten, die bisher die Mühlen ausgeübt hatten, und damit den Zerfall vieler Anlagen. Mit den Mühlen verschwand auch das Wissen. Niemand lernt mehr die Handgriffe, die einst zu den alltäglichen Aufgaben eines Müllers gehörten. Mühlen sind mittlerweile zu technischen Denkmalen und Objekten ehrenamtlichen Engagements geworden. Ihre wirtschaftliche Bedeutung liegt meist auf touristisch-musealem Gebiet. Aus Produktionsstätten wurden so nicht selten romantisch verklärte Objekte mit Erinnerungswert. Gerade deshalb ist der Wissenshunger um die Funktionsweise der Mühlen aus vergangenen Tagen groß. Die „Kleine Mühlenkunde“ will wenigstens einen Teil dieses Wissens bewahren helfen.

Jene, die sich heute den Mühlen widmen und neugierig auf die alte Technik blicken, haben ganz vielfältige Interessen: Technik, Geschichte, Natur, Landwirtschaft, Soziologie. Den typischen Mühlenfreund gibt es nicht. Es kann ihn auch nicht geben, denn Mühlen haben etwas Eigenartiges an sich: Sie sprechen ganz unterschiedliche Seiten in uns an.

Den großen Rädern bei ihrer Arbeit zuzusehen, den weiten Blick vom Mühlenberg ins Land zu genießen und den Wind zu spüren, am Mühlenbach unter Erlen und Eschen dem Lauf des Wassers zum Rad zu folgen, all das berührt in seiner Romantik die Seele.

Es ist aber auch die handfeste technische Seite einer Mühle, die Interesse weckt und gerade von Laien gut verstanden werden kann. Mühlenhaus, Wellen, Räder – all das verbindet ferne Geschichte mit unmittelbarer Gegenwart, erzeugt Achtung vor der Leistung früherer Generationen. Über Jahrhunderte hinweg verkörperten Mühlen mit der Umwandlung von Wind- und Wasserkraft zu jener Energie, die den schweren Mühlstein zum Rotieren brachte, den neuesten Stand der Technik. Aufbau und Funktion der Mühlen hingen vor allem vom Wirken der Naturkräfte ab. Was uns heute als ästhetisch gelungenes Bauwerk erscheint, ist vor allem eine Antwort auf das Wirken physikalischer Gesetze. Immer effektiver wurden im Lauf der Zeit Wind und Wasser genutzt – bis mit Dampf, Benzin, Diesel und elektrischem Strom völlig neue Energien ihren Weg in die Mühlen nahmen. Von da ab unterschieden sich die Abläufe in einer Mühle kaum noch von denen einer Fabrik.

Die „Kleine Mühlenkunde" kann nicht alle Aspekte der Mühlengeschichte gemäß ihrer Bedeutung darstellen. Es war eine Auswahl zu treffen. Daher handelt dieses Buch in erster Linie von der Umwandlung ungebändigter Naturkräfte in Energie, die zweckgerichtete Arbeit leisten kann. Wer einmal einen Mühlstein gesehen hat, fragt sich: Haben Wasser und Wind wirklich die Kraft, diesen Stein in eine schnelle Bewegung zu versetzen? Sie haben die Kraft! Die „Kleine Mühlenkunde" wird zeigen, welches technische Know-how in den Mühlen verborgen ist. Wer sich mit Mühlen befasst, muss gleich mehrere Wissensgebiete durchstreifen. Zunächst natürlich die Mechanik, jenes Teilgebiet der Physik, das sich mit der Wirkung von Kräften beschäftigt. Dann die Lehre vom Bauen, die Architektur. Ein wenig Pflanzenkunde ist von Nutzen, wenn es darum geht, die Getreidearten zu unterscheiden. Wenn man dann noch bedenkt, dass die Funktionen der Mühlen mit dem Mahlen von Getreide längst nicht erschöpft sind, kommen noch viele weitere notwendige Wissensgebiete hinzu. Daher führt die „Kleine Mühlenkunde" auf zahlreiche Felder in der Welt des Wissens.

Für uns, die Autoren der „Kleinen Mühlenkunde", ist die Beschäftigung mit Mühlen in den letzten Jahren vom Hobby zum Beruf geworden, sei es im Internationalen Mühlenmuseum in Gifhorn oder in der Historischen Mühle in Potsdam. Aus dieser Arbeit heraus entstand das vorliegende Buch.

Zuletzt sei all jenen Menschen an dieser Stelle gedankt, die mit fachlichem Rat und großem Interesse zum Gelingen des Buches beigetragen haben.

Mit dem Gruß des Müllers: Glück zu!
Philipp Oppermann und Torsten Rüdinger

Mahltrog
Mahltrog der
Bronzezeit
2000 - 800 vor Chr.

Die Kraft von Mensch und Tier

Die Geschichte der Mühlen beginnt weit vor dem Beginn unserer Zeitrechnung und ist eng verbunden mit der Kultivierung von Nutzpflanzen und damit der Sesshaftwerdung der Menschen. Mühlen begleiten die Menschen seit ihren ersten Schritten in die Zivilisation, bedeuteten sie doch eine Umwälzung aller Lebensverhältnisse. Sie erlaubten eine kontinuierliche Verfügbarkeit von Lebensmitteln, denn erst durch die Zerkleinerung der Getreidekörner und die Zubereitung von Speisen durch Kochen oder Backen wurden diese nutzbar für den menschlichen Organismus.

Als in Mitteleuropa die Mühle aufkam, bezog sich der Begriff „Mühle" auf eine einfache Arbeitsmaschine – im Althochdeutschen gibt es die Bezeichnung muli, im Lateinischen molina, was zu molere = mahlen wurde. Diese von Hand betriebene Maschine diente u. a. zur Zerkleinerung von Körnerfrüchten.

Handdrehmühle

Reibsteine und Handdrehmühlen

Vor der Mühle gab es den Mahlstein, denn seit jeher mussten bestimmte Körner zerkleinert werden: Der menschliche Organismus kann ungemahlene Getreidekörner einfach nicht verarbeiten. Die Verbreitung von Reibsteinen ist durch viele archäologische Funde belegt. Mahlsteine der Bronzezeit, meist aus Findlingen hergestellt, sind heute in vielen Museen zu sehen. In die Stadtmauer von Templin z. B. wurde ein solcher Stein gut sichtbar eingefügt. Die Mauer ist 1.735 Meter lang, bis zu sieben Meter hoch und besteht größtenteils aus Feldsteinen. Sie wurde in der zweiten Hälfte des 14. Jahrhun-

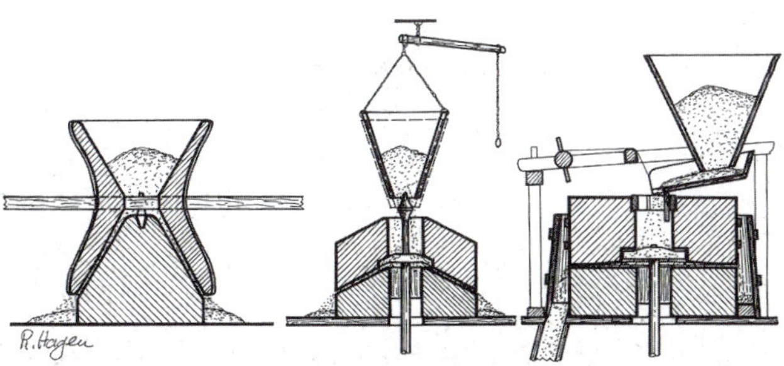

← v. l. römische Glockenmühle (Antrieb durch Sklaven oder Tiere); römischer Mahlgang (Antrieb durch Wasserkraft oder Tiere); alter Deutscher Mahlgang (Antrieb durch Wasser- oder Windkraft)

← ← in die Stadtmauer von Templin (Brandenburg) eingefügter Mahltrog

spätmittelalterliche Handdrehmühle (Ausstellungsstück im Internationalen Mühlenmuseum Gifhorn)

Darstellung eines Tretradantriebs für einen Bergwerksaufzug

derts errichtet. Niemand hat die Karrenladungen voller Steine gezählt, die von den umliegenden Wiesen und Feldern herangefahren wurden. Waren es 50.000, 100.000, 150.000? Inmitten dieser riesigen Steinansammlung befindet sich aber ein ganz besonderer: ein bronzezeitlicher Mahltrog. Der gehörte vor rund 3.000 Jahren zu einem Hausrat. Im ausgehöhlten Granitblock wurde mithilfe eines Handreibsteins in der Regel Getreide zerkleinert. Bleibt die Frage, warum dieser Mahltrog an gut sichtbarer Stelle in die Mauer eingearbeitet wurde. Reiner Zufall, oder wollte hier jemand einen historischen Gegenstand für alle Zukunft bewahren?

Vorfahren der späteren Mühlsteine waren dann schon eher die bei Grabungen in Steinbach im Taunus gefundenen Handmühlen aus der Jungsteinzeit. Die aus Eifeler Basaltlava gefertigten „Napoleonshüte" sind pyramidenförmige Mahlsteine, die einer militärischen Kopfbedeckung des 19. Jahrhunderts ähneln und als Bodensteine zur Zerkleinerung von Getreidekörnern dienten. Die spitze Seite des Steins wurde in den Boden eingelassen, die flache Oberseite diente als Mahlfläche. Das Gestein stammte aus den Steinbrüchen der Eifel. Zunächst erfolgte bei den Reibsteinen und Mahltrögen eine lineare Bewegung des oberen Steins über das Mahlgut, später folgte die kreisförmige Bewegung. Seit 300 bis 100 v. Chr. ist in Mitteleuropa die Handdrehmühle bekannt.

Die hoch entwickelte Kultur des Römischen Reiches, das sich bis in das späte 3. Jahrhundert n. Chr. zum Rhein und über die Donau hinaus erstreckte, hatte einen wesentlichen Einfluss auf die hierzulande genutzte Technik: Mehr und mehr von Tieren angetriebene Mühlen übernahmen die Aufgaben der alten Handdrehmühle.

glockenförmige Getreidemühlen in einer römischen Bäckerei in Pompeji

Göpel und Rossmühlen

Tiere halfen den Menschen schon in der Antike bei der Verrichtung schwerer Tätigkeiten. Durch Ausgrabungen wurden in der 79 n. Chr. durch den Ausbruch des Vesuvs verschütteten Stadt Pompeji mehrere Bäckereien freigelegt, zu deren Ausstattung auch von Tieren angetriebene Getreidemühlen gehörten. Ein Nachbau dieser glockenförmigen Getreidemühlen kann heute im Archäologischen Park Xanten besichtigt werden.

Göpelantrieb im Bergwerk

Göpel oder Rossmühlen sind maschinelle Vorrichtungen, mit deren Hilfe Tiere als Antriebskraft eingesetzt werden konnten. Hauptbestandteile des Göpels sind die vertikale Göpelspindel als zentrale Achse und der horizontale Schwengel, an dessen äußerem Ende die Zugtiere angebunden wurden. Diese liefen dann in einer kreisförmigen Bahn und versetzten über den Schwengel die Göpelspindel in eine ständige Drehbewegung. Ein Getriebe leitete diese Drehbewegung auf andere Antriebswellen weiter, an die Verarbeitungsmaschinen angeschlossen waren. Bei Bedarf konnte über das Getriebe die Drehgeschwindigkeit der Antriebswellen erhöht werden.

Auch Tretmühlen, bei denen Tiere, gelegentlich Menschen, ein vertikal stehendes Laufrad oder ein horizontal, leicht geneigt angebrachtes Laufbrett in Bewegung versetzten, werden als Göpel be-

Rossmühle zum Antrieb eines Mahlgangs

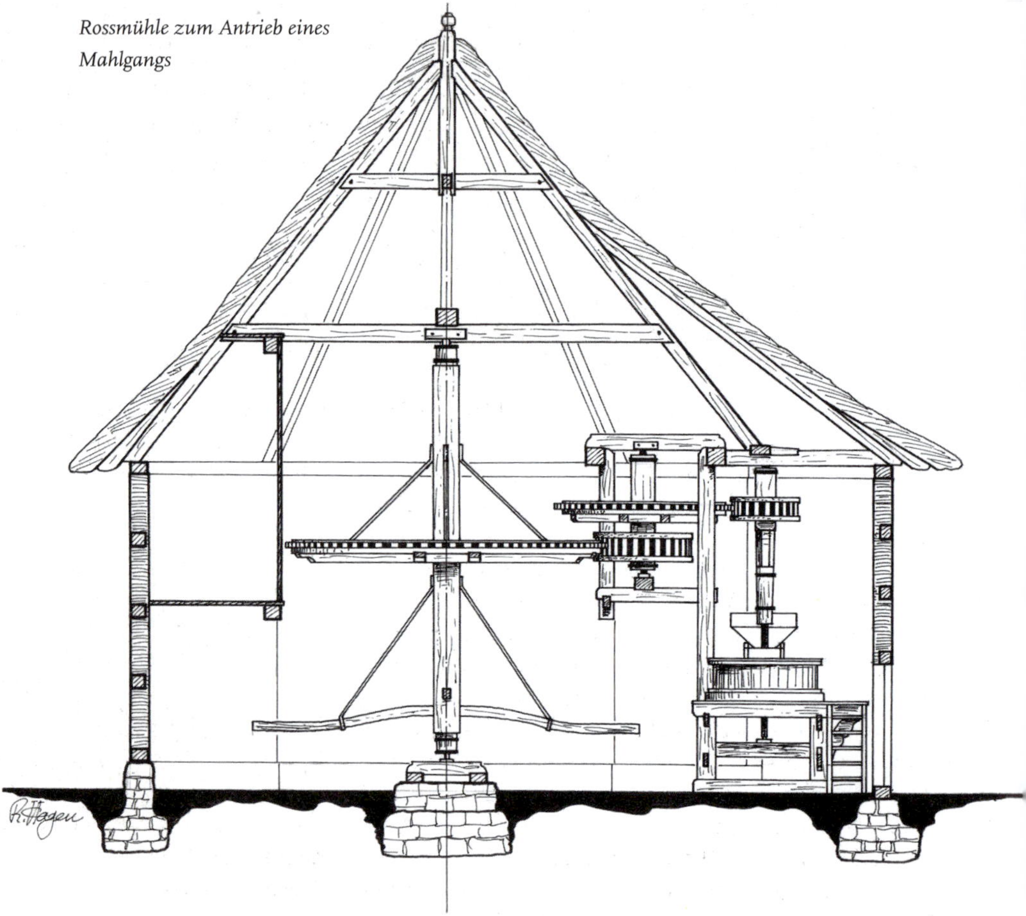

zeichnet. Es gab mobile und stationäre Göpel. Mobile hatten den Vorteil, je nach Bedarf an unterschiedlichen Orten, auf verschiedenen Bauernhöfen oder auf dem Feld eingesetzt werden zu können. Stationäre Göpel dienten gelegentlich als ergänzender Antrieb an Naturkraftmühlen, wenn die Witterungsverhältnisse bei Windstille oder Wassermangel keinen sicheren Betrieb zuließen. Oft waren sie auch auf Bauernhöfen zu finden, als Antrieb von Getreidemühlen, die meist der Eigenversorgung des Hofes dienten, und als „Motor" für Dresch- oder Häckselmaschinen.

Diese feststehenden Göpel waren häufig in Scheunen untergebracht oder erhielten zum Schutz vor Witterungseinflüssen eine eigene Überdachung, den „Göpelschauer".

↖ *Rossmühle Oberbauerschaft*
↑ *Rossmühle im Museumshof Rahden (Nordrhein-Westfalen)*

Charakteristisch ist dessen meist pyramidenförmige Bauweise, die ihn deutlich von anderen Bauten unterscheidet. Noch heute sind auf manchen Höfen derartige Gebäude zu sehen, auch wenn sie inzwischen ganz anderen Zwecken dienen.

Befinden sich pferdekraftgetriebene Göpelanlagen in festen, meist ausschließlich zu diesem Zweck errichteten Gebäuden, werden diese als Rossmühlen bezeichnet. Auch eine einfache Scheune konnte zur Rossmühle umfunktioniert werden. Sie standen vor allem auf großen Bauernhöfen und dienten hier gleich mehreren Antriebszwecken. Je nach Größe der Rossmühle liefen die Zugtiere außen herum. Der Schwengel ragte aus der Dachspitze heraus und folgte der Dachneigung zum Erdboden, so dass die Rossmühle an das Bild einer überdimensionalen Hand-Kaffeemühle erinnern kann. Die Tiere verrichteten ihre Arbeit aber auch im Gebäude, wenn es die entsprechende Größe hatte. Vor allem aus Westfalen sind diese großen Rossmühlen bekannt, die in mehreren Anbauten weitere Verarbeitungsmaschinen beherbergen konnten.

Im Mittelalter standen Rossmühlen häufig mitten in den Städten, um im Fall von Kriegs- und Belagerungssituationen eine Notversorgung der Bevölkerung mit Mehl zu sichern. Denn die meist außerhalb der Stadtmauern liegenden Wasser- und Windmühlen konnten in diesen Zeiten nicht oder nur unter großer Gefahr erreicht werden. Im unterfränkischen Karlstadt wurde eine derartige Rossmühle rekonstruiert. Sie kann an historischem Standort in einem kleinen Gewölberaum innerhalb der Stadtmauer besichtigt werden.

stationärer Göpel mit Übersetzungsgetriebe

Göpelschauer eines stationären Göpelwerks im Freilichtmuseum Cloppenburg (Niedersachsen)

Die Kraft des Wassers

Ehemalige Wassermühlen sind heute beliebte Wanderziele. Irgendwo im Wald, an einem idyllischen Bach, wo es auch an heißen Sommertagen angenehm kühl bleibt, wartet ein Ausflugslokal auf Erholungssuchende. Das gewaltige Mühlrad ist noch an seinem Platz, es sorgt für die nostalgische Stimmung. Das Fachwerk des Mühlengebäudes ist frisch restauriert. Alles scheint wie in alten Zeiten. Aber dort, wo sich einst der Mühlstein drehte, sitzen heute die Wanderer. Die Mühle ist uns als Kulturgut vergangener Zeiten erhalten geblieben und dient einem neuen Zweck. Umso mehr ist es nötig, die Erinnerung an das, was Mühlen einmal waren, wachzuhalten. Auch an die Bauern, die mit ihrem Getreide zur entlegenen Mühle fuhren oder an den Müller, der dafür sorgen musste, dass seine Mühle „klapperte", egal ob sein Bach fast ausgetrocknet war, Hochwasser führte oder gar vereist war.

Darstellung von Wasserrädern

Die ersten wassergetriebenen Mühlen standen auf heutigem deutschem Gebiet in der Limesregion bei Ettingen/Ingolstadt und im Rheinland. Bei Ausgrabungen fanden Archäologen vom Rheinischen Amt für Bodendenkmalpflege im August 2009 an einem Altarm des Flüsschens Inde die Reste einer Wassermühle, erbaut in der Zeit um Christi Geburt. Zu den Funden gehörten zwei große hölzerne Achslager, schaufelähnliche Gegenstände und Mahlsteine. Sie lassen vermuten, dass die germanische Bevölkerung um die römische Technologie von Wassermühlen wusste.

Als die Franken im 6. Jahrhundert thüringische Gebiete eroberten, brachten sie fränkische

Mühle des Hofes Overmeyer Halverde bei Hopsten (Nordrhein-Westfalen)

Minden mit Schiffmühlen auf der Weser, Kupferstich von Wenzel Hollar um 1680

Verwaltungs- und Wirtschaftsformen mit. Diese beinhalteten das zielgerichtete Anlegen von Mühlen als Verarbeitungsstätten. Auch Karl der Große ließ um 800 ein flächendeckendes Netz von Wassermühlen, insbesondere in der Nähe der Königshöfe bauen. In der folgenden Zeit entstanden Orte, deren Namen auf den Standort einer Mühle verweisen: Mühlhausen, Mühlheim, Mühleberg ...

Zur Technik der mittelalterlichen Mühlenanlagen gibt es kaum fundierte Informationen. Dennoch lässt sich ein Technologietransfer insbesondere durch die Gründung von Klöstern nachweisen. Die Mönche brachten ihr Wissen um Wassermühlen aus westlichen, technologisch weiterentwickelten Gebieten mit. Noch prägender war der Umstand, dass die Zisterzienser im 12. und 13. Jahrhundert mehr als 700 Klöster gründeten, den Ordensregeln entsprechend, im Tal an Wasserläufen. Eine Mühle gehörte zu den ersten Bauten einer jeden Klosteranlage. Das Erstarken der Städte zwischen dem 10. und 12. Jahrhundert, das einen deutlichen Bevölkerungszuwachs mit sich brachte, steigerte den Bedarf an Mühlenprodukten und förderte so die Verbreitung der Wassermühlen. Auch die wirtschaftlichen Interessen adliger Eliten trugen ihren nicht unwesentlichen Teil bei.

Zimmermann Wild Engelhart, 1468. Aus: Hausbuch der Mendelschen Zwölfbrüderstiftung. 14. – 18. Jhrd. Stadtbibliothek Nürnberg

Bis in das 14. Jahrhundert hinein war das unterschlächtige Rad das bestimmende Antriebsaggregat. Erst ab Mitte des 14. Jahrhunderts hielt das oberschlächtige Einzug in die Mühlen und brachte eine stärkere Leistung und eine Erhöhung der Produktionskapazität. Zu Beginn des 15. Jahrhunderts gab es in gebirgigen Gebieten erste horizontal angeordnete Wasserräder. Zu den frühen Mühlenbauten gehörte auch die Schiff(s)mühle – eine schwimmende Wassermühlenform. Sie wurde bis weit in das späte 19. Jahrhundert auf vielen Flüssen ausschließlich zur Getreideverarbeitung genutzt.

Wasserbauliche Anlagen

Wohl kaum etwas hat die mitteleuropäische Landschaft stärker geprägt, als das Anlegen von Wassermühlen. Bäche und Flüsse wurden verbreitert, Wehre gebaut, Mühlgräben ausgehoben oder Stauteiche angelegt.

Je nach Größe und Lage des Flusses gibt es unterschiedliche Bauformen der Mühlenanlagen, ein wichtiger Aspekt ist z.B. das nutzbare Gefälle. Typisch für viele kleinere Wassermühlen ist die Anlage eines Mühlgrabens oder eines Kanals, der eine längere Fluss- oder Bachstrecke abschneidet und es so erlaubt, das natürliche Gefälle besser zu nutzen. An einem Stauwehr wird das Wasser zum Mühlgraben geleitet. Gerade bei kleineren Bächen, die wenig Wasser führen, ist der Graben oft mit einem Stauteich verbunden, in dem während der Nacht Betriebswasser gesammelt wird.

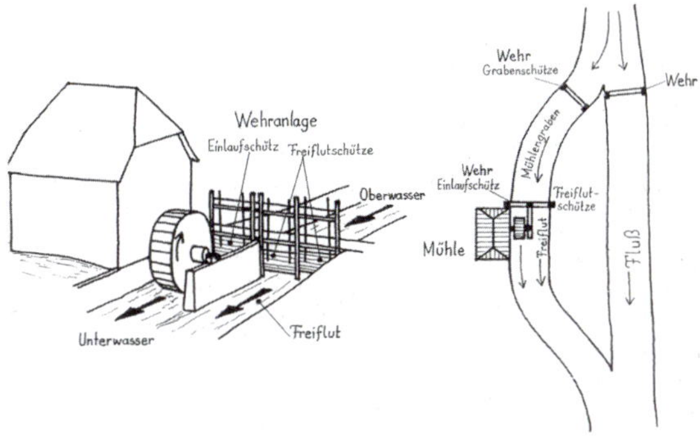

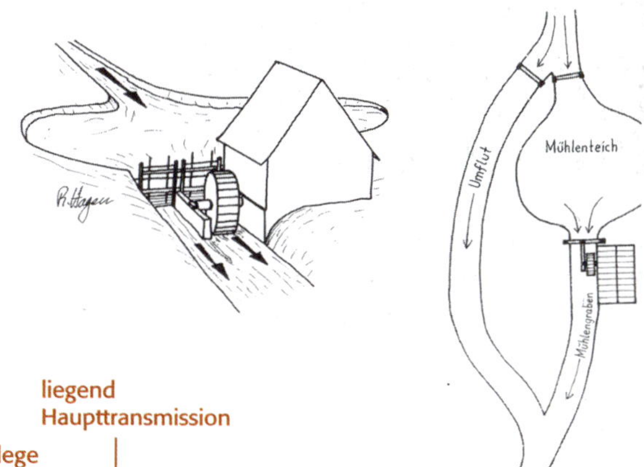

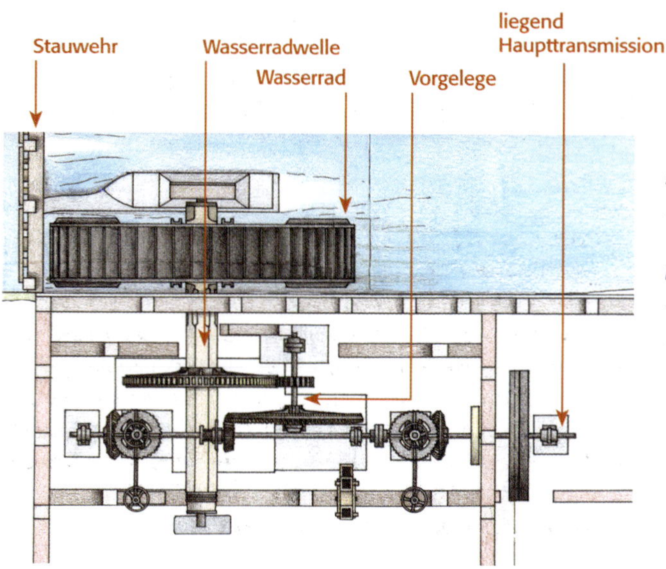

↑ *Wassermühle mit unterschlächtigem Rad an einem Seitenkanal/Mühlgraben (oben) und an einem vorgelagerten Mühlteich (unten)*
← *Wassermühle Vesbeck (Niedersachsen)*

wasserbauliche Anlagen zur Schlabener Mühle in Neuzelle (Brandenburg)

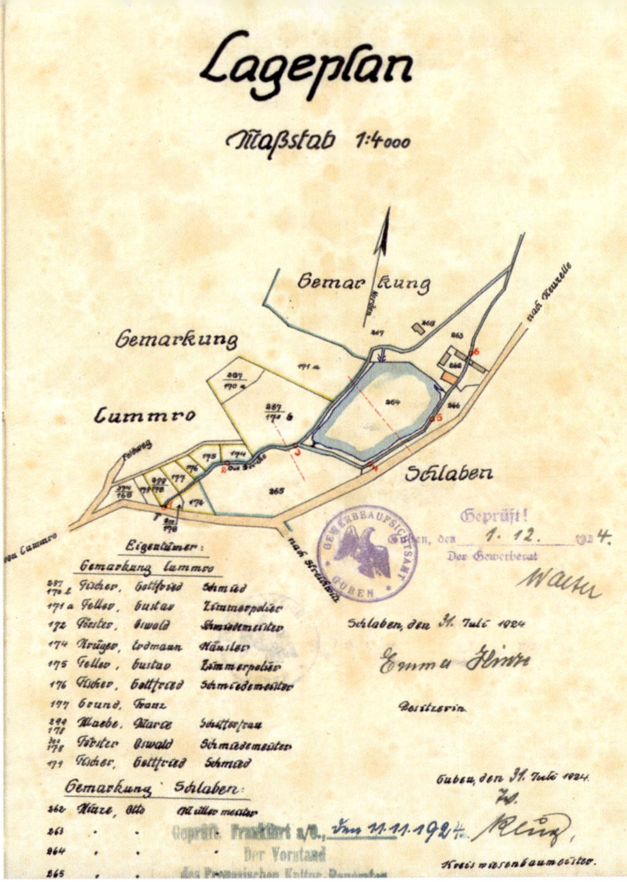

Pfeiffers Mühle in Buchfart an der Ilm (Thüringen) mit festem Wehr

Bei einer anderen möglichen Bauform sind das Stauwehr und die Wasserradanlage bzw. das Turbinenhaus quer zum Flusslauf angelegt. Über einen Bereich des zweigeteilten Wehrs gelangt das Wasser zum Antriebsaggregat, über den anderen wird das nicht benötigte Wasser wieder abgeleitet.

Bringt das Gewässer sehr viel Wasser mit, muss der natürliche Fluss- oder Bachlauf durch eine Bucht verändert und verbreitert werden. In ihr findet dann auch die Mühle ihren Platz. Das Stauwehr verläuft über die gesamte Breite des Fließgewässers. An manchen Orten stehen zwei Mühlen einander gegenüber, eine jede mit einem unabhängig voneinander zu betreibenden Rad. Das Stauwehr befindet sich zwischen beiden. Diese Bauart wird aufgeteiltes Kraftwerk genannt.

Zu einer Wasserkraftanlage gehören bestimmte Bauelemente, allerdings kann die Art der verwendeten Wasserkrafttechnik unterschiedlich sein. Da viele Mühlen an einem Mühlgraben oder Mühlkanal liegen, soll der Aufbau exemplarisch an dieser Art der Wasserkraftnutzung aufgezeigt werden.

Das Stauwehr leitet das Wasser in den Mühlgraben. Für die ökologische Qualität des Gewässers sorgen Wanderhilfen im Wehr, die gleichzeitig für Fische und andere im Wasser lebende Tiere eine wichtige Durchlässigkeit schaffen. Die Stauwehre können unterschiedlich gebaut sein, z. B. aus Naturstein- oder Betonbauwerk mit einer festen Wehrhöhe oder als veränderbares Schützenwehr. Bei Letzterem sorgen einzelne Staubohlen oder Schützentafeln für die ideale Stauhöhe, den wasserrechtlichen Rahmen bestimmt die Wasserbehörde.

Schützenwehr an der Wassermühle Wustrau am Rhin (Brandenburg)

Schützenwehr am Zufluss eines unterschlächtigen Rades der Hohnhorster Wassermühle bei Warpe (Niedersachsen)

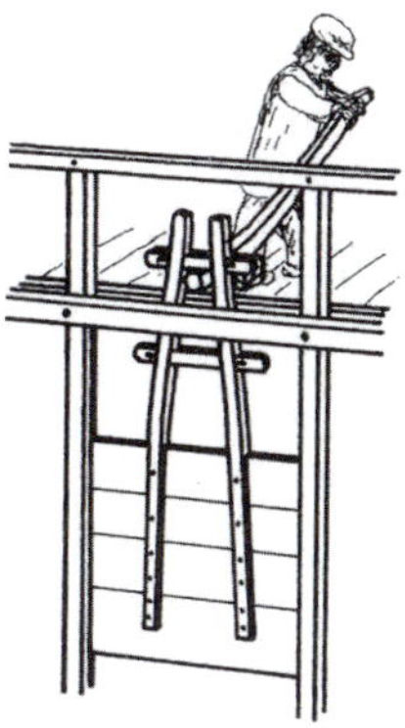

Hebebock mit Hubstange

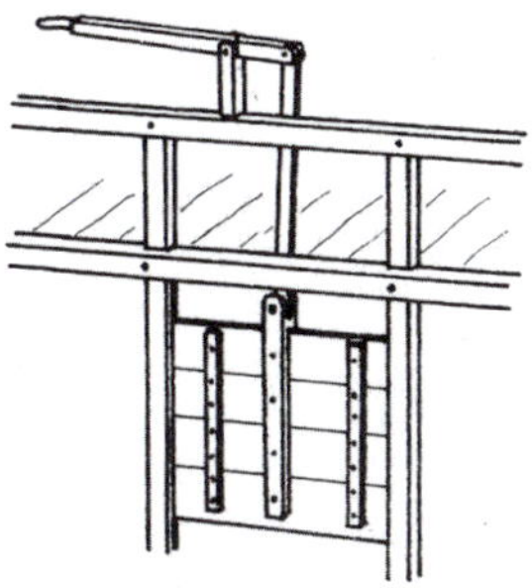

fest eingebauter Hebel

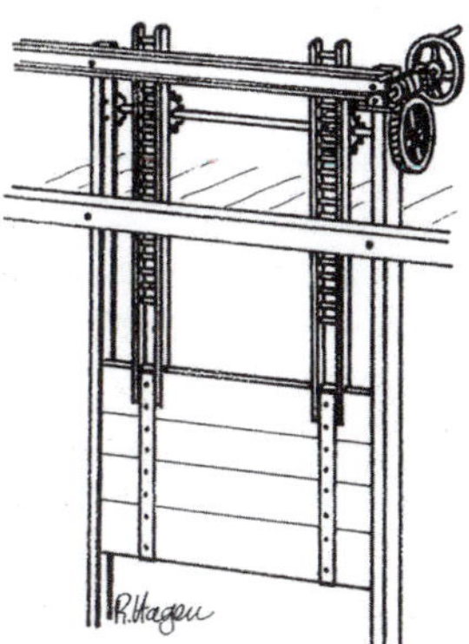

Zahnstangen-Hebewerk (ältere Form)

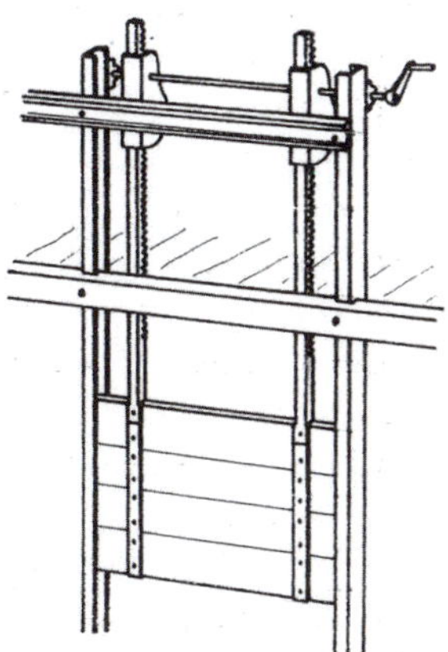

Zahnstangen-Hebewerk (modernere Form)

Schützenzüge an einem Wehr

Rechenanlage

Vor dem Mühlgraben befindet sich in der Regel ein Schwemmbalken, der verhindert, dass Blätter, Äste oder Müll in den Mühlgraben gelangen. Mühlgräben sind oft wahre wasserbautechnische Meisterleistungen: Damit ein großes Gefälle erreicht wird, liegen sie zuweilen über dem umgebenden Land und müssen daher sehr gut abgedichtet sein.

Vor dem Wasserrad oder der Turbine befindet sich ein Rechen, eine Art Schutzgitter mit senkrechten Eisenstäben. Wie der Schwemmbalken sorgt auch er dafür, dass keine Fremdkörper den Arbeitsablauf stören. Bei einer Wasserturbine beträgt der Abstand der Stäbe nur 20 Millimeter – so werden Blätter, Äste oder Fische, die in die Turbine gelangen und sie verstopfen können, abgefangen. Bei einem Wasserrad kann der Abstand größer sein, da kleineres Treibgut keine Schäden anrichten und Fische durch die geringen Drehzahlen des Rades nicht zu Schaden kommen können. Der Rechen muss gerade im Herbst regelmäßig gesäubert werden. Dafür verfü-

↓ Mühlgraben an der Steinmühle Polleben (Sachsen-Anhalt)
↘ automatisch arbeitende Rechenreinigungsmaschine (WKA Bischofswerda, Brandenburg)

gen größere Anlagen über automatisch arbeitende Rechenreinigungsmaschinen, bei kleineren muss der Müller zur Harke greifen und die Arbeit mit der Hand erledigen.

Bei dem weiteren Weg des Wassers zum Rad oder zur Turbine gibt es große Unterschiede bei den einzelnen Bauweisen. Zum oberschlächtigen Rad gelangt das Wasser über eine hölzerne Rinne. Ein kleiner Schieber, der über einen Hebel aus der Mühle bedient wird, kann die Wasserzufuhr stoppen. Dann fließt das Wasser über einen separaten Wasserauslass am Rad vorbei direkt in das Unterwasser. Das Rad hängt frei über dem Unterwasser. Bei einem mittel- oder rückschlächti-

↑ hölzernes Gerinne zu einem oberschlächtigen Rad

↓ Kropfrad mit Überfalleinlauf

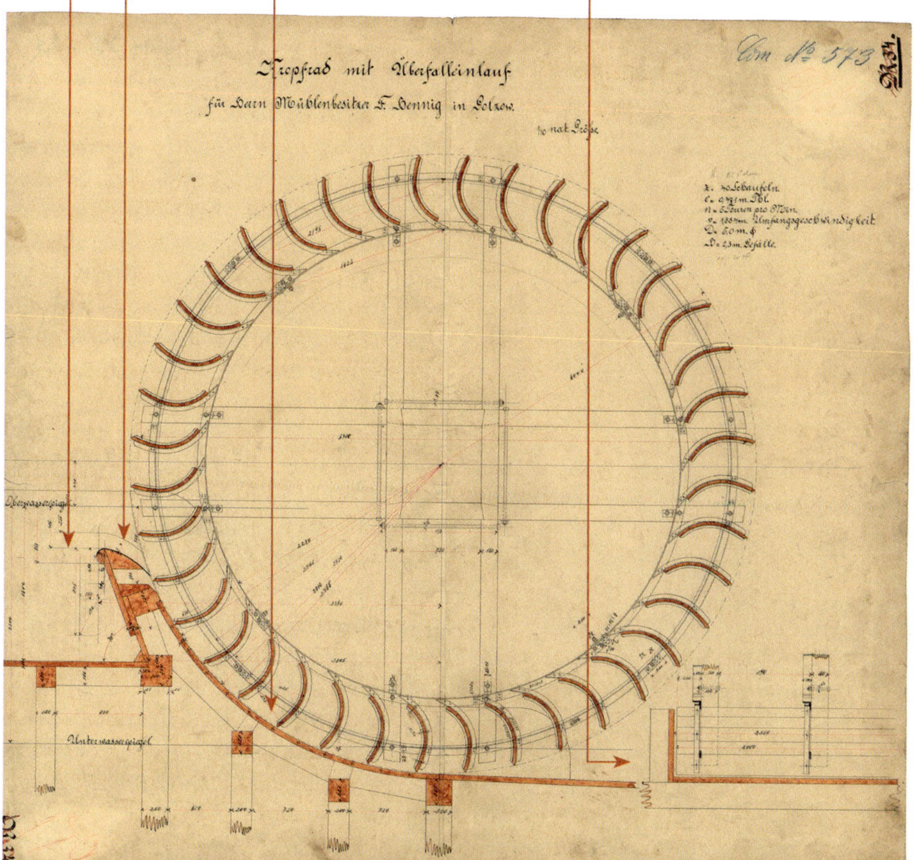

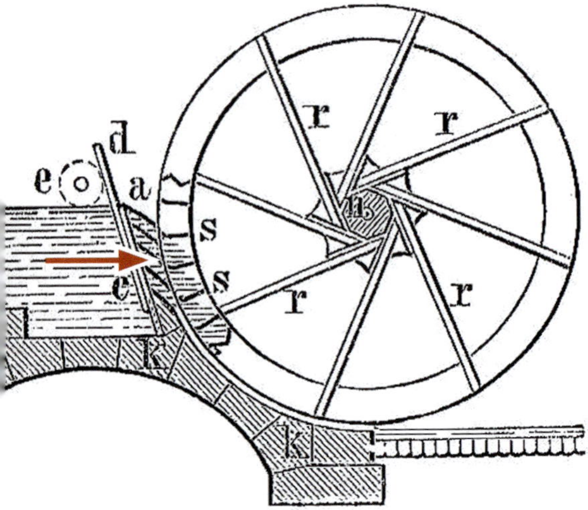

mittelschlächtiges Wasserrad mit Kulisseneinlauf (Pfeil)

Turbinenkammer einer liegenden Francis-Schachtturbine

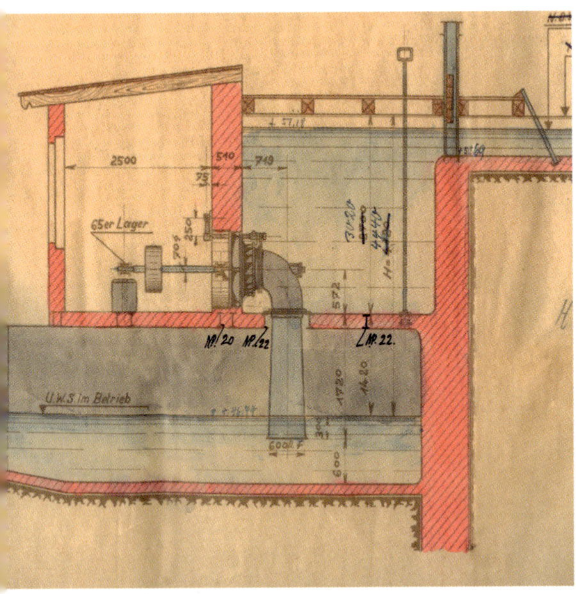

gen Rad wird das Wasser über eine Leiteinrichtung, auch „Kulisse" genannt, zu den Radzellen geführt. Ein Kropfgerinne sorgt dafür, dass das Wasser in den Radzellen bleibt. Es schließt eng an das Rad an, um Wasserverluste zu vermeiden. Nur das Zuppingerrad, das im Folgenden noch näher beschrieben wird, bietet diese Möglichkeit nicht. Bei diesem wird das Wasser durch einen Überfallschütz, eine spezielle Bauform eines Wehrs, in die Radzellen geleitet. Das Wasser fließt dabei über die obere Wehrkante zum Rad. Unterschlächtige Räder, wie es sie z. B. bei der Schiff(s)mühle gibt, haben meist keine baulichen Zuleitungseinrichtungen, die das Wasser zum Rad führen.

Anders bei Wasserturbinen: Die Zuleitungseinrichtungen zur Wasserturbine sind abhängig von der jeweiligen Bauform. Francis-Turbinen mit stehender oder liegender Welle sind in eine Turbinenkammer eingebaut. Im Einlaufbereich zur Kammer gibt es einen Einlaufschütz, mit dem die Kammer im Falle von Reparaturen trockengelegt werden kann. Seitlich am Schütz befindet sich ein weiteres Wehr, das Leerschussgerinne. Über dieses gelangt überschüssiges Wasser in das Unterwasser. Weiterhin gibt es eine Pegelmesseinrichtung und eine Staumarke. Sie geben die maximale Stauhöhe vor, die in der wasserrechtlichen Genehmigung festgelegt ist. Bei Francis-Spiral- oder Durchströmturbinen wird das Wasser über Rohrleitungen zur Turbine geleitet.

An vielen Mühlen sind die beschriebenen wasserbaulichen Anlagen heute in einem sehr schlechten Zustand. Über Jahrzehnte verfielen sie einfach nach Stilllegung des Mühlenbetriebs. Dennoch, sie gehören als fester Bestandteil zu einer Mühle.

Burgmühle in Burgdorf bei Hannover (Niedersachen)

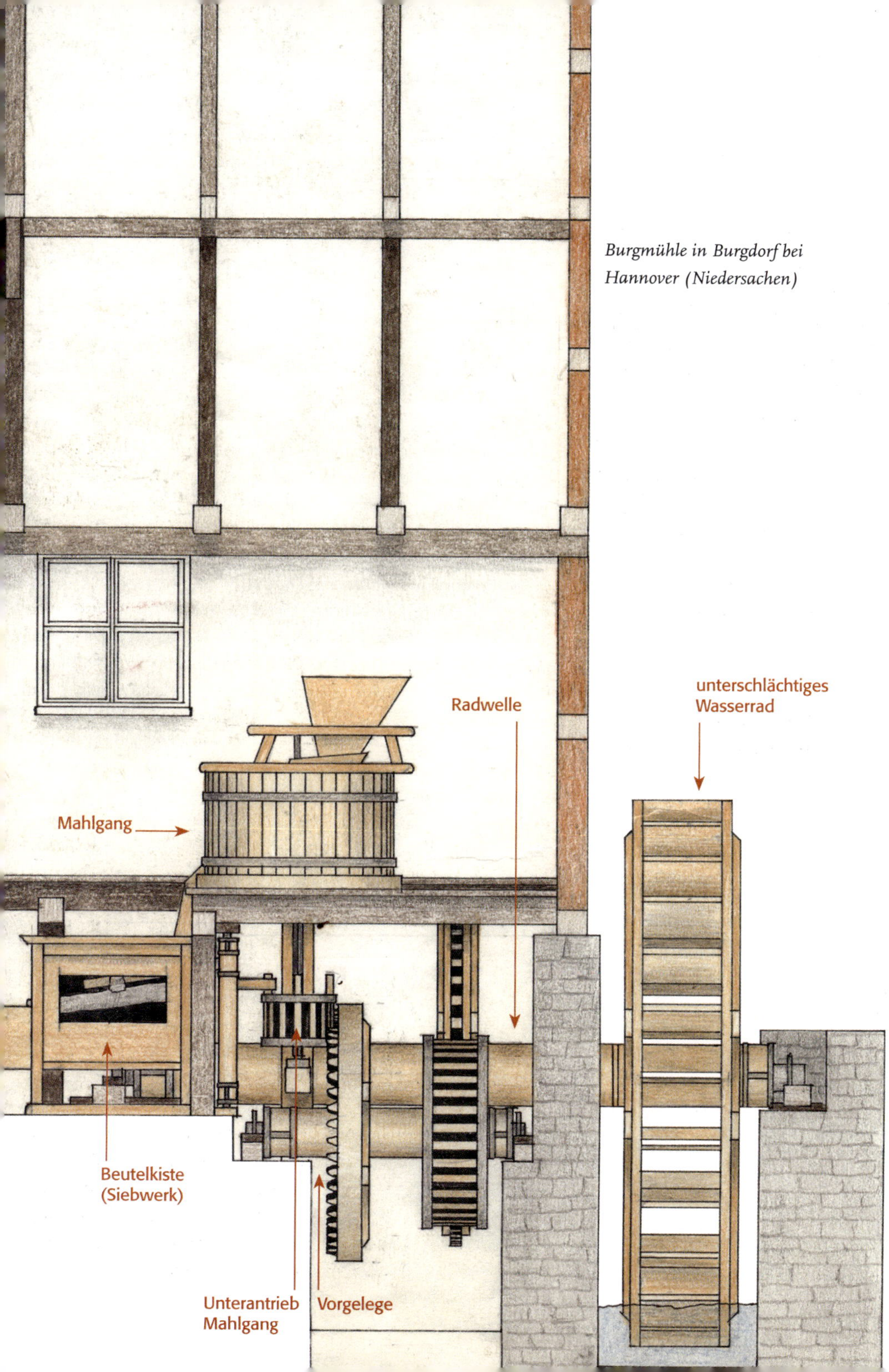

Beutelwerke
Antrieb zum Mahlgang
Vorgelege
Radwellen
Wasserräder

Wasserräder und Mühlengebäude

Wassermühlen an wasserreichen Fließgewässern, die auf mittelalterliche Anlagen zurückgehen, besitzen häufig mehrere versetzt zueinander angeordnete Wasserräder. Die Gebäude stehen parallel zum Fließgewässer. Gut erkennbar sind die Durchführungen an den Radwellen, sie weisen oft einen aus

Radstube eines Wasserrades, Neue Mühle Wildau-Wentdorf an der Dahme (Brandenburg)

parallele Wasserräder, Zeichnung von Anthonie Waterloo aus dem 17. Jahrhundert

Ziegelsteinen oder Natursteinen gemauerten bogenförmigen Sturz auf. Quer zum Fließgewässer stehende Mühlen haben selten mehr als ein Rad. Häufig jedoch ist die parallele Anordnung zweier Räder – insbesondere dann, wenn auf beiden Seiten des Fließgewässers ein Mühlengebäude steht.

Da Wasserräder, die sich außerhalb des Mühlengebäudes befinden, sehr anfällig für winterliche Vereisung sind, sind sie oft in eine Radstube eingebaut. Ganz andere Folgen für die Anordnung haben in eine Radkammer eingebaute Wasserräder. Bei dieser Bauart fließt gewissermaßen das Wasser durch die Mühle, denn die Kammer befindet sich im Mühlengebäude.

Grundriss der Burgmühle in Burgdorf (Niedersachsen)

Bauformen, Arten, Einsatzbereiche

horizontales Wasserrad (Löffelrad)

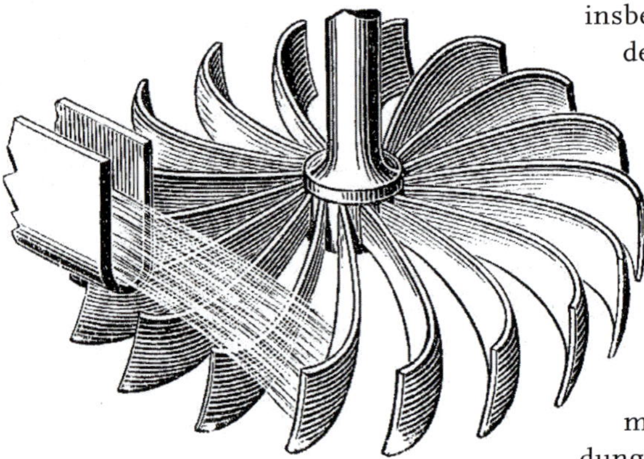

Wasserräder werden nach der Lage der Wasserradwelle, wie das Wasser zum Rad geführt wird, und nach ihrem Aufbau hin unterschieden. Die Wasserradwelle kann senkrecht oder waagerecht angeordnet sein. Die senkrechte Anordnung ist insbesondere beim Löffelradantrieb zu finden und eher selten. Im Allgemeinen ist die Welle waagerecht angeordnet. Bis weit in das 19. Jahrhundert hinein gab es vorrangig hölzerne Wasserräder. Häufig wurde Eiche als Baumaterial verwendet, für bestimmte Teile aber auch Lärche oder Kiefer. Erst mit der Eisenverhüttung und -verarbeitung gab es Mischkonstruktionen aus Holz und Eisen/Gusseisen bzw. Ganzmetallräder mit Niet- oder Schraubverbindungen. Insbesondere in der zweiten Hälfte des 19. Jahrhunderts entstanden strömungstechnisch sehr anspruchsvolle Radkonstruktionen, die den bestmöglichen Wirkungsgrad zum Ziel hatten. Die Erwähnung von einigen Radkonstruktionen, wie das Poncelet- oder das Sagebienrad bzw. den Kulisseneinlauf sind eher theoretischer Natur, da es in der Praxis diese Konstruktionen kaum noch gibt. Dennoch kann von einer gewissen Renaissance des Wasserrades in den letzten 20 Jahren gesprochen werden. Hierbei mögen vor allem touristische Aspekte, das Energieeinspeisegesetz und die zumindest in einigen Nischenbereichen technische Überlegenheit gegenüber den Turbinen eine Rolle spielen.

Die gebräuchlichste Methode der Einteilung von Wasserrädern bei waagerechter Anordnung der Radwelle erfolgt über die Zuführung des Wassers, d. h., aus welcher Höhe das Wasser auf das Rad „aufschlägt". Wird das Wasser von oben auf das Rad geleitet, so heißt es oberschlächtig, erfolgt die Zuführung oberhalb der Radwelle, so wird es rück(en) schlächtig genannt. Bei einem mittelschlächtigen Rad trifft das Wasser auf Höhe der Welle, beim unterschlächtigen unterhalb der Welle auf das Rad.

Wasserräder mit horizontalen Radwellen bestehen aus bestimmten Bauteilen und Baugruppen, auf die zunächst näher eingegangen werden soll.

oberschlächtige Wasserzuführung der Wassermühle Nettlingen (Niedersachsen)

Radwelle mit Lagerzapfen

Zentrales Element eines jeden Rades ist die Welle. Über sie wird die Drehbewegung zur Mühlentechnik übertragen und auf ihr sind alle weiteren Bestandteile angebracht, die letztlich die Kraft des Wassers aufnehmen. Daher ist es notwenig, dass die Welle aus einem Material besteht, das zäh und fest genug ist, um das Radgewicht zu tragen und die Kraft weiterzuleiten. In der Regel wird dafür Eiche genutzt.

Hölzerne Wellen haben meist einen vier- oder achteckigen Querschnitt. Dies ist abhängig vom gewählten Armverband. Die Ausführung der Wellenenden richtet sich nach den verwendeten Lagerzapfen. Meist haben diese einen kreisrunden Querschnitt, der sich nach außen leicht konisch verjüngt. Hier werden gusseiserne oder stählerne, ebenfalls leicht konisch ausgeführte Ringe aufgezogen, um eine Rissbildung am Holz zu verhindern. Neben den hölzernen Wellen gibt es auch gusseiserne (Hohl-)Wellen oder Stahlwellen.

Spannringe zur Befestigung des Lagerzapfens

Lagerung der Wasserradwelle

Für die Lagerung der Welle bzw. des Rades sind Lagerfundamente (z. B. Holzkonstruktionen in Form von Lagerböcken oder gemauerte bzw. betonierte Blöcke) notwendig, auf denen die eigentlichen Lager sitzen. Die Wellenenden befinden sich in einem Gleit- oder Wälzlager. Gleitlager bestehen häufig aus Hartholz wie z. B. Pockholz oder Jakarandaholz, auch Palisanderholz genannt. Pockholz stammt von den Guajak-Bäumen aus Westindien und Südamerika, Jakarandaholz aus Brasilien. Für die Gleitlagerhalbschalen wird ein aus der Gegend von Nordhausen (Sachsen-Anhalt) kommender Ölschiefer, auch „Katzenstein" genannt, verwendet. Geeignet ist auch ein glatter grauer Granit oder Marmor. Die Lagersteine werden in Eichenholzklötze eingelassen, die wiederum auf der Lagerunterkonstruktion verankert sind.

Lagerung mittels Katzenstein

Die Schmierung der Holz- und Steinlager erfolgt traditionell auf Basis tierischer Fette. Dies konnten z. B. ausgelassene Schweineliesen sein, deren Fett mit Schmierseife und Graphit versetzt wurde. Wichtig ist die Verwendung säurefreier Fette, denn diese ermöglichen auch bei kälteren Temperaturen gute Laufeigenschaften und greifen die Lager nicht an.

Lagerbock des Wasserrades der Schleifmühle Schwerin (Mecklenburg-Vorpommern)

Die Lagerzapfen können auch in Lagerschalen aus Metall wie Bronze oder Weißmetall laufen. Die Lagerschalen selbst sitzen in einem gusseisernen Gehäuse. Manuell geschmiert

↑ Stauferbüchse ↓ Tropföler

wird mit einem pastösen Fett über eine Staufferbüchse oder in Form einer Umlaufschmierung in einem geschlossenen Schmierkreislauf. Verwendet wird dazu ein Schmieröl, das z. B. über Tropföler dem Lagerbereich zugegeben wird. Für Gleitlager können aber auch Verbundkunststoffe mit besonders geringen Reibungskoeffizienten, wie z. B. Teflon eingesetzt werden. Diese sind sehr wartungsarm und besitzen selbstschmierende Eigenschaften.

Beim Wälzlager sitzt auf dem Lagerzapfen ein Lagereinsatz, der aus einem zueinander beweglichen Außen- und Innenring besteht. Zwischen den Ringen sitzen, befestigt in einem Käfig, die Wälzkörper. Den Lagereinsatz umgibt ein geschlossenes, meist gusseisernes Lagergehäuse. Schmiermittel sorgen für einen optimalen Lauf der Kugel- oder Rollenlager.

↓ Speichenformen: 1 durchgestreckte Speichen, altertümliche Form, 2 doppelte Speichen, holländischer Armverband, 3 Niederrheinischer Armverband, 4 Rosettenarmverband

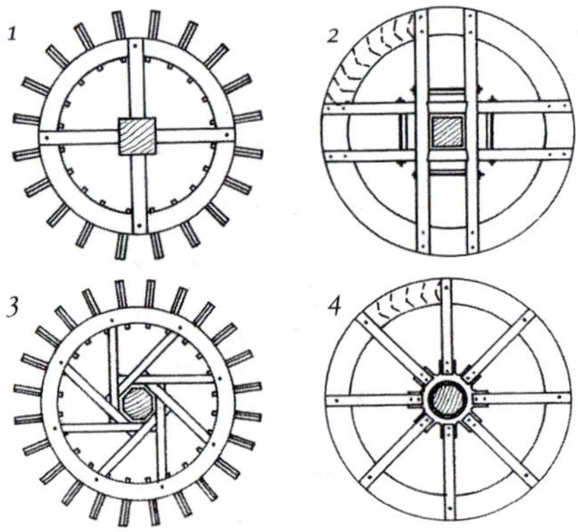

Radarme bzw. Radarmverband

Radarme verbinden die Radkränze mit der Welle. Es gibt den Rosetten-Armverband oder den Holländischen Verband. Bei so mancher älteren Wasserradkonstruktion wurden die Radarme direkt durch die Welle geführt. Beim Rosetten-Armverband sind auf der Radwelle gusseiserne Radnaben, Rosetten genannt, befestigt. Von ihnen aus verlaufen die hölzernen oder stählernen Arme zu den Radkränzen. Radbreiten bis zu zwei Metern benötigen zwei Rosetten, mehr als zwei Meter breite Räder drei und ab Radbreiten von sechs Metern sind vier Rosetten vonnöten. Der Holländische Armverband besitzt vier Arme, von denen jeweils zwei zueinander parallel im Abstand des Wellendurchmessers verlaufen. Die Armpaare stehen im rechten Winkel zueinander. Bei Schaufelrädern sind an den äußeren Enden der Radarme die Befestigungsringe der Schaufeln angebracht.

Wasserrad mit Rosetten-Armverband, Zernikower Mühle (Brandenburg)

Radkranz

Die Radkränze bilden beim Zellen-, aber auch beim Staberrad die seitliche Begrenzung, an der die Schaufeln befestigt sind. Beim Strauberrad mit nur einem Radkranz sind die Radschaufeln direkt an der Außenkante angebracht. Beim Zellenrad werden die Zellen durch einen Boden kammerartig abgeschlossen.

Arten von Wasserrädern

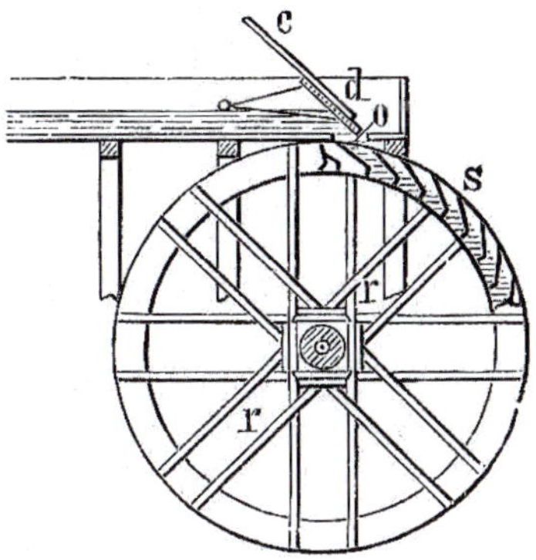

↑ *oberschlächtiges Wasserrad mit Spannschütz*
↓ *Darstellung eines Kehrrades im Bergbau*

Oberschlächtige Wasserräder

Das Betriebswasser wird von oben, dem Oberwasserbereich, auf das Wasserrad geleitet und fließt im Bereich des Radscheitels in die Zellen. Die Wasserräder bestehen aus zwei Radkränzen, den Felgen. Zwischen ihnen befinden sich die gekröpft oder gekrümmt ausgeführten Schaufeln. An ihrem inneren Ende sind sie miteinander verbunden und bilden so am Boden geschlossene Zellen – daher auch die Bezeichnung Zellenräder. Die Felgen sind durch Radarme oder Speichen mit der Radwelle verbunden. Die Wasserzuführung erfolgt über ein Gerinne. Das Betriebswasser füllt die Radzellen und löst infolge der Schwerkraftwirkung eine Drehbewegung aus. Da jedoch die Wasserzulaufgeschwindigkeit größer als die Umfanggeschwindigkeit des Rades sein soll, der Wirkungsgrad aber mit zunehmender Umfanggeschwindigkeit abnimmt, kommt oftmals ein Spann- oder Gleitschütz zum Einsatz. Mit ihm kann die optimale Fließgeschwindigkeit und die Befüllung der Radzellen geregelt werden. Der Wassereintritt erfolgt in unmittelbarer Nähe des Radscheitels. Die gefüllten Zellen sinken nach unten und entleeren sich vor dem Erreichen des tiefsten Punktes in den Unterwasserbereich. Um einen maximalen Wirkungsgrad zu erreichen, sollte das Wasser so spät wie möglich die Radzellen verlassen. Das Rad darf bei der Umdrehung keinesfalls im Unterwasser waten. Es würde gebremst werden und Leistungsverluste wären das ungewünschte Resultat. Die Breite des Wasser führenden Gerinnes ist etwas schmaler als das Rad selbst, so dass beim Füllen der Zellen die Luft entweichen kann.

Oberschlächtige Räder können Wassermengen bis zu 1 m³/s und Fallhöhen von 2,50 bis 12 Metern verarbeiten. Ihr Wirkungsgrad beträgt 60 bis 80 Prozent. Sie besitzen ein gutes Teillastverhalten, d. h. auch bei geringerer Wasserzuführung verschlechtert sich der Wirkungsgrad nur unwesentlich.

Eine Sonderbauform des oberschlächtigen Wasserrades ist das Kehrrad. Bei dieser Bauform sitzen zwei oberschlächtige Räder auf einer Wasserradwelle. Die Zellenschaufeln sind zueinander entgegengesetzt angeordnet. Diese Ausführung erlaubt eine Umkehr

oberschlächtiges Wasserrad

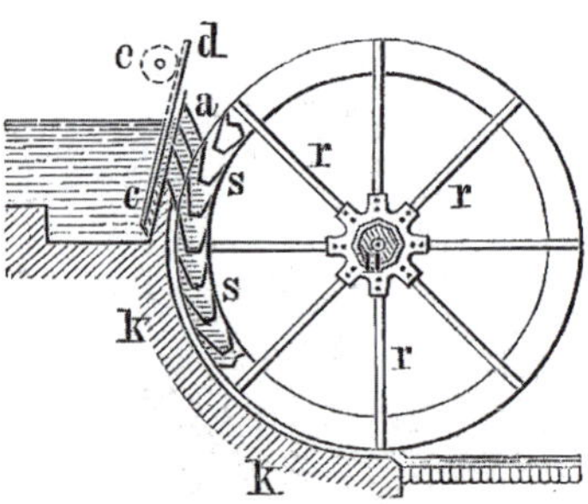

rückenschlächtiges Wasserrad mit Kulissenlauf

der Drehrichtung. Über ein Gerinne mit zwei unabhängig voneinander zu öffnenden Auslässen wird das Wasser zur jeweiligen Radseite geführt. Kehrräder wurden hauptsächlich in Schachtanlagen des Bergbaus eingesetzt. Die Drehrichtungsumkehr erlaubte z.B. den Antrieb von Aufzugsanlagen.

Rück(en)schlächtige Wasserräder

Die Beaufschlagung mit Betriebswasser erfolgt im Bereich unterhalb des Radscheitels bis zur Radmitte. Rückschlächtige Räder, bei denen das Wasser relativ weit oben auftrifft, werden, vergleichbar mit den oberschlächtigen Rädern, als Zellenräder gebaut. Ihr Durchmesser ist größer als das nutzbare Gefälle. Die Ausformung der Zellen bestimmt, ob das Rad in einem eng anschließenden Gerinne läuft. Bei einer trogförmigen Ausbildung ist kein Gerinne nötig. Die Wasserzuführung erfolgt über ein besonderes Einlaufbauwerk, einem Kulissen- oder Überfalleinlauf. Entscheidend ist ein stoßfreier Eintritt des Wassers in den Zellen- bzw. Schaufelbereich. Die Radzellen sind so konstruiert, dass die Luft zwischen den Schaufeln in das Radinnere entweicht. Das physikalische Wirkprinzip entspricht dem des oberschlächtigen Rades: Das Wasser füllt die Zellen und löst infolge der Schwerkraftwirkung eine Drehbewegung aus.

Rückschlächtige Räder können Wassermengen bis 1,5 m^3/s und Fallhöhen von 2,50 bis 7 Metern verarbeiten. Ihr Wirkungsgrad beträgt 65 bis 75 Prozent. Sie besitzen ein gutes Teillastverhalten, d.h. auch bei geringerer Wasserzuführung verschlechtert sich der Wirkungsgrad kaum. Vorrangig genutzt werden sie bei veränderlichen Wasserständen im Ober- und Unterwasser.

Bezeichnung	**Fallhöhe Hn in m**	**Wassermenge Q in m^3/s**	**Raddurchmesser in m**	**Wassermenge f. 1 m Radbreite in m^3/s**	**Wirkungsgrad**
ältere Ausführung mit Kulisseneinlauf	2,5 – 3,5	0,5 – 2	1,8 – 2 x Hn		0,65 – 0,7
ältere Ausführung mit Überfalleinlauf/-schütz	1,5 – 2	0,5 – 2,5			0,6 – 0,65
halbmittelschlächtig	0,3 – 2	0,4 – 2,5	4 – 6	0,5 – 0,8	0,55 – 0,6
Sagebienrad	1,5 – 2	0,5 – 2,5	3 – 5 x Hn		0,7 – 0,75
Zuppingerrad	0,6 – 3	0,5 – 6	5 – 6	0,5 – 0,8	0,65 – 0,75

Mittelschlächtige Wasserräder

Bei dieser Bauform tritt das Betriebswasser auf Höhe der Radachse bzw. etwas darunter ein. Mittelschlächtige Räder sind Schaufelräder ohne Seitenwände. Da sie in einem dicht angepassten kropfförmigen Gerinne laufen, werden sie auch als Kropfräder bezeichnet. Schaufelräder besitzen keine Felgen. Im 19. Jahrhundert fanden zahlreiche ingenieurtechnische Forschungen zur Verbesserung der Wasserradkonstruktion und damit auch des Wirkungsgrades statt. Dies führte zu Sonderbauformen der mittelschlächtigen Räder: das Sagebienrad und das Zuppinger(niedergefälle)rad. Ausgangspunkt dieser Erfindungen war die Suche nach Konstruktionen, bei denen der Wassereintritt nahezu stoßfrei erfolgt und die bei kleinem Gefälle große Wassermengen verarbeiten, ohne dass die Zellen überspült werden.

Zuppinger(niedergefälle)rad mit Spannschütz

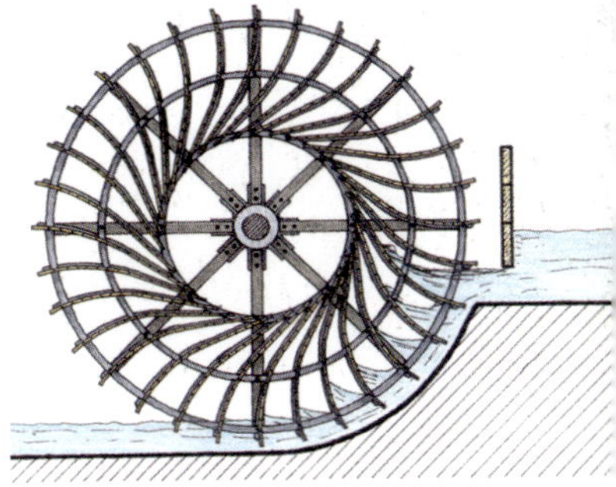

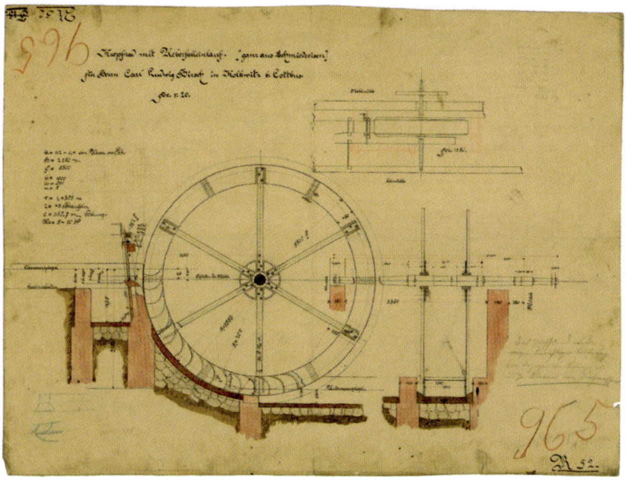

←Kropfrad mit Überfalleinlauf (ganz aus Schmiedeeisen)
↓ Sagebienrad mit Überfallschütz

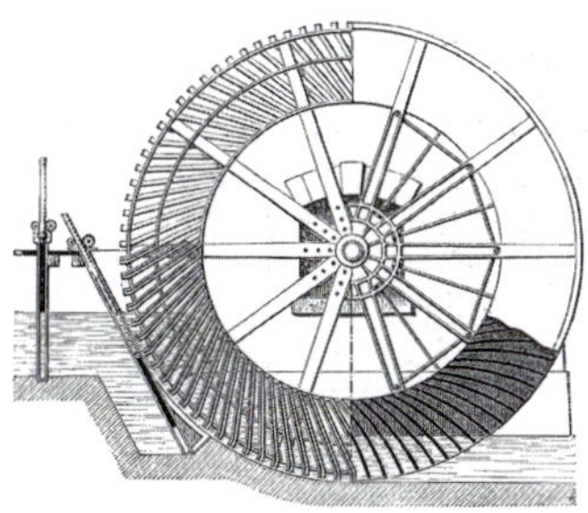

Das Sagebienrad und das Zuppingerrad besitzen zwei auf der Radwelle befestigte Kränze von Radarmen, an denen die weit zur Radmitte reichenden Schaufeln angebracht sind. Der Abstand der Schaufeln ist wesentlich enger gewählt, als bei den herkömmlichen mittelschlächtigen Rädern. Das Sagebienrad hat schräg zum Radius gestellte ungekrümmte Schaufeln. Beim Zuppingerrad hingegen haben die Schaufeln eine innen schräg und außen nahezu radial gestellte Form. Diese Krümmung führt dazu, dass die Schaufeln senkrecht aus dem Unterwasser aufsteigen. Die Wasserzuführung erfolgt über einen Überfall- oder Kulisseneinlauf. Das Sagebienrad eignet sich für

mittelschlächtiges Rad mit gebogenen eisernen Schaufeln

↑ *Staberrad*
↗ *Strauberrad*

Wassermengen von 0,5 bis 2,5 m³/s und Fallhöhen von 1,5 bis 2 Metern. Der Wirkungsgrad beträgt 70 bis 75 Prozent. Das Zuppingerrad arbeitet mit Wassermengen von 0,5 bis 6 m³/s und Fallhöhen von 0,6 bis 3 Metern. Der Wirkungsgrad erreicht 65 bis 75 Prozent, kann aber auch höhere Werte erlangen, die an denen von Turbinen heranreichen.

Wenn bei einem sehr geringen Gefälle das Wasser über einen Spannschütz zugeführt wird, werden die Räder auch als halbmittelschlächtig bezeichnet. Ihr Einsatzbereich liegt bei Wassermengen von 0,4 bis 2,5 m³/s und Fallhöhen von 0,4 bis 2,5 Metern. Ihr Wirkungsgrad beträgt 55 bis 60 Prozent.

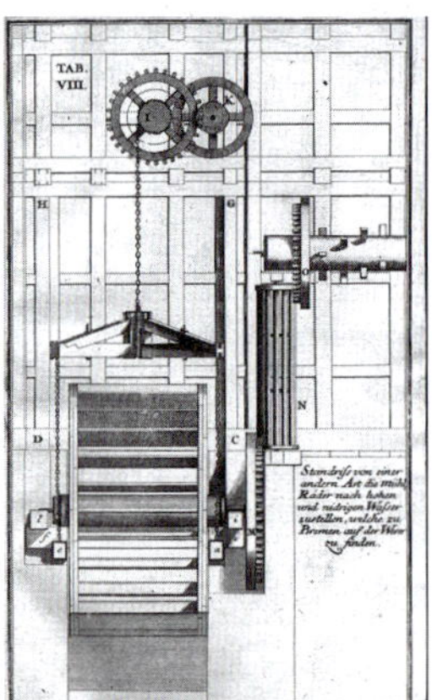

„Standriss von einer anderen Art einer der Mühlräder nach hohen und nidrigen Wassers zustellen, welche zu Bremen auf der Weser zu finden."

Unterschlächtige Wasserräder

Das Aufschlagwasser trifft an der Radunterseite direkt auf die Schaufeln. Wegen ihrer Bauform werden diese Wasserräder in Strauber- und Staberrad unterteilt. Das Strauberrad hat nur ein Radkranz, auf dem die radial angeordneten flachen Schaufeln mit Stelzen befestigt sind. Das Staberrad besitzt zwei seitlich angeordnete Radkränze, zwischen denen sich die flachen oder gebogenen Schaufeln befinden.

Unterschlächtige Räder haben einen ähnlichen Aufbau wie die mittelschlächtigen Räder. Auch sie sind als Schaufelräder gebaut. Die einfachste Form ist das Stoßrad mit geraden Schaufeln. Sehr schmale Räder besitzen einen Radkranz (Strauberrad), breitere zwei (Staberrad). An ihnen sind die Schaufeln angebracht. Die Räder nutzen die kinetische Energie des fließenden Wassers, da es nahezu kein nutzbares Gefälle gibt. Um eine gleichmäßige Fließgeschwindigkeit zu erreichen, sitzt das Rad in einem Schnurgerinne, einer Art geradlinigem Kanal.

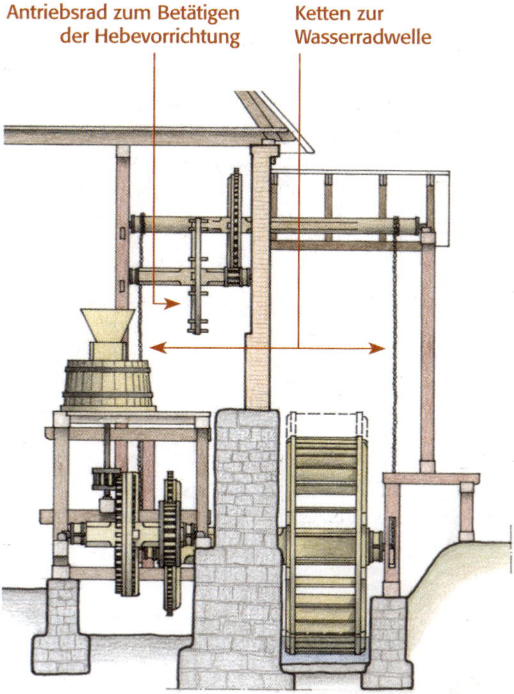

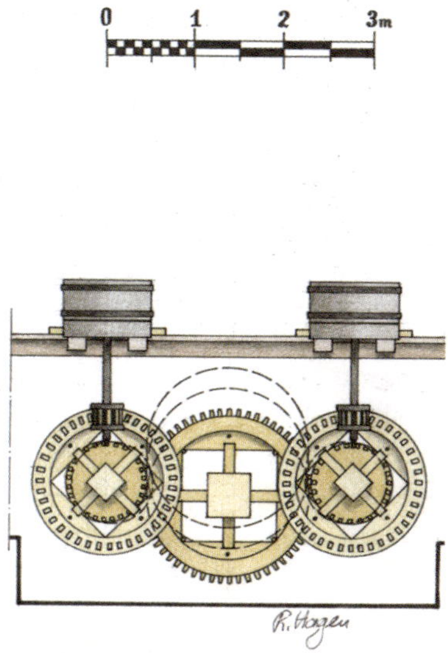

Panstermühle mit Kettenpansterwerk

Diese Bauart kann Wassermengen von bis zu 10 m³/s verarbeiten. Ihr Wirkungsgrad übersteigt kaum 35 Prozent.

Eine Weiterentwicklung des unterschlächtigen Rades ist das Ponceletrad. Gekrümmte Schaufeln sollen die energetisch ungünstigen Wasserstöße vermeiden. Es eignet sich für Fallhöhen von 2 Metern und Wassermengen, die zwischen 0,5 bis 4 m³/s liegen. Der Wirkungsgrad kann 60 bis 70 Prozent betragen.

Im 16. Jahrhundert entstand eine Sonderbauform der unterschlächtigen Räder, das Pansterrad. Diese Räder können über das Pansterzeug, eine Art Hebemechanismus, gehoben oder gesenkt werden. Bei Hochwasser wird das wichtig. Die Schaufeln des Rades würden sehr weit in das Wasser eintauchen und das Rad stark bremsen. Durch das Pansterzeug kann die Eintauchtiefe der Radschaufeln dem Wasserspiegel des Unterwasserbereichs angepasst werden. Wenn das Heben und Senken mit Ketten erfolgt, wird von einem Zieh- oder Kettenpansterwerk gesprochen, sind es Hebebäume oder Winden, von einem Stockpansterwerk. Ein Kniepansterwerk ist es dann, wenn die Radwelle auf einem einarmigen Hebel, der mit Ketten bewegt wird, lagert.

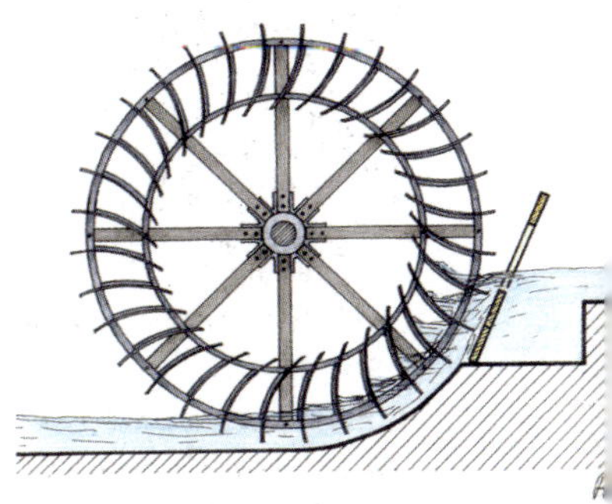

Ponceletrad

1 *Hausschiff*
2 *Winde*
3 *Poller (früher Befestigungssäule)*
4 *Mühlenhaus*
5 *Müllerstube*
6 *Treppe zum Mühlenbett*
7 *Mühlenbett, Docken, Mehlbalken, Launen*
8 *Gelinde (Mahlwerk), Bütte, darin Mühlsteine, darunter Mühleisen mit Getriebe (kleines Stockrad)*
9 *Lichtewerk (m. d. Läufer-Mühlstein gehoben bzw. gesenkt wird), Tragebänke, Steg, Hebeschiene u. -arm*
10 *Rumpfzeug (durch das das Getreide ins Mahlwerk gelangt), Stelzen, Rumpfleiter, Rumpf, Schuh*
11 *Beutelzeug (in dem das Mehl abgesondert wird), Kasten und Beuteltuch*
12 *großes Hebezeug als Sichtezeug (mit dem der Beutel in Bewegung gesetzt wird) Triebzeug/Antrieb*
13 *kleines Kammrad*
14 *kleine Welle*
15 *großes Stockrad*
16 *großes Kammrad*
17 *Wasserradwelle*
18 *Schiffmühlenrad m. Armen, Schaufeln, Strömefedern*
19 *Angewelle*
20 *Laufsteg zum Wellschiff*
21 *Wellschiff*
22 *Verbindungs-, Ankerbalken*
23 *Schütt/Schütze mit*
24 *Winde*
25 *Zugangsbrücke vom Ufer*

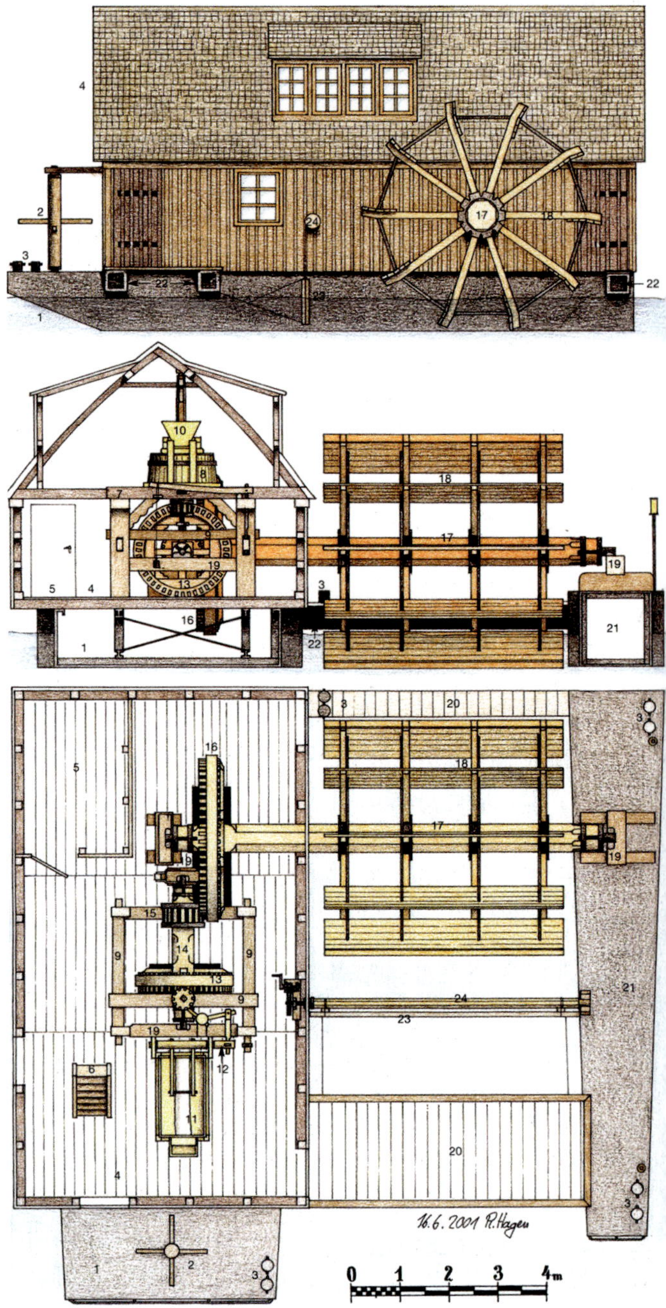

Schiff(s)mühlen

Schiffmühlen werden oftmals als eigenständige Bauform von Wassermühlen angesehen. Letztlich sind es schwimmende Mühlwerke, die einen unterschlächtigen Antrieb besitzen. Erstmalig werden sie im Jahr 536 erwähnt, als die Goten Rom belagerten und die Wasserversorgung der Stadt über Äquadukte unterbrachen.

Die Schiffmühle besteht aus einem Hausschiff mit der Mühlentechnik, einem Wellschiff mit dem Widerlager für das Wasserrad, einem Wasserrad sowie den zwischen Haus- und Wellschiff angebrachten Spannbäumen mit Lauf- bzw. Bedienstegen. Es gibt aber auch Konstruktionen, bei denen das Rad zwischen zwei Hausschiffen sitzt oder das Rad an der Längsseite des Hausschiffs angebracht ist (ohne Wellschiff).

Verankert sind sie an Brücken, Brückenpfeilern oder durch einen stromaufwärts ausgelegten Stromanker und zwei stromabwärts befindliche Windanker. So kann das Wasserrad die größtmögliche Strömung des Flusses nutzen.

Schiffmühlen haben meist eine Gesamtlänge von 10 bis 15 m, das Hausschiff eine Breite von 6 bis 8 m. Der Durchmesser des Wasserrades beträgt 5 bis 6 m, die Breite 2,5 bis 6 m. Der Wirkungsgrad beträgt kaum mehr als 30 Prozent. Um eine Schiffmühle betreiben zu können, ist eine Strömungsgeschwindigkeit von mehr als einem Meter pro Sekunde nötig. Sie diente ausschließlich der Getreideverarbeitung. Die Ausstattung mit Mahl- und Siebwerken richtete sich nach der zur Verfügung stehenden Kraft, selten gab es mehr als zwei Paar Mühlsteine.

Schiffmühlen wurden auf allen größeren Flüssen Mitteleuropas wie dem Rhein, dem Main, der Weser, der Elbe, der Oder, der Mulde und der Saale gebaut. Mit der aufkommenden Stromschifffahrt im 19. Jahrhundert begann jedoch ihr Niedergang. Grundlage des sich rasant entwickelnden Verkehrszweiges waren die durch den Wiener Kongress 1815 festgelegten allgemeinen Nutzugsrechte für Wasserstraßen. Schiffmühlen, deren „Ankerplatz" möglichst weit im Fluss lag, waren ein Hindernis der sich entwickelnden Dampfschifffahrt. So erfolgten ab Mitte des 19. Jahrhunderts zahlreiche Aufhebungen von Schiffsmühlenprivilegien. Zudem konnte die Mühlentechnik wegen der räumlichen Gegebenheiten kaum modernisiert werden. So verschwanden zur Wende vom 19. zum 20. Jahrhundert nach und nach alle gewerblich betriebenen Anlagen. Nachbauten von Schiffmühlen können heute z. B. in Minden auf der Weser und in Höfgen bei Grimma auf der Mulde besichtigt werden.

Schiffmühle auf der Weser in Minden (Nordrhein-Westfalen)

Ungarische Schiffmühle im Internationalen Mühlenmuseum Gifhorn (Niedersachsen)

Abtrieb von der Wasserwelle auf die Königswelle (stehendes Zeug)

Kraftübertragung vom Rad zur Maschine

Wasserräder besitzen eine geringe Umfangsgeschwindigkeit von maximal 2 m pro Sekunde, jedoch ein hohes Drehmoment. Da die anzutreibenden Verarbeitungsmaschinen im Mühlengebäude höhere Drehzahlen benötigen, überträgt ein Getriebe die Kraft von der Wasserradwelle. Auf der Radwelle im Mühleninneren befindet sich ein Kammrad. Ältere Konstruktionen bestanden ganz aus Holz, das Rad aus Eichenholz und die Kämme (Zähne) aus Weißbuche. Mit der Industrialisierung wurden Räder aus Gusseisen hergestellt, die Kämme aber blieben weiterhin aus Holz, denn dies begünstigte einen ruhigen, geräuscharmen Lauf des Getriebes.

Die vom Kammrad ausgehende Kraftübertragung wird in stehendes und liegendes Zeug unterschieden. Bei der ältesten Form, dem stehenden Zeug, verläuft die Kraft vom Kammrad über ein Stockrad direkt auf das Mühleisen des Mahlgangs. Auch der Läuferstein und alle anderen Verarbeitungsmaschinen werden so angetrieben. In größeren Anlagen, die über eine höhere Leistung verfügen, wird die Drehbewegung über ein Stockrad oder ein Kegelrad auf die senkrecht stehende Königswelle übertragen. Das auf der Königswelle sitzende Stirnrad gibt die Kraft auf mehrere Mahlgänge und Verarbeitungsmaschinen weiter.

Beim liegenden Zeug verläuft die Kraft von der Wasserradwelle über Getriebestufen auf eine waagerecht liegende Haupttransmission. Diese überträgt die Kraft über Riementriebe oder Kegelradgetriebe an Verarbeitungsmaschinen oder weitere Kraftübertragungselemente.

Die notwendigen Drehzahlen der Verarbeitungsmaschinen bestimmen die Größen der Räder. Bei einer Ausgangsdrehzahl von 5 Umdrehungen in der Minute an der Radwelle und einer zur erreichenden Drehzahl von 100 Umdrehungen in der Minute am Läuferstein ist eine Gesamtübersetzung von 1:20 nötig.

Wie alle Maschinen brauchen auch Wasserräder und wasserbauliche Anlagen Pflege und Wartung. Ein einseitiges Austrocknen der Holzteile ist unbedingt zu verhindern, da das Rad ansonsten eine Unwucht bekäme. Verkeilungen und Verschraubungen sind regelmäßig zu kontrollieren. Moose und Algen, die sich am Rad festsetzen, sind zu entfernen, da sie zum einen eine unnötige Gewichtsbelastung darstellen

Abtrieb von der Wasserradwelle auf die Haupttransmission (liegendes Zeug)

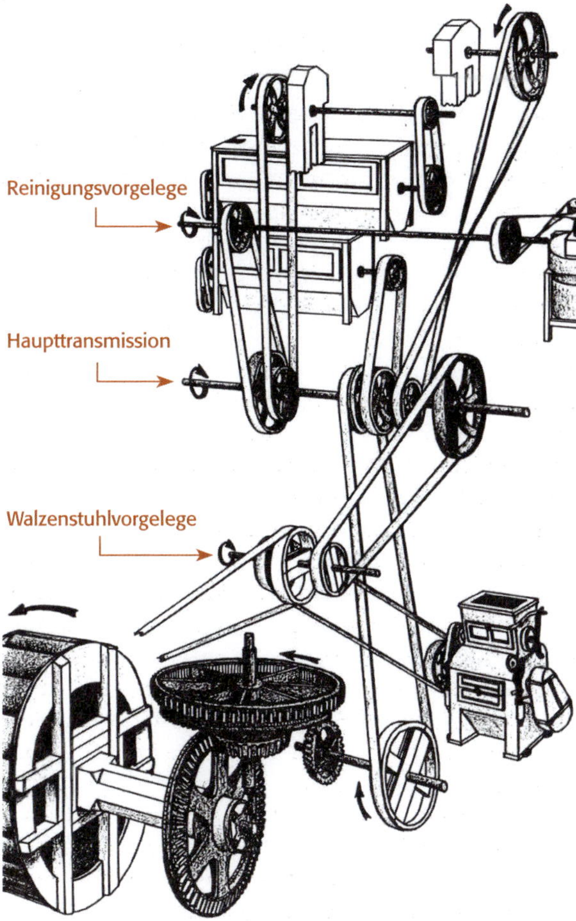

Transmissionssystem der Wassermühle Achilles in Erkerode am Elm (Niedersachsen)

Reparatur eines Zuppingerrades, Elstermühle Plessa (Brandenburg)

und sich zum anderen durch stauende Nässe Fäulnis am Holz oder Korrosion an Eisen oder Stahl bilden kann. Räder, die nicht innerhalb einer Radstube laufen, sind bei Frost stillzulegen. Eis sollte sofort entfernt werden – auch wenn ein vereistes Rad sehr romantisch aussieht. Zur Pflege gehört auch, dass das Waten oder Stehen des Rades im Unterwasser verhindert werden sollte. Läuft das Rad im Unterwasser, entstehen erhebliche Leistungsverluste. Steht es während Betriebsstillstandszeiten im Unterwasser, ist Fäulnis vorprogrammiert. Zur Erhaltung kann es sinnvoll sein, stets eine kleine Menge Wasser auf das Rad zu geben, um es in einer langsamen Leerlaufdrehbewegung zu halten. So lässt sich ein Austrocknen der Holzteile verhindern.

Löffelrad

Löffelradantrieb

Das Löffelrad, das auch als Stoßrad, Kufenrad, horizontales Wasserrad oder als Bordasche Turbine bezeichnet wird, stellt den Übergang vom Wasserrad zur Wasserturbine dar. Zentrales Element ist das horizontal angeordnete Wasserrad, das einen Durchmesser von maximal einem Meter hat. An einer senkrechten Achse sind leicht schräg stehende oder löffelartige Schaufeln befestigt, auf die durch ein Gerinne das Wasser geleitet wird. Über das schwenkbare Gerinne kann die Wasserzuleitung zum Rad jederzeit leicht unterbrochen werden. Die Wasserradwelle ist ohne eine zwischengeschaltete Getriebestufe direkt mit dem darüberliegenden Mühlstein verbunden. Die Drehzahl des Rades entspricht demzufolge der des Mühlsteins. Zum Betreiben des Löffelrades wurde in der Regel ein sehr großes Gefälle genutzt. Da das Wasser mit hoher Geschwindigkeit direkt auf das frei ohne Gehäuse und Leiteinrichtungen angebrachte Rad auftrifft, beträgt der Wirkungsgrad kaum mehr als 30 Prozent. Ältere Räder bestehen gänzlich aus Holz, jüngere häufig aus Metall.

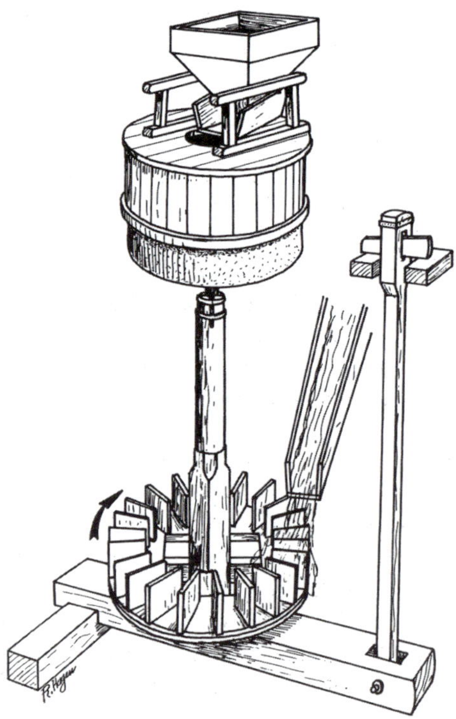

Getreidemühle mit horizontalem Wasserrad

Wassermühlen mit Turbinen

Obwohl Wasserräder technisch immer weiter verbessert wurden, Eisen an die Stelle von Holz trat, Maschinen entstanden, die die Wasserkraft sehr effizient nutzten – Manufakturen benötigten einfach mehr Antriebsenergie als ein Rad liefern kann. Da halfen auch keine Radungetüme, wie z. B. ein oberschlächtiges Rad in Nordamerika, das einen Durchmesser von über 18 m und eine Breite von 6 m hatte und in der zweiten Hälfte des 19. Jahrhunderts als das größte der Welt galt.

1824 entwickelte der französische Ingenieur Claude Burdin ein neuartiges Wasserradprinzip, in dessen Rahmen er 1826 erstmals von einer „Turbine“ (lat. turbo = Kreisel oder Wirbel) sprach. Seine Erfindung war eine Art Wasserrad mit senkrecht angeordneter Welle und gebogenen Schaufeln, auf die ein schnell fließender Wasserstrom traf. Aber der Wirkungsgrad blieb einfach zu gering. Erst seinem Schüler Benoît Fourneyron gelang es 1833, eine funktionsfähige Turbine zu bauen. Bei dieser strömt das Wasser durch im Zentrum fest angeordnete Leitschaufeln auf das außen liegende Laufrad. Um einen Wirkungsgrad von bis zu 85 Prozent zu erreichen, benötigen die Fourneyron-Turbinen aber einen gleichmäßigen Wasserzufluss. Dies einzurichten, gelang Carl Anton Henschel vier Jahre später. Er entwickelte die Turbine technisch so weiter, dass sie ab 1841 tatsächlich in der Praxis eingesetzt werden konnte. Nicolas J. Jonval baute diese Erfindung nach und ließ sie in Frankreich patentieren. Der Amerikaner Samuel B. Howd nahm 1838 weitere Verbesserungen vor. Aber noch andere Turbinen gingen in die Technikgeschichte ein wie z. B. die Schwamkurg-Turbine (1846) oder die Girard-Turbine (1863).
Nachfolgend werden die Turbinenarten vorgestellt, die ab Mitte des 19. Jahrhunderts den mechanischen Antrieb in Wassermühlen übernahmen.

Anstelle des Wasserrades mit Radstube trat vielfach die Turbine mit Turbinenkammer und Maschinenhaus, von dem aus die Kraft in das Mühlengebäude übertragen wurde. Damit war nicht mehr das Rad bestimmend für das Äußere einer Mühle, sondern ein Bauwerk aus Beton oder Stein – für den Laien von weitem kaum noch als Wassermühle erkennbar.

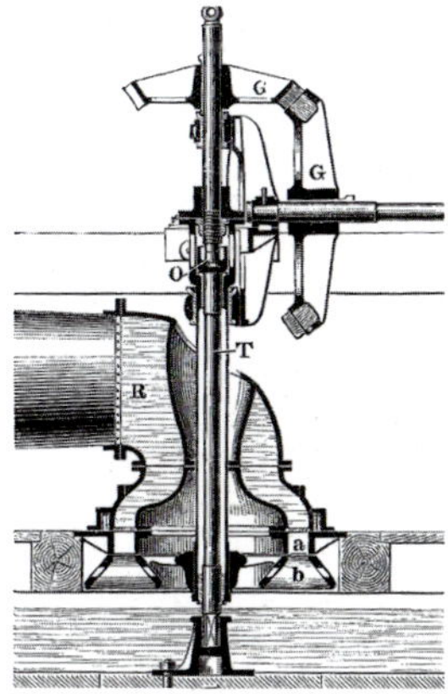

↑ *Girard-Axialturbine*
↓ *Turbinenantrieb mit Getriebe einer stehenden Francis-Schachtturbine*

Schnitt durch eine radiale Reaktionsturbine mit Innenaufschlag (Fourneyronturbine)

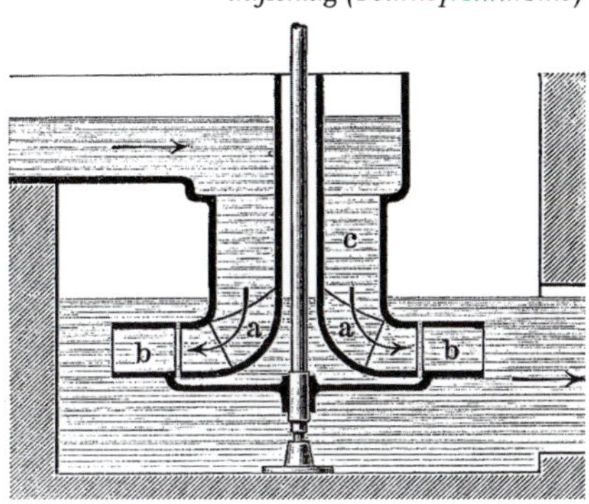

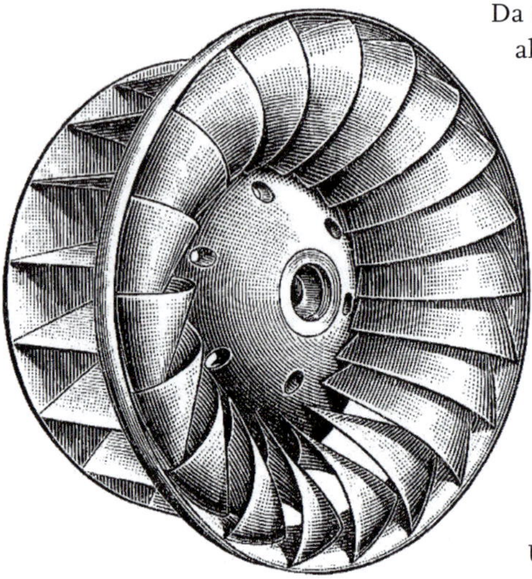

Laufrad einer Francis-Turbine, Schnellläuferrad von Briegleb, Hansen u. Komp.

Da die Drehzahlen von Turbinen erheblich größer sind als die von Wasserrädern, sind die Kraftübertragungselemente deutlich weniger aufwendig. Ein Vorgelege mit großen gusseisernen Rädern ist nicht mehr nötig, da die Kraft über eine horizontale Welle direkt auf die Mühlenhaupttransmission durch einen Flachriementrieb übertragen wird.

Im Deutschen Museum in München steht die erste in Deutschland gebaute Francis-Turbine aus der Maschinenfabrik J.M. Voith aus Heidenheim. Sie trieb ab 1873 über 30 Jahre lang die Maschinen in einem Weber- und Färbereibetrieb an. Bei einer Fallhöhe von 1,7 m und einer Betriebswassermenge von 1,7 m^3 pro Sekunde schaffte sie eine Leistung von 20 Kilowatt. Die Drehzahl betrug 47 Umdrehungen in der Minute.

Bei Turbinen mit senkrecht stehender Welle befindet sich über der Turbinenkammer im Maschinenhaus ein Kegelgetriebe, über das die Drehbewegung aus der Senkrechten in die Waagerechte und anschließend über einen Riementrieb in die Mühle geleitet wird.

Entsprechend dem Funktionsprinzip von Turbinen werden zwei Bauarten unterschieden. Zum einen gibt es die Überdruckturbinen, zu denen die Kaplan-Turbine oder die Francis-Turbine gehören. Bei ihnen hat das Wasser, bevor es die Turbine durchströmt, einen höheren Druck als danach. Das Laufrad im Turbinengehäuse dreht sich also hauptsächlich durch die Umwandlung des Wasserdrucks in eine Drehbewegung. Die zweite Bauart wird als Gleichdruckturbine bezeichnet, die Pelton-Turbine oder die Durchströmturbine (auch als Ossberger- oder Bánki-Turbine bekannt) gehören dazu. Das Wasser hat vor und hinter dem Laufrad den gleichen Druck. Das Laufrad dreht sich durch das die Turbine durchströmende Wasser.

Die Francis-Turbine ist die wohl am häufigsten genutzte Wasserturbinenart in Mühlen. Entwickelt wurde sie 1849 von dem amerikanischen Ingenieur James Bicheno Francis, der auf Vorgängererfindungen zurückgreifen konnte, insbesondere auf die Fourneyron-Turbine. Er erweiterte diese in radialer Richtung durchströmte Turbine durch eine bewegliche Wasserleiteinrichtung zum Laufrad und erreichte so auch bei wechselnden Wassermengen eine gleichmäßige Drehzahl.

Francis-Schachtturbine mit stehender Welle

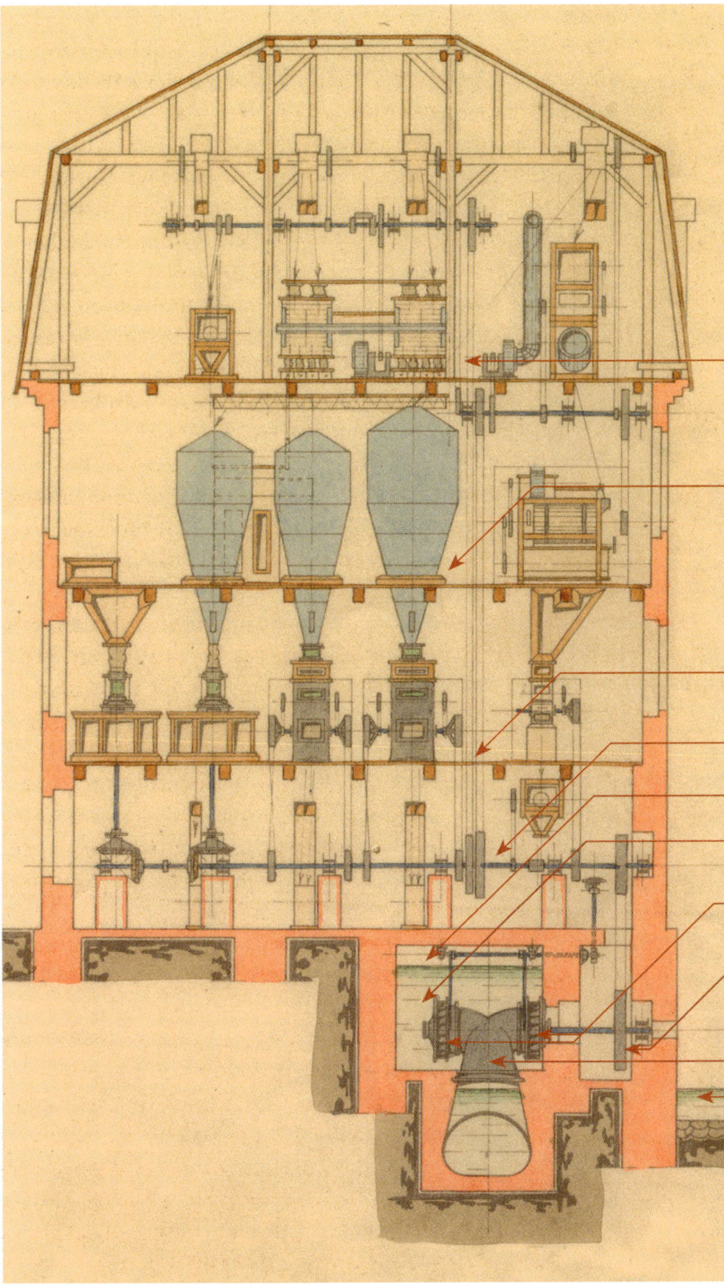

Schnitt durch eine Getreidemühle mit Francis-Schachtturbine

Francis-Turbinen gibt es als Schacht- und Spiralturbine. Francis-Schachtturbinen sind mit stehender oder liegender Welle gebaut. Turbinen mit stehender Welle bestehen aus einem Tragring, auf dem die gesamte Turbine sitzt, dem Leitapparat mit Regulierring, Leitschaufeln und der Regulierwelle, dem Laufrad mit der senkrecht angeordneten Turbinenwelle, dem Turbinendeckel mit Führungslager und dem Saugrohr.

Leitapparat mit Leitschaufeln und Laufrad

Vom Oberwassergraben strömt das mit einem Rechen von Schwemmgut gereinigte Wasser durch die Turbinenkammer zum Leitapparat. Dieser regelt die Wasserzufuhr zum Laufrad. Hier gibt das Wasser seine Energie ab und verlässt die Turbine durch das Saugrohr in das Unterwasser. Zentrales Element des Leitapparats sind die beweglichen bzw. verstellbaren Leitschaufeln. Sie bestehen aus Gusseisen oder Stahlguss und haben eine tropfenähnliche gekrümmte Form. Im geschlossenen Zustand liegen sie wie Schuppen aneinander. Die Schaufeln sind im Leitradring und dem Turbinendeckel mittels eines durchgehenden Bolzens vertikal drehbar angebracht. Eine weitere Verbindung besteht zwischen dem Regulierring unterhalb der Schaufeln und den Schaufeln selbst. Die Stellung der Schaufeln, ob offen oder geschlossen, wird über den horizontal beweglichen Regulierring verändert. Dies erfolgt über eine Regulierwelle, die mit dem Regulierring verbunden ist. Der Öffnungsgrad der Leitschaufeln bestimmt die Menge des Wasserstroms. Ältere Anlagen mit mechanischem Antrieb des Maschinensystems hatten ein Handrad zur Regulierung. In neueren Anlagen wird die Durchflussmenge und damit die Leistung über Servomotoren bestimmt.

Einbauzeichnung für eine Turbinenanlage von 1924

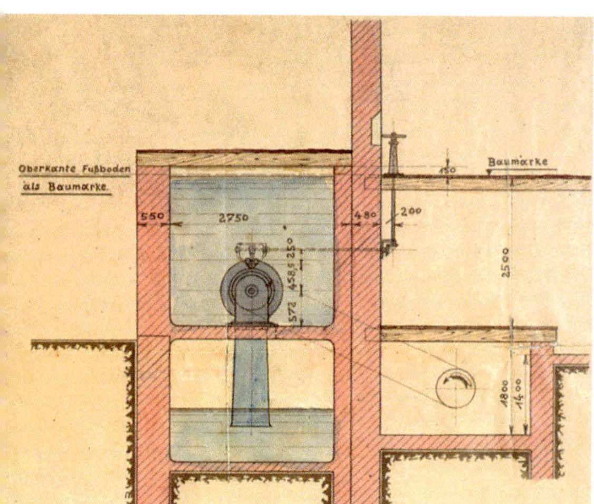

Die mit liegender Turbinenwelle gebauten Francis-Schachtturbinen weisen eine andere Bauform auf. Der Leitapparat ist mit dem Saugrohr über einen Saugkrümmer verbunden. Der Krümmungswinkel beträgt in der Regel 90 Grad. Wichtig ist, dass ausreichend Betriebswasser die Turbine überdeckt, damit sie keine Luft anzieht. Francis-Schachtturbinen eignen sich für Fallhöhen von 1,5 bis 10 Metern. Bei optimaler Durchflussmenge kann ein Wirkungsgrad von 80 bis 85 Prozent erreicht werden. Ein relativ schlechtes Teillastverhalten bewirkt bei abnehmender Wasserzufuhr einen verminderten Wirkungsgrad, der aber immer noch bei 30 bis 40 Prozent liegt.

Eine weitere Bauform ist die Francis-Spiralturbine. Bei ihr wird das Betriebswasser durch eine Rohrleitung zur Gehäuseturbine geführt. Diese befindet sich nicht wie die Schachtturbine in einer Turbinenkammer, sondern Leit- und Laufrad werden von einem spiralförmigen Gehäuse umschlossen, durch das das Wasser geleitet wird. Das Laufrad ist vertikal angeordnet, die Welle horizontal. Bauformen mit stehender Welle sind seltener zu finden. Die Wasserableitung hinter dem Laufrad erfolgt über einen Krümmer zum Saugrohr. Spiralturbinen eigenen sich für Fallhöhen von 10 bis 500 Metern und Wassermengen ab 0,1 m^3/s. Bei optimaler Durchflussmenge kann der Wirkungsgrad der Schachtturbine erreicht werden. Die Spiralturbine besitzt ein ähnlich schlechtes Teillastverhalten.

Die Kaplan-Turbine geht auf eine Erfindung des österreichischen Ingenieurs Viktor Kaplan zurück, der seit 1910 an der Deutschen Technischen Hochschule Brünn an der Turbine arbeitete. 1912 war die Konstruktion so weit abgeschlossen, dass sie patentiert werden konnte. Nach weiteren technischen Verbesserungen meldete er insgesamt vier Haupterfindungen zum Patent an. Die ablehnende Haltung von etablierten Turbinenherstellern und vor allem der 1. Weltkrieg führten dazu, dass die erste Kaplan-Turbine erst 1918 durch die Firma Storek in Brünn gebaut wurde. Die Inbetriebnahme erfolgte ein Jahr später in der Börtel- und Strickgarnfabrik im niederösterreichischen Velm. Kaplan-Turbinen wurden weniger als mechanischer Mühlenantrieb eingesetzt, ihre Bedeutung erlangten sie als Stromerzeuger in Wasserkraftwerken.

Die Kaplan-Turbine ist im Wesentlichen eine Weiterentwicklung der Francis-Turbine. Der Leitapparat ist wie bei der Francis-Turbine gebaut. Das Laufrad ähnelt einem Schiffspropeller oder einer Schiffsschraube. Die Turbine kann einfach oder doppelt reguliert sein. Einfach bedeutet, dass der Wasserstrom über die verstellbaren Schaufeln des Laufrades, seltener über die Leitschaufeln des Leitapparats geregelt wird. Turbinen mit der Regulierung über den Leitapparat werden als Propellerturbinen bezeichnet. Bei der doppelt regulierten Turbine können nicht nur die Leitschaufeln verstellt werden,

Zwillings-Francis-Schachtturbine mit liegender Welle

Francis-Spiralturbine

Laufrad einer Kaplanturbine

sondern auch die Schaufelblätter des Laufrades. Das Laufrad besitzt drei bis acht profilierte Blätter und ist vertikal eingebaut, so dass das Wasser nach unten durchströmt.

Eine weitere Bauform ist die Kaplan-Rohrturbine mit den Sonderformen der S-Turbine und der Getriebe-Rohrturbine. Bei diesen ist die Welle mit dem Laufrad in ein horizontales oder schräges Rohr eingebaut. Auf der Welle sitzt der wasserdicht gekapselte Generator. Bei der S-Turbine ist das Saugrohr s-förmig gebogen, und die Turbinenwelle wird durch das Saugrohr zum Generator geführt. Bei der Getriebe-Rohrturbine befindet sich vor dem Generator ein Getriebe zur Anpassung der Turbinendrehzahl.

Kaplan-Rohrturbinen im Wasserkraftwerk Bischofswerder/ Liebenwalde (Brandenburg)

Die Kaplan-Turbine ist eine axial angeströmte Überdruckturbine. Die Leitschaufeln bestehen aus jalousieartigen Lamellen, die das einströmende Wasser so lenken, dass es in einem strömungstechnisch günstigen Winkel auf die Schaufeln des Laufrades trifft. Dabei wird die Energie des strömenden Wassers auf das Laufrad übertragen. Da vor der Turbine ein höherer Druck herrscht als nach der Turbine, wird sie als Überdruckturbine bezeichnet. Kaplan-Turbinen und ihre unterschiedlichen Bauformen sind typisch für Niederdruckanlagen, d.h. sie werden bei niedrigen Fallhöhen und stark schwankenden Abflussmengen eingesetzt. Die maximal erreichbaren Wirkungsgrade ähneln denen der Francis-Turbine, sie liegen bei 90 Prozent. Doppelt regulierte Kaplan-Turbinen eignen sich besonders für Flusskraftwerke, weil sie auch bei geringer Wassermenge (Teilbeaufschlagung) einen hohen Wirkungsgrad erreichen. Dies ist für Flusskraftwerke wichtig, da diese bei großen Schwankungen der Wassermengen arbeiten.

Die Durchströmturbine wurde von dem ungarischen Erfinder und Universitätsprofessor Donát Bánki, dem deutschen Ingenieur Fritz Ossberger und dem australischen Maschinenbauingenieur Anthony George Maldon Michell entwickelt. Bánki stellte bereits 1917 seine Erfindung vor. Jedoch erst Ossberger gelang es, u.a. auch durch seine Verbindung zu Michell und der von ihm entwickelten Radial Flow Turbine (1904), diese Turbinenart zur Serienreife zu führen.

Kernstück der Durchströmturbine ist ein walzenförmiges Laufrad mit horizontal angeordneter Welle. Das Laufrad besitzt wie das Schaufel- bzw. Zuppingerrad Schaufeln mit einer linear gekrümmten Form, die an ihren Enden mit Endscheiben verschweißt sind, um sie zu fixieren. Je nach Größe der Turbine können bis zu 37 Schaufeln auf dem Laufrad angebracht sein. Die Wasserzufuhr wird über den Leitapparat geregelt. Er besteht aus Profilleitschaufeln, die bei geringeren Fallhöhen auch als Absperrung genutzt werden können. Das Laufrad befindet sich in einem Gehäuse, an dem seitlich die Lager angeflanscht sind. Ein Übergangsstück verbindet die Wasser führende Rohrleitung mit der Turbine. Als eine Art Turbinenabdeckung bzw. vorderer Deckel dient ein Eckkasten mit einem Entlüftungsventil. Unterhalb des Laufrades schließt der Saugrohrbereich an.

Durchströmturbine nach dem System Ossberger

Der Wasserzufluss zum Laufrad erfolgt horizontal, also seitlich, oder vertikal, von oben. Im Unterschied zu den bisher vorgestellten Turbinen wird bei dieser Art nur ein Teil des Laufradumfangs vom Wasser beaufschlagt. Sie heißt daher auch Partialturbine. Das Laufrad wird, entgegen dem einer axial oder radial durchströmten Turbine, quer durchströmt. Das Wasser tritt am Laufradumfang ein und nach dem Durchströmen des Laufradinneren gegenüberliegend wieder aus. Die Aufteilung des Laufrades in mehrere Zellen, z. B. zwei mit einem Größenverhältnis von 1:2, ermöglicht es, auch schwankende Wassermengen mit einem guten Wirkungsgrad zu verarbeiten. Die kleinere Zelle wird für geringere, die größere für mittlere Wassermengen genutzt. Bei genügend Betriebswasser erfolgt die Beaufschlagung der gesamten Laufradlänge. Diese Bauausführung ermöglicht es, die Turbine bei nur einem Sechstel der maximalen Wassermenge mit optimalem Wirkungsgrad zu betreiben. Der Leitapparat hat die Aufgabe, den Wasserstrom zunächst zu teilen und ihn dann unterhalb und oberhalb der Leitschaufeln zum Laufrad zu führen. Dies ist notwendig, um einen möglichst stoßfreien und gerichteten Eintritt des Wassers in das Laufrad zu gewährleisten. Die Leitschaufeln sind so in das Gehäuse einge-

Sprengzeichnung einer Ossberger Turbine

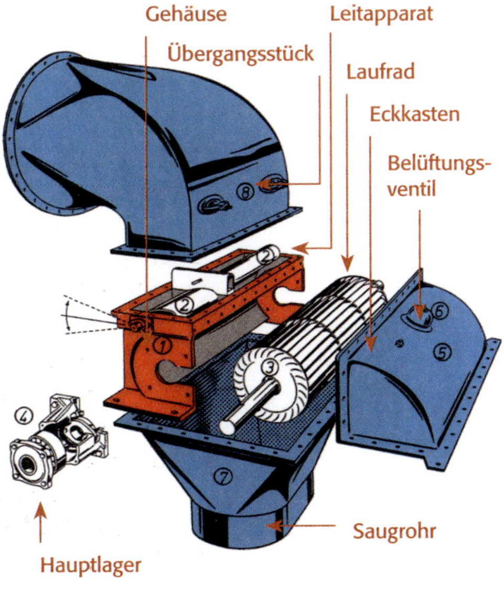

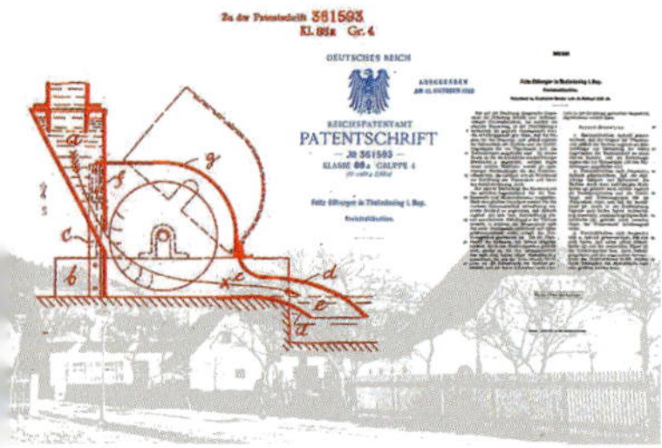

Patentschrift des Reichspatentamtes vom 16. Oktober 1922 zur Freistrahlturbine von Fritz Oßberger

Kraftwirkung an Wasserrädern: Q – Wassermenge (m³), V – Fließgeschwindigkeit, H – Fallhöhe (m)

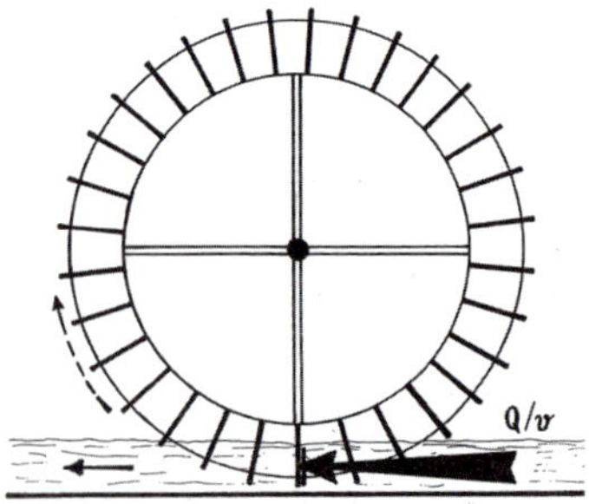

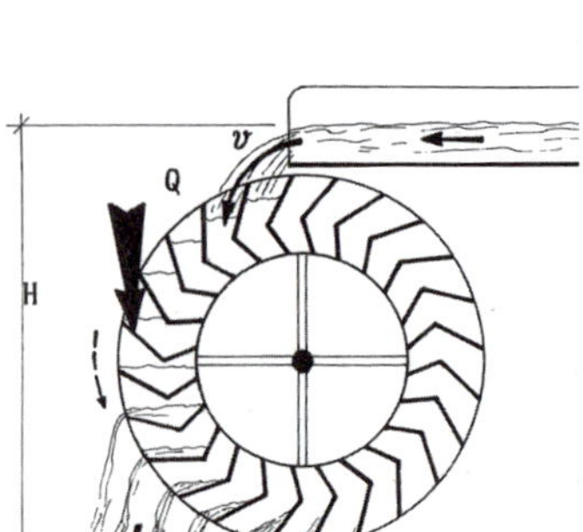

baut, dass sie insbesondere bei kleineren Fallhöhen den Wasserstrom zum Laufrad unterbrechen können. Ihre jeweilige Größe richtet sich nach der Unterteilung des Laufrades in Zellen. Die Bedienung erfolgt automatisch oder manuell über Hebel. Für größere Fallhöhen besitzt die Turbine einen separaten Absperrschieber im Wasser zuleitenden Druckrohr. Die Durchströmturbine wird bei Fallhöhen von 2 bis 200 Metern und Wassermengen von 0,04 bis 12 m³/s eingesetzt. Der Leistungsbereich liegt zwischen 1 und 2.000 Kilowatt. Die Durchströmturbine gehört zu den Langsamläufern. Es werden Wirkungsgrade von bis zu 80 Prozent erreicht. Im Gegensatz zur Francis-Turbine weist sie aber einen besseren Spitzenwirkungsgrad auf und erreicht auch im Teillastbereich sehr gute Wirkungsgrade. Ein weiterer Vorteil besteht in der relativ einfachen, robusten und wartungsarmen Bauweise.

Wasserturbinen wurden zunächst als rein mechanische Antriebsquellen in Mühlen genutzt und verdrängten vielerorts das Wasserrad – nicht immer zum Vorteil des Müllers. Bei Mühlen, die an Bächen oder kleineren Flüssen lagen, war und ist das Wasserrad der Turbine im Unterhalt und Betrieb überlegen.

Selten befindet sich die Turbine im Mühlengebäude, wie beim Wasserrad beschrieben, sondern häufig in einem separaten Anbau, einem Turbinenhaus. Die Kraft muss daher zunächst in die Mühle geleitet werden. Bei Turbinen mit liegender Welle ragt die Turbinenwelle in das Gebäude hinein. Eine Riemenscheibe auf der Turbinenwelle überträgt die Kraft auf die Haupttransmission. Bei Turbinen mit stehender Welle wird häufig ein Winkelgetriebe, z.B. Kegelradgetriebe, benötigt, um die Drehbewegung aus der Vertikalen in die Horizontale umzulenken. Diese erste Getriebestufe befindet sich meist im Turbinenhaus selbst. Von hier wird die Kraft auf die Mühlenhaupttransmission übertragen.

Mit der Möglichkeit der Stromerzeugung durch Turbinen änderte sich die Funktion der Mühlen. Kleine und mittlere Mühlenbetriebe erkannten im Stromverkauf an das örtliche Energieversorgungsunternehmen eine Nebeneinnahmequelle, insbesondere in Stillstandszeiten der Mühle. Dies führte nicht selten dazu, dass die Turbine über ein Getriebe nur noch mit dem Generator fest verbunden war und nicht mehr als direkter mechanischer Mühlenantrieb genutzt wurde.

Leistungsberechnungen

an Wasserradanlagen

Die mechanische Leistung P in Watt W ($1\ W = 1\ kg \cdot m^2/s^3$) eines Wasserrades wird im Wesentlichen durch folgende Parameter bestimmt:

1. die Durchflussmenge Q
   (bzw. das Durchflussvolumen V) in m^3/s
2. die Fallhöhe H
   (bzw. der Raddurchmesser) in m
3. der Wirkungsgrad des Wasserrades η_{Rad}
4. die Dichte des Wassers ρ in kg/m^3
   (Die Dichte des Wassers beträgt bei $T = 3{,}98°C \approx 1.000\ kg/m^3$.)
5. die Fallbeschleunigung g in m/s^2
   (Die Fallbeschleunigung beträgt $9{,}81\ m/s^2$.)

Für die Berechnung der Wasserradleistung ergibt sich folgende Formel:

$$P_{Rad} = Q \cdot H \cdot \eta_{Rad} \cdot \rho \cdot g$$

Für die Berechnung der elektrischen Leistung einer Wasserkraftanlage ist die Wasserradleistung mit den Wirkungsgraden des Getriebes und des Generators zu multiplizieren.

Daraus ergibt sich folgende Formel:

$$P_{elektr.} = P_{Rad} \cdot \eta_{Getriebe} \cdot \eta_{Generator}$$

Die angegebenen Berechnungsformeln eignen sich jedoch nur für überschlägige Betrachtungen, da für eine exakte Betrachtung weitere Parameter, wie z. B. Spaltverluste bei Kropfrädern oder die Wassereintrittsgeschwindigkeit bei Zellenrädern zu berücksichtigen sind.

an Turbinenanlagen

Die mechanische Leistung P in Watt W ($1\ W = 1\ kg \cdot m^2/s^3$) einer Wasserturbine wird im Wesentlichen durch folgende Parameter bestimmt:

1. die Durchflussmenge Q
   (bzw. das Durchflussvolumen V) in m^3/s
2. die Fallhöhe H in m
3. der Wirkungsgrad der Turbine $\eta_{Turbine}$
4. die Dichte des Wassers ρ in kg/m^3
   (Die Dichte des Wassers beträgt bei $T = 3{,}98\ °C \approx 1.000\ kg/m^3$.)
5. die Fallbeschleunigung g in m/s^2
   (Die Fallbeschleunigung beträgt $9{,}81\ m/s^2$.)

Bei der Fallhöhe handelt es sich nicht um die reine Differenz von der Höhe des Oberwassers zum Unterwasser. Bei der Bestimmung der Fallhöhe sind die Reibungsverluste des Wassers in den Rohrleitungen zu berücksichtigen.

Für die Berechnung der Turbinenleistung ergibt sich folgende Formel:

$$P_{Turbine} = Q \cdot H \cdot \eta_{Turbine} \cdot \rho \cdot g$$

Für die Berechnung der elektrischen Leistung einer Wasserkraftanlage ist die Turbinenleistung mit den Wirkungsgraden des Getriebes und des Generators zu multiplizieren.

Daraus ergibt sich folgende Formel:

$$P_{elektr.} = P_{Turbine} \cdot \eta_{Getriebe} \cdot \eta_{Generator}$$

Die angegebenen Berechnungsformeln eignen sich jedoch nur für überschlägige Betrachtungen, da in der Regel weitere technische Parameter zu berücksichtigen sind.

Die Kraft des Windes

Windmühlen besitzen eine eigene Magie: Sie stehen still und bewegen sich doch. Kaum zu glauben, dass die Kraft des Windes ausreicht, die riesigen Windmühlenflügel in Bewegung zu setzen und – mehr noch – im Inneren schwere Steine dazu bringt, sich zu drehen. Über 1.000 Jahre hinweg waren Windmühlen technische Wunderwerke, die ihren Zeitgenossen Staunen, aber auch Furcht einflößten. Zumal manche Mühle die Spitze der Dorfkirche überragte. Kein Wunder, dass in Sagen immer wieder behauptet wurde, in der Mühle treibe der Teufel sein Unwesen. Museumsmühlen offenbaren heute ihren ausgeklügelten Mechanismus und zeigen jedermann, dass stets alles mit rechten Dingen zuging.

Neben der Naturkraft des Wassers ist es der Wind, den sich die Menschheit schon früh zunutze machte, um Energie für Maschinen und Transporteinrichtungen zu erzeugen. Während Wassermühlen hauptsächlich in den Mittelgebirgen gebaut wurden, eigneten sich Windmühlen vornehmlich für weite flache Ebenen bzw. hügeliges Gelände. Die einen fügten sich fast unauffällig in Täler und Flussläufe ein, die anderen waren weithin in der Landschaft sichtbar. Vielleicht ist das der Grund, weshalb beim Begriff „Mühle" zuerst an eine Windmühle gedacht wird. Im Laufe der Jahrhunderte wurden aus den ersten einfachen Windrädern äußert effek-

↑ Die senkrechte Windrad-Welle treibt direkt den Mahlgang an.

↓ alte persische Windmühlen in Nashtifan (Grenzgebiet Iran-Afghanistan)

← Wedelfeldmühle bei Neustadtgödens (Niedersachsen)

Paltrockmühle „Naarstigheid“ niederländischer Bauart am Fehntjer Tief bei Emden (Niedersachsen). Die Sägemühle wurde bereits 1913 abgerissen.

tive und technisch ausgeklügelte Windmühlen entwickelt, die in ihrer Bauweise und technischen Ausstattung dem jeweiligen Standort und dem Bedarf ihrer Nutzung entsprachen.

Wann die ersten Windmühlen gebaut wurden, verliert sich in der Frühzeit der Zivilisation. Als gesichert gilt der Bau von Windmühlen im afghanisch-persischen Grenzgebiet ab dem 9. Jahrhundert. Der älteste Windmühlentyp im europäischen Raum ist die Bockwindmühle. Im 12. Jahrhundert dürften die ersten gebaut worden sein - in Belgien (Brabant), Frankreich (Normandie) und England. Erste Erwähnungen einer Bockwindmühle in Deutschland führen nach Köln, denn hier stand 1222 eine auf der Stadtmauer. Als Abwandlung wurden Anfang des 15. Jahrhunderts in Holland die Kokerwindmühlen entwickelt. Auch die Turmwindmühlen entstammen dem Mittelalter. Erste Exemplare entstanden im 12. und 13. Jahrhundert auf Stadtbefestigungsanlagen und Burgmauern, deren Türme kurzerhand umfunktioniert wurden. Im 16. Jahrhundert entwickelten die Niederländer einen Mühlentyp, der noch heute nach seiner Herkunft benannt ist - die Holländerwindmühle, kurz: der Holländer. Auch wenn Leonardo da Vinci 1502 eine Mühle mit (drehbarer) Mühlenkappe zeichnete, die Erfindung, wie gern und häufig geschehen, ist ihm nicht zuzuschreiben. Der jüngste Windmühlentyp ist die Paltrockwindmühle. Die ersten Vorläufer bauten die Niederländer um 1600 als Sägewerke. Ihre Verbreitung vollzog sich in Deutschland jedoch erst Ende des 19. Jahrhunderts, die meisten wurden sogar in der ersten Hälfte des 20. Jahrhunderts errichtet – zu einer Zeit also, da die Holländermühle in nahezu allen Windmühlengegenden bereits verbreitet und technisch weit entwickelt war.

Mühlenflügel

hölzerner Achskopf

eisernes Armkreuz für fünf Flügel

Um die Windkraft zum Antrieb von Verarbeitungsmaschinen zu nutzen, muss sie eingefangen und in eine Drehbewegung umgewandelt werden. Der Windantrieb ist daher das entscheidende und auch optisch prägende Element von Windmühlen. Im Laufe der Jahrhunderte sind unterschiedliche Antriebssysteme für Windmühlen entwickelt worden, die sich in zwei Hauptarten unterscheiden lassen: Mühlenflügel und Windräder.

Mühlenflügel dominieren in Deutschland beim Antrieb von Windmühlen. Mehrere Flügel bilden das Flügelkreuz, indem sie durch den Achs- oder Wellkopf der Flügelwelle gesteckt und dort fest verkeilt sind. Ursprünglich ragte die hölzerne Flügelwelle aus dem Mühlenkörper heraus, und die Flügel waren direkt am vorderen Ende im Kopf der Welle befestigt. Diese Bauform erwies sich jedoch durch die direkte Einwirkung von Witterungseinflüssen als wenig zweckmäßig. Mit Beginn der industriellen Verarbeitung von Eisen entstanden die ersten Wellköpfe aus Gusseisen. Sie wurden fest mit der Flügelwelle verbunden und ragten nun als wetterbeständiges Bauteil aus der Mühle. Nicht selten wurde der hölzerne Wellkopf nach der Verrottung einfach abgesägt und durch einen stabileren eisernen ersetzt. Flügelwellen mit einem hölzernen Kopf sind daher heute nur noch selten zu finden.

Ein Flügelkreuz wird üblicherweise aus vier Flügeln gebildet, die rechtwinklig zueinander im Wellkopf oder am Armkreuz befestigt sind. Windmühlen mit fünf, sechs oder sogar acht Flügeln gibt es sehr selten. Eine vollständig erhaltene windgängige Fünf-Flügel-Mühle steht in Wendhausen bei Braunschweig (Niedersachsen).

Tragender Bestandteil eines Mühlenflügels ist die „Rute“. Zunächst ausschließlich aus Holz, wurden Ruten spätestens ab Ende des 19. Jahrhunderts auch zuneh-

Fünf-Flügel-Mühle in Wendhausen bei Braunschweig (Niedersachsen)

↑ *Bruststücke ohne Flügelspitzen an einer Bockwindmühle*

↓ *Aufbau eines Mühlenflügels (Segelflügel)*

mend aus Stahl gebaut. Während hölzerne aus einem massiven Stück gefertigt sind, besteht eine Stahlrute aus mehreren zusammengesetzten Elementen, die genietet oder verschweißt ein Hohlkastenprofil bilden. Flügelruten sind vierkantig und aus aerodynamischen Gründen konisch gefertigt. Ihren stärksten Umfang haben sie im Bereich des Wellkopfes, zu ihren äußeren Enden hin verjüngen sie sich.

Hölzerne Flügel wurden aus harzreichen und leichten Holzarten mit hoher Elastizität gefertigt, je nach Region aus Lärche oder Kiefer, für bestimmte Teile aber auch aus Eiche. Ihre Lebensdauer betrug bei angemessener Pflege 20 bis 25 Jahre. Regelmäßig drehende Flügelkreuze weisen eine längere Lebensdauer auf, da sich im Holz keine Staunässe bilden kann. Die Flügel drehen sich regelrecht „trocken".

Je nach Aufbau der Flügelrute wird zwischen ein- und mehrteiligen (dreiteiligen) Flügeln unterschieden. Ein dreiteiliger Flügel besteht aus dem „Bruststück" und zwei „Spitzen". Das Bruststück wird im Wellkopf befestigt und ist etwa halb so lang wie eine Flügelspitze. Die beiden Spitzen bilden die eigentlichen Flügel und werden am Bruststück mit Bolzen gegen Verschiebung gesichert und mit Eisenbändern bzw. Jochklammern am Bruststück festgezogen. Einteilige Flügel haben kein Bruststück und keine Spitzen, die Rute ist in diesem Fall durchgehend aus einem Stück gefertigt.

Der Durchmesser des Flügelkreuzes wird als „Flucht" bezeichnet. Die in Deutschland übliche Flucht liegt, je nach Größe und Bauart der Windmühle, zwischen 18 und 24 Metern, wobei es Ausnahmen in beiden Richtungen gibt. Die großen und stabilen, leistungsfähigen Holländermühlen weisen in der Regel eine größere Flucht auf als Koker-, Bock- oder Paltrockmühlen.

Um den Wind einfangen und seine Kraft nutzen zu können, sind an den Ruten die eigentlichen Flügel- bzw. Windflächen angebracht. Diese werden als „Heckwerk" bezeichnet. Das Heckwerk besteht aus einem hölzernen oder eisernen Rah-

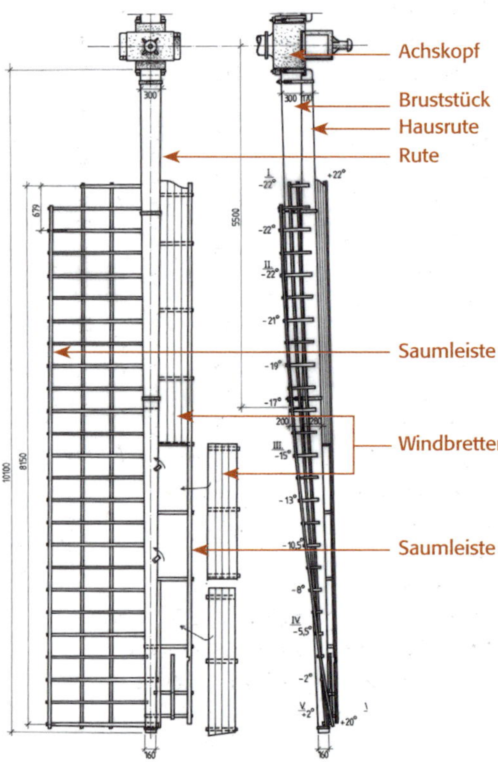

Segelflügel mit aufgestellter Bremsklappe im Vorheck

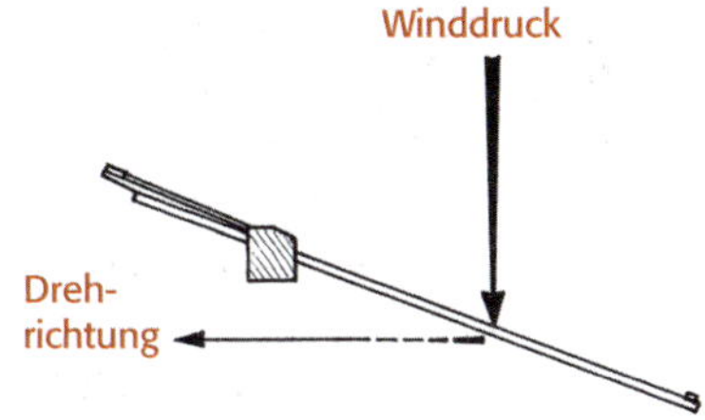

Kraftwirkung des Windes auf Flügel

men bzw. Gatter, dessen tragende Elemente, die Heckscheite oder Heckscheiden, durch die Flügelrute gesteckt sind. Nach außen hin und parallel zur Rute sind sie durch Längsleisten, die Saumleisten, miteinander verbunden, also innen und außen „besäumt". Heckscheite und Saumleisten bilden damit ein stabiles System. Es muss nur noch ausgefüllt werden, um eine Windangriffsfläche zu bilden. Dafür sind im Laufe der Jahrhunderte unterschiedliche Systeme entwickelt worden, die nachfolgend unter Flügelarten beschrieben werden.

Das Heckwerk eines Mühlenflügels teilt sich in das Vor- und Haupttheck, auch Vorder- und Hinterzeug genannt. Zwischen beiden befindet sich die eigentliche Rute. Das Vorheck liegt „vor" der Rute (in Drehrichtung des Flügels), das Hauptheck „dahinter". Während das schmale Vorheck den Flügel „zieht", „schiebt" das breitere Hauptheck und bringt auch mehr Kraft in den Flügel als das Vorheck.

Die Windangriffsfläche des Vorhecks kann unterschiedlich konstruiert sein. Herausnehmbare Bretter („Türen" bzw. „Windbretter"), die je nach Windstärke und Kraftbedarf ein- oder ausgehängt werden können, sind eine Möglichkeit. Bei Jalousieflügeln kann das Vorheck ganz oder teilweise mit Jalousieklappen bestückt sein. Im 20. Jahrhundert begannen deutsche und niederländische Mühlenbauer damit, durch eine verbesserte aerodynamische Profilierung und Verkleidung des Vorhecks die Leistungsfähigkeit der Mühlenflügel zu erhöhen. Seit einigen Jahren finden „Bremsklappen" (Remklappen) beim Neubau von Mühlenflügeln Verwendung. Sie sind am

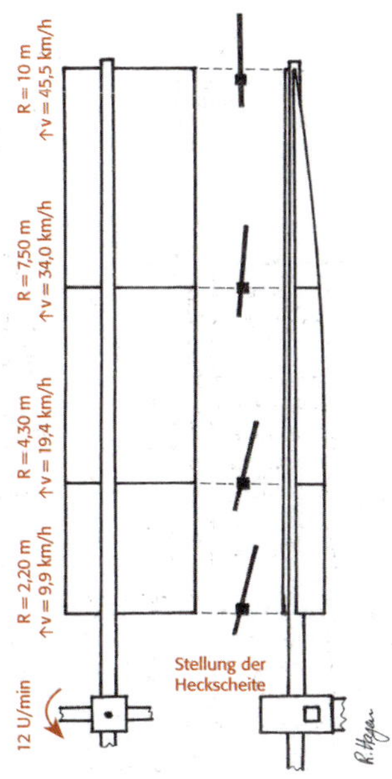

Profil des Flügels in Abhängigkeit von Länge und Umfangsgeschwindigkeit

↑ *Die Flügel der Bockwindmühlen in Oppenwehe und ↓ im Mühlenhof-Freilichtmuseum Münster drehen sich entgegen der üblichen Richtung.*

äußeren Ende des Vorhecks montiert und in ihrer Längsachse schwenkbar gelagert. Durch das Aufstellen der Bremsklappen mittels Fliehkraftregulierung bzw. bei Jalousieflügeln oft mit dem Gestänge zur Steuerung der Jalousieklappen gekoppelt, kann die Umdrehungsgeschwindigkeit des Flügelkreuzes abgemindert und die Gefahr eines unkontrollierten „Durchgehens“ der Mühle verringert werden.

Das Heckwerk des Flügels ist als eine in sich gedrehte windschiefe Fläche angelegt. Erst durch diese Schrägstellung („Schrank“ oder „Windschmiege“) wird es möglich, dass der senkrecht auf die Flügelfläche treffende Winddruck den Windmühlenflügel in eine Drehbewegung versetzt und eine hohe Arbeitsleistung ermöglicht.

Die Heckscheite sind in unterschiedlichen Winkeln durch die Rute gesteckt. Der Grund: Die Umdrehungsgeschwindigkeit des Flügelkreuzes ist an den äußeren Flügelenden größer als im Bereich des Wellkopfes. Daher ist der Winkel am Flügelende, dem „Topp“, am geringsten, zur Flügelwelle hin wird er größer. Durch das flache Flügelende wird eine Bremswirkung an dieser Stelle verhindert. Die Windkraft „fließt“ beim drehenden Kreuz vom inneren Flügelbereich zum Topp und „verlässt“ hier den Flügel. Für die „richtige“ Winkelstellung hatte früher jeder Mühlenbauer seine eigenen Werte, die meist von Generation zu Generation weitergegeben wurden. Anhand der Bauweise alter Mühlenflügel lässt sich für den Fachmann noch heute oft der Mühlenbauer ablesen.

Über die Bedeutung der Drehrichtung von Flügelkreuzen wird oft philosophiert und spekuliert. Mit Blick auf Mühle und Flügelkreuz drehen sich die meisten Windmühlen links herum, also entgegen dem Uhrzeigersinn. Windmüller dagegen betrachten ihr Flügelkreuz von ihrem Arbeitsplatz aus. Dementsprechend dreht sich für sie das Flügelkreuz rechts herum, also im Uhrzeigersinn. Wie so oft im Leben, kommt es auch hier auf den persönlichen Standpunkt und das Auge des Betrachters an. Die hier dargestellte Drehrichtung ist die in Deutschland allgemein übliche. Es gibt jedoch Ausnahmen, sowohl bei Bock- als auch bei Holländermühlen. Die Flügel dieser Mühlen drehen sich „verkehrt“ herum, da das Vor- und Hauptheck an der Rute genau anders herum angeordnet ist. Auffällig ist eine regionale Dichte dieser „verkehrt“ herum drehenden Windmühlen im Emsland und in Westfalen-Lippe.

Segelgatterflügel

Die Windangriffsfläche des Segelgatterflügels, auch Segelflügel genannt, besteht im Hauptheck aus einem hölzernen, später vereinzelt auch metallenen Gatter, auf das Segeltücher gespannt werden. Das Segelgatter wird durch zahlreiche Latten bzw. Leisten gebildet. Eine Art tragendes Grundgerüst bilden die durch die Rute durchgesteckten Heckscheite und die innere und äußere Saumleiste. Um das Segeltuch auf den Flügel zu spannen bzw. dieses wieder einzuholen, musste der Müller „in den Flügel steigen". Eine nicht ungefährliche Arbeit bei stärkerem Wind oder bei schlechter Witterung, wenn durch Regen oder im Winter durch Frost das Segeltuch schwer bzw. gefroren war.

Bockwindmühle im Internationalen Mühlenmuseum Gifhorn. Zwei Segel sind aus-, die anderen eingerollt.

Vor allem in der Altmark, der Magdeburger Börde und im Wolfenbütteler Raum, aber z. B. auch an der Historischen Mühle in Potsdam ist eine Abwandlung des traditionellen Segelflügels zu finden: Das Hauptheck besteht nicht aus einem Gitterkreuz, sondern nur aus Heckscheiten und äußeren Saumleisten. Es sieht daher aus wie eine Leiter. Segeltücher werden bei dieser Ausführung entweder, wie beim traditionellen Segelflügel, aufgespannt oder zwischen die Heckscheite „geflochten".

Segelflügel leiterähnlichen Typs in Ottleben (Sachsen-Anhalt)

Das Segeltuch muss, je nach Windstärke, aus- bzw. eingerollt („gerefft") werden. Jeder Flügel wird dafür einzeln bedient. Vor Beginn der Arbeit in Abhängigkeit von der Windstärke und dem erforderlichen Kraftbedarf wird „aufgesegelt", nach Feierabend wieder „abgesegelt". Verändert sich während der Arbeit die Windstärke oder der Kraftbedarf, muss die Mühle abgebremst und die Segelfläche der veränderten Situation angepasst werden – wiederum jeder Flügel einzeln. Der Müller hat dabei besonders darauf zu achten, dass die Segelfläche bei zunehmender Windstärke oder aufkommendem Sturm oder Gewitter rechtzeitig verringert wird bzw. die Segel ganz eingerollt werden. Zu starker Wind bzw. Sturmböen und volle Segelfläche führen dazu, dass die Mühle „durchgeht" und nicht mehr sicher gebremst werden kann. So manche Windmühle ist auf diese Weise unter der Bremse heiß gelaufen und in Brand geraten.

Segelflügel mit gerefftem Segel

Die Segeltücher wurden aus derbem Leinenstoff gefertigt und an den Längsseiten und der Oberkante mit Tauwerk, dem Liek umsäumt. Heute werden Kunststoffgewebe mit einer hohen Reißfestigkeit genutzt. Das Tau- und Seilm-

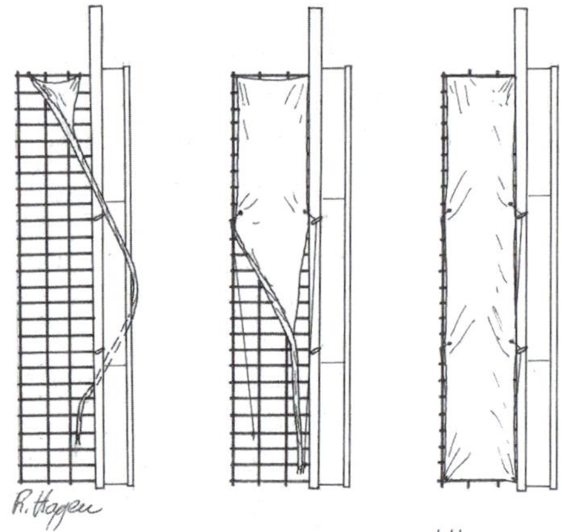

Besegelung eines Mühlenflügels

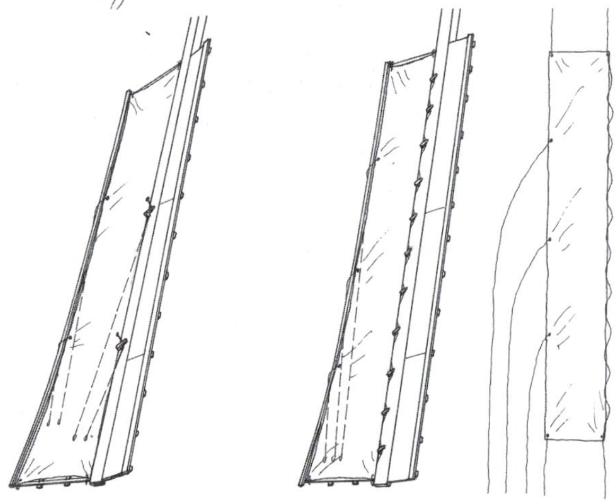

Flügelkreuz mit zwei gerefften Segeln, Historische Mühle in Potsdam (Brandenburg)

aterial bestand früher aus Hanf. Heute werden auch dafür langlebigere Kunststoffseile genutzt. Die Bespannung erfolgt bei den gegenüberliegenden Flügeln immer gleich. Segelflügel sind eine einfache, hinsichtlich der Bedienung aber auch aufwendige Flügelform. Heute finden wir sie u. a. aus Kostengründen an vielen Windmühlen, die nicht mehr regelmäßig in Betrieb sind.

Bei starkem Wind ist es sogar möglich, die Mühle ohne eine Segeltuchbespannung zu betreiben. Die Angriffsfläche des Vorhecks reicht dann vollständig aus. Natürlich ist dies immer abhängig von dem Kraftbedarf der zu betreibenden Maschinen in der Mühle.

Türenflügel

Ein Flügeltyp, der durch Einfachheit, aber auch durch hohen Bedienungsaufwand gekennzeichnet ist: der Türenflügel. In das Heckwerk sind große Holzbretter, „Türen" eingehängt. Diese bilden die Flügel- bzw. Windangriffsfläche. Zum Bau der Türen wird leichtes Holz, wie z. B. das von der Pappel, verwendet. Ohne Türen sehen die Flügel auf den ersten Blick wie Jalousieflügel ohne Klappen aus. Um die Türen in den Flügel einzusetzen und diese z. B. bei stärkerem Wind wieder herauszunehmen, muss jeder Flügel einzeln bedient werden. Der Arbeitsaufwand ist dabei, wie beim Segelflügel, sehr groß. Hinzu kommt, dass die schweren und großen Türen hoch- und wieder heruntergetragen werden müssen. Im Gegensatz dazu wird das Segeltuch nur aus- und wieder eingerollt und verbleibt am Flügel. Nur die dem Wellkopf am nächsten liegende Tür wird in aller Regel nicht herausgenommen und ist fest montiert. Da sie „unberührt" bleibt, trägt sie auch den Namen „Jungferntür". Trotz dieses hohen Aufwandes hat sich der Türenflügel in einigen Regionen Mittel- und Ostdeutschlands lange gehalten und ist noch heute an verschiedenen Orten zu finden. In aller Regel fehlen heute jedoch die Türen.

↑ Bockwindmühle mit Türenflügeln im Deutschen Technikmuseum Berlin
↙ Türenflügel mit einigen eingehängten Türen

Flügelkreuz mit Jalousieklappen

Jalousieklappenflügel

Einen erheblichen Fortschritt zum Segelflügel bilden die Jalousieklappenflügel, auch einfach Jalousie- oder Lamellenflügel genannt. Sie verbreiteten sich in Deutschland ab der zweiten Hälfte des 19. Jahrhunderts. Die bis dahin übliche Bespannung der Flügel mit Segeltüchern oder das Einsetzen von Türen wird hier durch federgesteuerte Jalousieklappen („spring sail“) ersetzt. Sie wurden mit einem Gestänge bedient und konnten bei wechselnden Windverhältnissen sicher und schnell gesteuert werden.

Beim Jalousieflügel wird das Haupt-, teilweise auch das Vorheck durch zahlreiche hölzerne oder metallene Jalousieklappen (Lamellen) gebildet, die parallel zu den Heckscheiten angebracht sind. Wenn sowohl Haupt- als auch Vorheck mit Jalousieklappen ausgestattet sind, wird dies als Volljalousie bezeichnet. Eine Zugstange, je nach Konstruktion auf der Vorder- oder auf der Rückseite, verbindet alle Jalousieklappen eines Flügels miteinander. Dadurch können sie gleichmäßig geöffnet oder geschlossen werden, um so die Windangriffsfläche zu vergrößern oder zu verkleinern. Sind die Klappen geschlossen, bilden sie wie beim ausgerollten Segel die größte Angriffsfläche. Eine stufenlose Öffnung der Klappen ermöglicht die individuelle Anpassung des Flügels an die jeweiligen Windverhältnisse, ohne dass dazu die Mühle angehalten werden muss. Jalousieflügel können also bei laufendem Betrieb reguliert werden. Für den Müller stellte dies in mehrfacher Hinsicht eine Erleichterung dar. Neben der Regulierung bei laufendem Betrieb war es nun auch möglich, eine gleichmäßigere Drehzahl und optimale Leistungsabgabe zu erreichen als beim bedienungsaufwendigen Segelflügel.

Achskopf mit Spinne zur Jalousieregulierung

Die Zugstangen der Jalousieklappen werden gleichmäßig über einen Verstellmechanismus reguliert, der am Achskopf der Flügelwelle angebracht ist. Dieser Mechanismus wird aufgrund seines Aussehens auch als „Spinne“ bezeichnet. Bedient wird der gesamte Mechanismus in der Regel auf der flügelabgewandten Seite der Mühle. Mit langen Ketten und einem Hebelsystem kann in der auf voller Länge durchbohrten Flügelwelle eine Zugstange verschoben werden, die mit

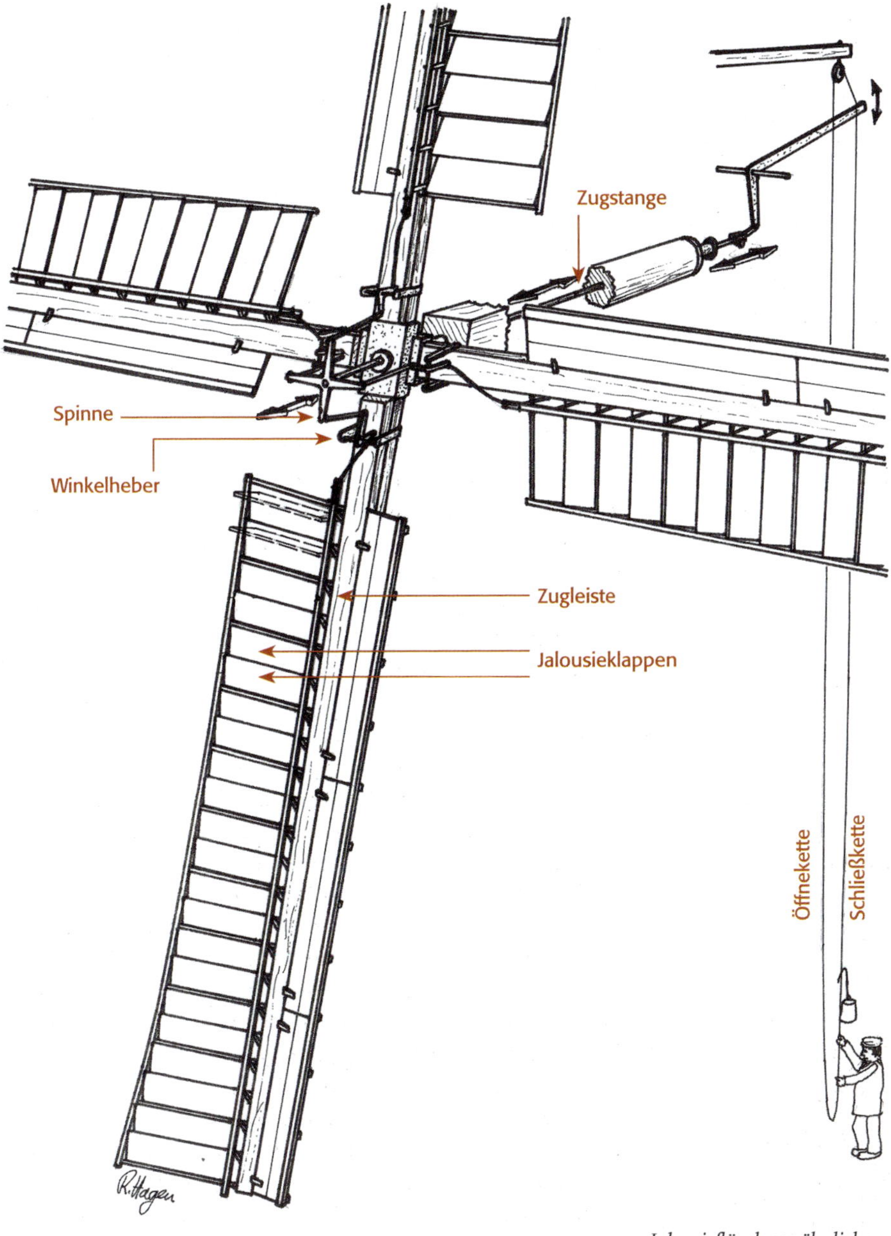

Jalousieflügel: gewöhnliche Bauart mit Zugjalousie und durchbohrter Flügelwelle

der Spinne am Achskopf verbunden ist. Wird diese Zugstange in Richtung Flügelkreuz nach außen geschoben, zieht die Spinne die Zugstangen der Jalousieklappen zum Achskopf hin und die Klappen schließen sich. Umgekehrt öffnen sich die Klappen, wenn ihre Zugstangen zur Flügelspitze hin geschoben werden.

Diese Konstruktion bringt einen weiteren Vorteil mit sich. Bei zunehmender Umdrehungsgeschwindigkeit des Flügelkreuzes in Folge stärkeren Windes „wandern" die Zugstangen der Jalousieklappen bedingt durch die Fliehkraft nach außen in Richtung Flügelspitze und öffnen so automatisch und gleichmäßig alle Klappen. Der zunehmende Winddruck wirkt zusätzlich öffnend auf sie. Ein Gewicht am Ende der Regulierungsketten sorgt dafür, dass die Klappen bei nachlassendem Wind wieder ganz oder teilweise geschlossen werden.

Um eine einwandfreie Funktion dieses „selbstregulierenden" Systems zu erreichen, bedarf es, neben sauberer handwerklicher Arbeit des Mühlen- bzw. Flügelbauers, einer ständigen Wartung und Pflege sämtlicher beweglicher Teile des Klappensystems durch den Müller. Heute sind diese Grundvoraussetzungen leider nur noch selten zu finden.

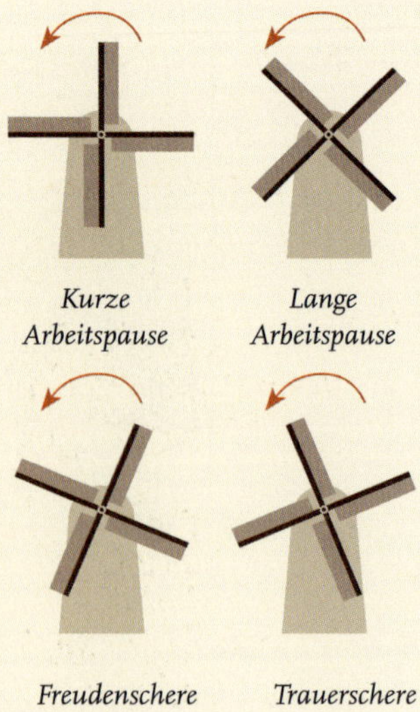

Flügelsprache

Windmühlen mit ihren weithin sichtbaren Flügelkreuzen dienten seit je her auch als Übermittler von Nachrichten. Dazu arretierte der Müller die Flügel in einer bestimmten Stellung und konnte so seiner Nachbarschaft vermitteln, ob die Windmühle z. B. wegen eines technischen Schadens für längere Zeit außer Betrieb war und somit kein Getreide angeliefert werden brauchte oder ob es z.B. einen Trauerfall in der Müllerfamilie gab. In Kriegszeiten entwickelten Müller zudem gelegentlich weitere Signale, mit denen sie wichtige Nachrichten an die Umgebung weitergeben konnten. Windmühlen, die in Sichtweite zueinander standen, konnten so auch über weite Strecken Nachrichten verbreiten. In der Flügelsprache gibt es keine allgemein verbindliche Regelung. Aber die gängigsten Flügelstellungen sollen an dieser Stelle vorgestellt werden.

Eine Abwandlung des Jalousieflügels mit Regulierung über eine Zugstange bilden Systeme, bei denen die Klappen durch Federkraft geschlossen werden. Das bekannteste ist wohl die Hecht´sche Federjalousie, die ihr Erfinder Heinrich Hecht 1885 patentieren ließ. Hecht betrieb in Radegast (Sachsen-Anhalt) eine Jalousieklappen- und Sichterfabrik. Die Veränderung der Windangriffsfläche erfolgt ähnlich wie bei dem bereits beschriebenen Klappenflügel. Überschreitet das Flügelkreuz durch zunehmenden Wind die Nenndrehzahl, so öffnen sich die Klappen durch Fliehkraft, da die Zugstangen nach außen wandern. Nimmt der Wind wieder ab, so zieht eine Feder die Klappen über die Zugstangen wieder zu. Die wirkende Federkraft muss dabei der Bewegungsrichtung der Klappen entsprechen. Ausschlaggebend für den Betrieb der Mühle ist, wie eine dauerhafte Öffnung der Klappen bei einem Außerbetriebnehmen erfolgen kann. Dabei gibt es mehrere Möglichkeiten. Eine einfache besteht darin, dass es am äußeren Ende eines Flügels einen Regulierhebel gibt, über den die Öffnung erfolgt. Dazu muss die Mühle jedoch unter Volllast angehalten werden. Die Hecht´sche Federjalousie, aber auch andere ähnliche Systeme, sind heute kaum noch zu finden. Zuweilen lassen sich Spuren nachweisen, z. B. der Halbmondhebel an der Windwand oder spezielle Federn, die in der Mühle lagern. Es gab auch Neubauversuche, die in ihrer Funktionsweise aber nur zum Teil befriedigend arbeiteten.

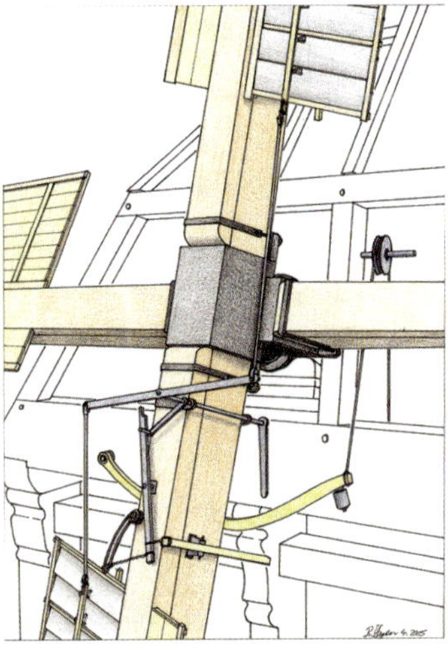

Hecht´sche Federjalousie

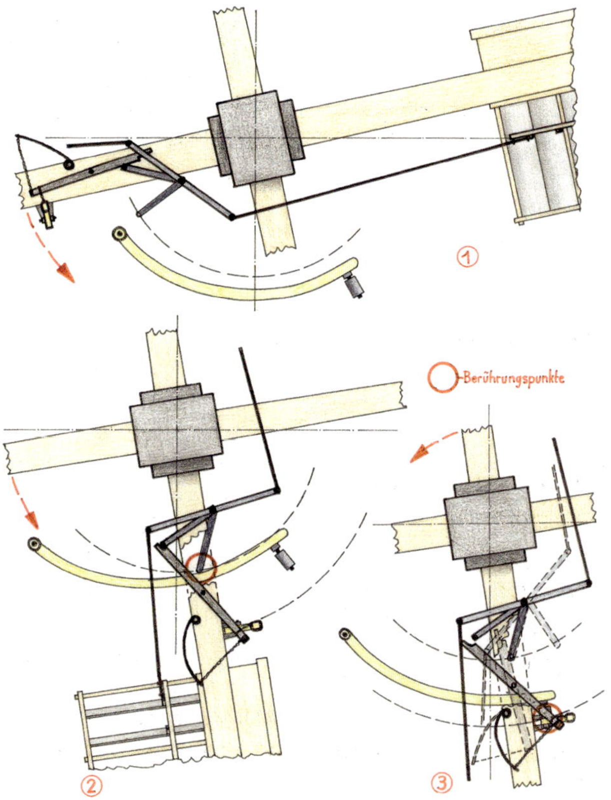

1 Klappen geschlossen (Halbmond in Ruhestellung)

2 Öffnen der Klappen (Halbmond hochgezogen, Arretierung im Zustand „Klappen geschlossen“ eingerastet)

3 automatisches Klappenschließen beim Anlaufen (Halbmond leicht herabgelassen, Arretierung gelöst, Feder zieht Klappen zu)

Bockwindmühle am Funkturm in Berlin mit vereinfachten Bilau-Flügeln, 1936

Ventikantenflügel an der Donsbrügger Mühle bei Kleve (Nordrhein-Westfalen)

Bilau'sche Ventikantenflügel

Generationen von Müllern und Mühlenbauern forschten noch bis ins 20. Jahrhundert hinein, um die Idealform eines Windmühlenflügels zu entwickeln und damit eine maximale Ausnutzung der Windkraft zu erreichen. Ende des 19. Jahrhunderts begann Poul La Cour im Auftrag des dänischen Staates mit der ersten fundierten wissenschaftlichen Untersuchung, um die ideale Flügelform zu ermitteln. Aufbauend auf den Forschungsergebnissen La Cours entwickelte Kurt Bilau ab 1920 einen Flügeltyp, der als letzte große Erneuerung in der Windmühlentechnik gilt.

Bilaus Erfahrungen als Pilot und seine Visionen ließen den Bilau- bzw. Ventikantenflügel entstehen. Neben einer aerodynamisch perfektionierten Ausbildung des Vorhecks (Ventikante) bildet die Konstruktion des Haupthecks (Drehheck) eine weitere wesentliche Neuerung. Der gesamte aus Leichtmetall gefertigte Flügel entstand nach dem Vorbild von Flugzeugtragflächen. Das Vorheck wurde weiterhin feststehend, das Hauptheck jedoch auf voller Flügellänge in einem Stück parallel zur Flügelrute schwenkbar angelegt. Zwischen Vor- und Hauptheck liegt ein Spalt. Je nach Windstärke kann das Haupt- bzw. Drehheck und damit der Spalt geöffnet oder geschlossen und die Windangriffsfläche verkleinert oder vergrößert werden. Ein aufgestelltes Drehheck wirkt zudem als Bremse, so dass die Mühle schon allein durch das Aufstellen der Flügel abgebremst werden kann. Die aerodynamisch perfekte Konstruktion lässt die Mühle auch bei schwachem Wind hohe Leistung erzielen.

Ab den 1930er Jahren bis zur Mitte des 20. Jahrhunderts wurden etwa 140 Windmühlen in Deutschland mit Bilau'schen Ventikantenflügeln ausgestattet. Mancher Müller rettete seinen Betrieb damit zunächst vor dem „Mühlensterben“. Heute sind funktionsfähige Ventikantenflügel in Deutschland jedoch nur noch an wenigen Windmühlen zu finden. Die hohen Kosten für Anschaffung und Unterhalt, aber auch sein hohes konstruktionsbedingtes Gewicht begrenzten die weitere Verbreitung dieses Flügeltyps

Ten Have-Flügel

Die durch Kurt Bilau in Deutschland entwickelten Ventikantenflügel fanden auch im „Windmühlenland“ Holland Verbreitung, obgleich man dort an den meisten Windmühlen die traditionellen Segelflügel beibehielt. Aber natürlich waren auch die holländischen Mühlenbauer stets auf der Suche, die Leistungsfähigkeit „ihrer“ (Segel-)Flügel zu erhöhen. Da das Hauptheck bei Beibehaltung als Segelflügel kaum Verbesserungsmöglichkeiten bietet, steigerten die Mühlenbauer die Leistungsfähigkeit des Flügels durch eine Optimierung des Vorhecks. Als Grundlage dienten dabei u. a. die Erkenntnisse Kurt Bilaus und seiner Ventikanten. Das Vorheck wurde strömungstechnisch günstiger profiliert und verkleidet.

Neben der leistungssteigernden Verkleidung des Vorhecks wurde auch das Prinzip der Drehhecks, wie sie an Bilau-Flügeln zu finden sind, weiter entwickelt. Der Mühlenbauer Ten Have machte sich Bilaus Erfindung zunutze. In einer aerodynamisch einfacheren Form, die im Gegensatz zu den aufwendigen Bilau-Drehhecks aus flachen Klappen bestand, entwickelte er ein Hauptheck, das ebenfalls parallel zur Flügelrute um seine Längsachse schwenkbar, jedoch wesentlich leichter und auch kostengünstiger war. Die Flügel Ten Haves verbreiteten sich in den Niederlanden und sind dort noch heute an mehreren Windmühlen zu finden. In Deutschland hat sich dieses abgeänderte Bilau-System nicht mehr durchgesetzt. Allerdings fand es 1994 bei der Restaurierung und Reaktivierung der Meyer‘schen Holländermühle in Bardowick bei Lüneburg Verwendung, geplant von einem deutschen Mühlenbau-Ingenieur und gefertigt von holländischen Mühlenbauern.

Ten Have-Flügel an der Bardowicker Mühle bei Lüneburg (Niedersachsen)

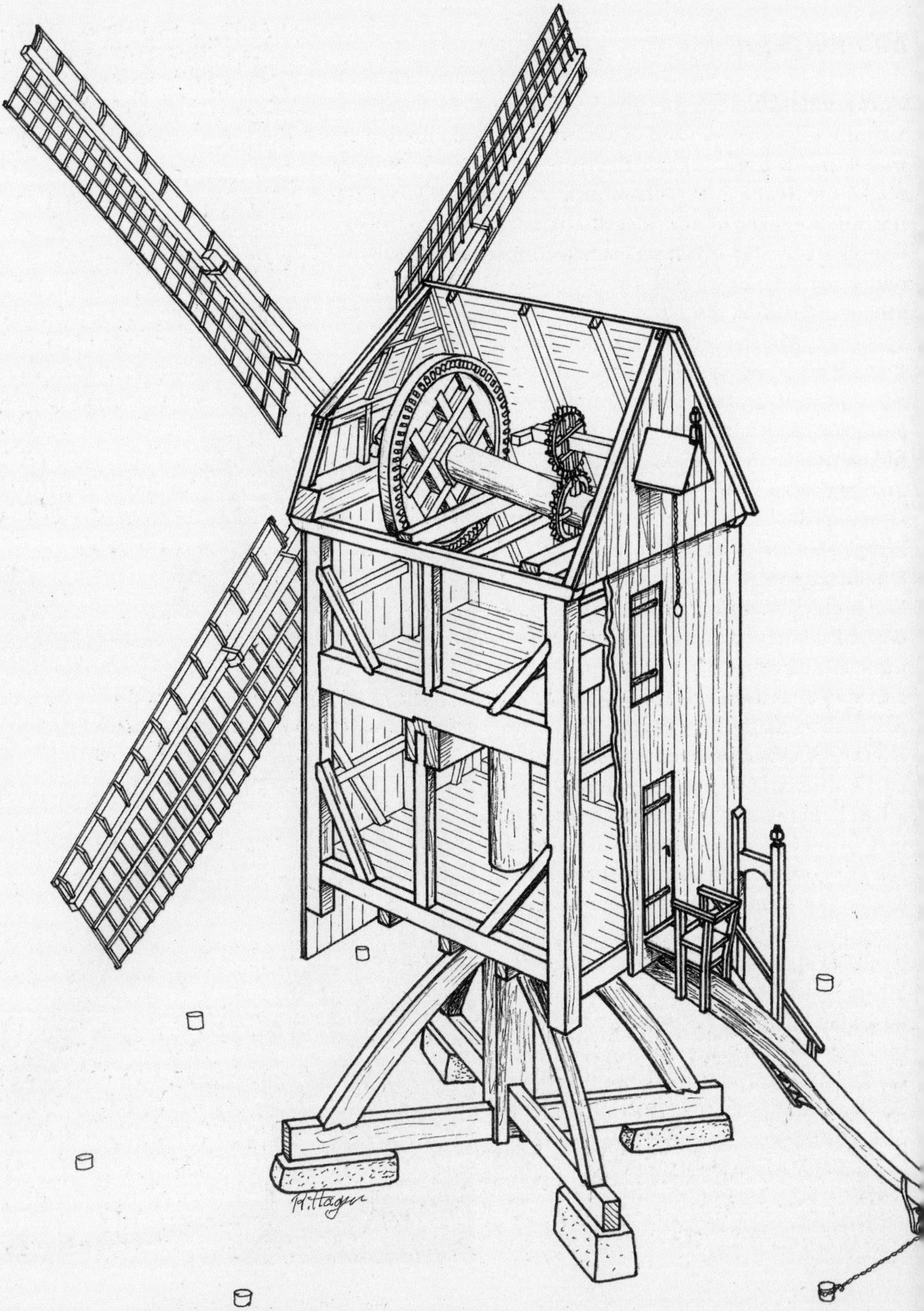
R. Hagen

Mühlengebäude

Bockwindmühle bei Ottleben (Sachsen-Anhalt)

Bockwindmühle

Vor allem in Deutschland verbreitete sich die Bockwindmühle mit Beginn des 15. Jahrhunderts in zunehmendem Maße. Sie wird daher auch als „Deutsche Mühle" bezeichnet. Die gelegentlich verwendeten Begriffe Ständermühle oder Kastenmühle resultieren aus ihrer Bau- und Konstruktionsweise, die seit ihrer Entstehung bis heute praktisch unverändert geblieben ist.

Die hölzerne Konstruktion besteht aus dem tragenden Bock, der auf vier Fundamentsockeln sitzt und dessen Zentrum der senkrechte Hausbaum (Ständer) bildet. Dieser wird gestützt und getragen durch diagonale Streben, die als Standfinken bezeichnet werden. Sie fangen im Wesentlichen das gesamte Gewicht der Mühle (Mühlenkasten, Getriebe, Maschinen, Flügelkreuz) ab und leiten es in die vier Fundamentsockel. Die Bockwindmühle ruht also auf vier Stellen, die ihr Stabilität geben. Der senkrechte Hausbaum selbst hat keine Verbindung zum Boden und „federt" in der Vertikalen. Um den Bock vor Witterungseinflüssen zu schützen und auch um Lagerraum zu schaffen, ist er oft gänzlich oder zumindest teilweise mit einer Umhausung versehen. Es wird daher, je nach Art, in „offene", „halboffene" oder „geschlossene" Bockwindmühlen unterschieden.

Um einen kleinen Zapfen drehbar gelagert liegt auf dem Hausbaum ein mächtiger Balken, der Hammer. Er bildet neben dem Hausbaum das tragende Element des gesamten Mühlengebäudes, das aus einer verbretterten und häufig an der Flügelseite (Windseite) zusätzlich verschindelten oder

↙ Halboffener Bock: Die Umhausung der Westseite schützt vor Witterung und schafft zusätzlichen Lagerraum.

↓ Kreuzschwellen, Standfinken und Hausbaum bilden den Bock.

Mehlboden einer Bockwindmühle mit Hausbaum und Hammer

Außentreppe an der Osterlinder Bockwindmühle in Salzgitter-Salder (Niedersachsen)

mit Dachpappe beschlagenen Fachwerkkonstruktion besteht. Auf den beiden Enden des Hammers sitzen rechtwinklig zwei weitere Hauptbalken, die Mehlleisten. An ihren Enden wiederum sind die vier Eckstiele bzw. Ortständer verzapft, die zusammen mit weiteren waagerechten, senkrechten und diagonalen Schwellen, Pfosten und Verbindungshölzern die Fackwerkkonstruktion des Mühlenkastens bilden, auf dem zudem noch der Dachstuhl aufgesetzt ist.

Der Mühlenkasten nimmt die gesamte Mühlentechnik (Flügelkreuz, Flügelwelle, Getriebe, Verarbeitungsmaschinen) auf und bietet weiteren Lagerraum. Er hat, abhängig von Größe, technischer Ausstattung und der beim Bau verwendeten Holzart, ein Gewicht von 40 bis 50 Tonnen und ist über eine Außentreppe an der flügelabgewandten Seite des Mühlenkastens zu erreichen. Die Treppe reicht nur bis knapp über den Erdboden, da sie mit dem drehbaren Mühlenkasten bewegt werden muss. Typisch für viele Bockwindmühlen ist die Feise, ein kleiner Anbau, der dem Müller als Ruheraum diente.

Da der Wind zum Antrieb der Flügel stets direkt von vorn auftreffen muss, wird der Mühlenkasten durch den rückwärtigen Steert oder Sterz von Hand in den Wind gedreht. Mithilfe einer am unteren Steertende montierten Handwinde oder Haspel kann das gesamte Mühlenhaus mühelos, sogar von nur einer Person gedreht werden. Dazu wird die Kette der Winde an einem in regelmäßigen Abständen um die Mühle postierten und im Boden eingelassenen Pfosten befestigt. Steht die Mühle in der gewünschten Position, wird der Steert mit einer transportablen hölzernen Stützkonstruktion, dem Schrick, abgefangen. So ist gesichert, dass beim Betrieb der Mühle oder bei starkem Wind das Mühlenhaus nicht in gefährliche Schwankungen oder Drehbewegungen gerät.

Der Mühlenkasten besteht aus zwei Geschossen, den Böden, und dem Dachbereich. Der obere Boden wird im Allgemeinen als Stein- oder Mahlboden, der untere als Mehl- oder Absackboden bezeichnet, in Abhängigkeit ihrer jeweiligen Funktion. Während oben die Getreidezerkleinerung stattfindet, wird im unteren Geschoss das Mahlgut (Mehl, Schrot etc.) weiterverarbeitet, abgesackt und gelagert.

Im Dachgeschoss befindet sich die mächtige, leicht geneigt angeordnete und auf zwei Punkten gelagerte Flügelwelle. Über sie gelangt die vom Flügelkreuz eingefangene Windkraft als Drehkraft ins Mühleninnere. Auf der Flügelwelle ist das große Kammrad befestigt. Zusammen mit dem wesentlich kleineren Stock- oder Korbrad, das die vertikale Spindel antreibt, wird die Drehbewegung von der Waagerechten in die Senkrechte übertragen und durch die Übersetzung zudem um ein Mehrfaches erhöht.

Um das Kammrad herum liegt ein meist hölzerner, aus mehreren Segmenten bestehender Ring, die Bremse. Sie wird auch als Presse oder Fang bezeichnet und dient dem An- und Festhalten des Kammrades und damit auch der Flügel. Soll die arbeitende Mühle gebremst werden, wird der Fang mithilfe eines langen Hebels, dem Bremsbalken, in Drehrichtung um das Kammrad festgezogen, vergleichbar einer Bandbremse. Um die Bremse zu lösen, wird der Bremsbalken angehoben und das Kammrad freigelegt.

Bockwindmühle in Berlin-Marzahn

Bockwindmühle in Rahden-Wehe (Nordrhein-Westfalen).

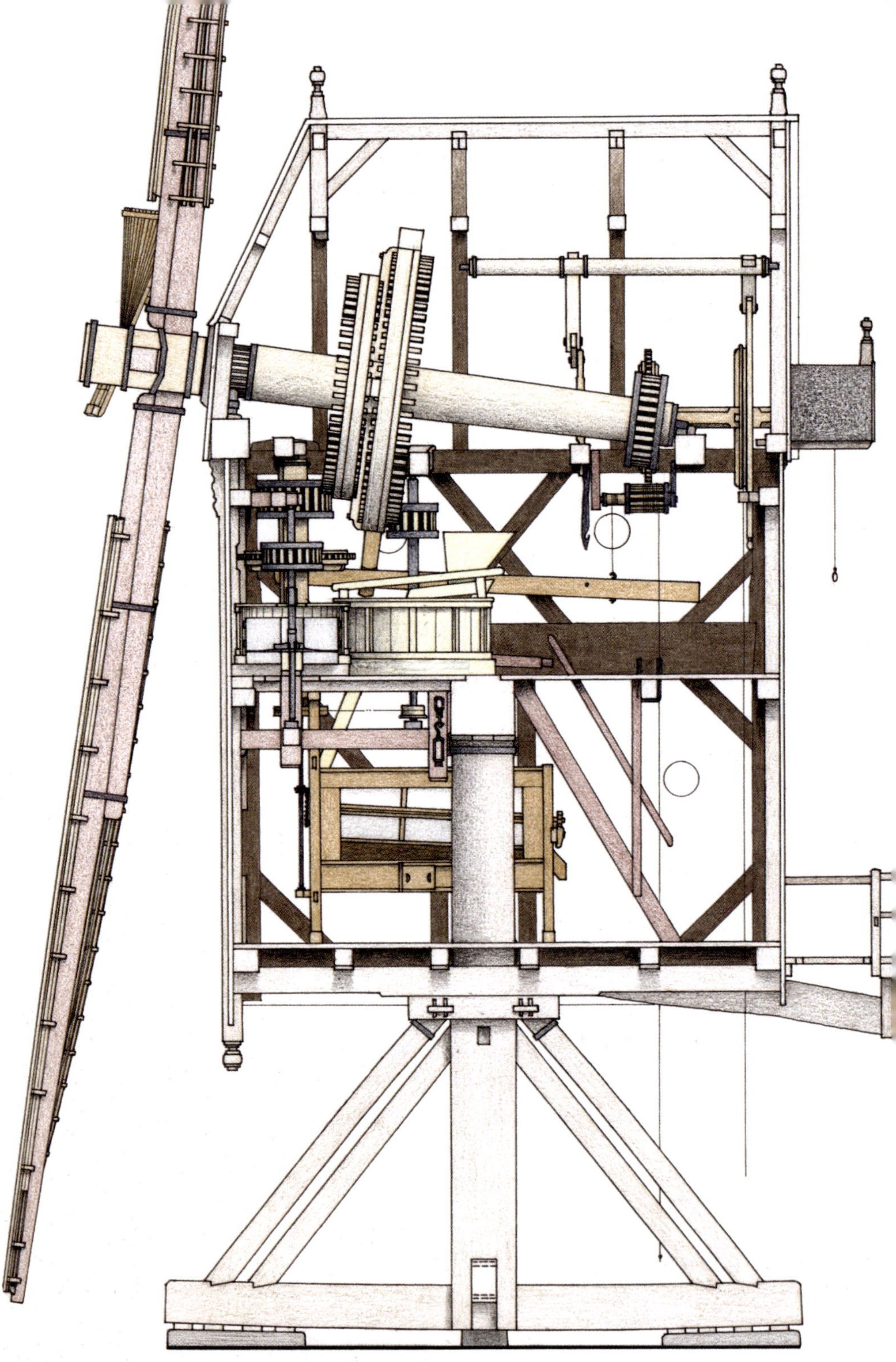

Am hinteren Ende der Flügelwelle ist ein weiteres Getriebe für den Antrieb des Sackaufzugs montiert. Bockwindmühlen wurden in der Regel für die Getreideverarbeitung gebaut.

Ursprünglich hatten Bockwindmühlen nur einen Schrot- oder Mahlgang, der direkt unter dem Kammrad stand und von diesem über eine Spindel angetrieben wurde. Ab dem 19. Jahrhundert ging man aber verstärkt dazu über, einen zweiten, in einigen seltenen Fällen sogar einen dritten Gang einzubauen, wenn es die Platzverhältnisse zuließen. Bockwindmühlen sollten so mit den aufkommenden Holländermühlen konkurrieren und zeitgleich unterschiedliche Mahlprodukte herstellen können. Hierzu wurde entweder ein zweites Kammrad montiert und zwischen dem Hauptmahlgang und der Flügelseite des Mühlengehäuses ein zusätzlicher, meist kleinerer Gang aufgestellt. Die andere, oft praktizierte Variante bestand darin, beide Gänge nebeneinander zu stellen. In diesen Fällen erhielten Bockwindmühlen ein zusätzliches Getriebe mit senkrechter Königswelle, die bis auf den Mehlboden reichte und die Gänge von unten antrieb.

Derartige Umbauten und Ergänzungen veränderten natürlich die statischen Belastungen und machten sich in der Stabilität der Mühlengehäuse bemerkbar. In vielen Fällen wurden daher bei Erhaltungs- und Instandsetzungsmaßnahmen diese Einbauten zumindest teilweise wieder entfernt und die Mühlen in einen „Ursprungszustand“ zurückgeführt, was statisch gesehen sicher von Vorteil, aus Sicht des überzeugten Denkmalpflegers oder Mühlenhistorikers jedoch auch zu bedauern ist.

durch seitliche Anbauten erweiterter Kasten der Bockwindmühle Oppenwehe (Nordrhein-Westfalen)

← Bockwindmühle Hannover-List (Niedersachsen)

Kokerwindmühle mit Mahlgängen in Geldern-Walbeck (Nordrhein-Westfalen)

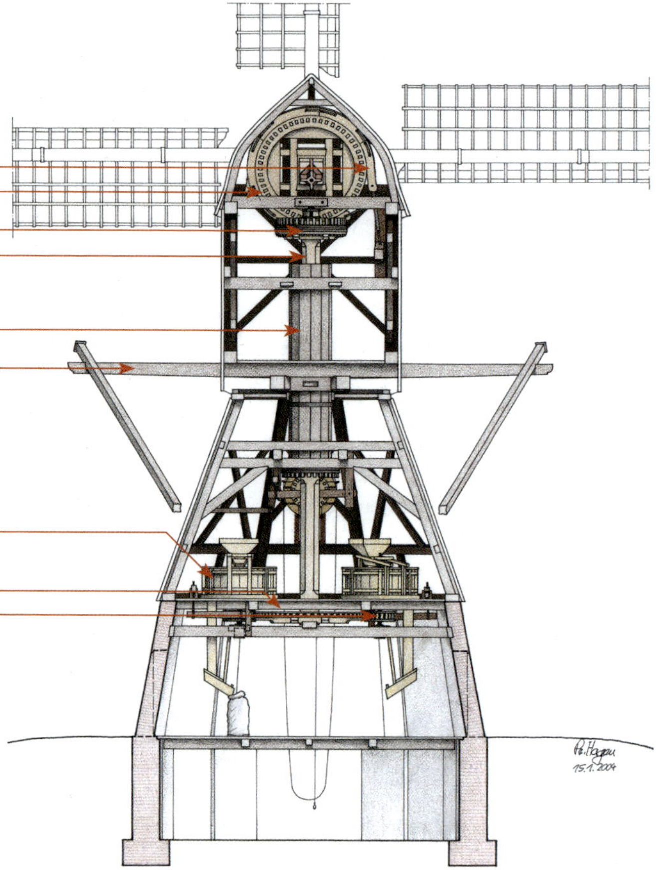

Kokerwindmühle (Nutzung als Wasserschöpfmühle)

Kokerwindmühle

Die auch als Köcher- oder Wippmühle bezeichneten Kokerwindmühlen sind eine Abwandlung der Bockwindmühle. Aber statt des Hausbaums bildet hier ein durchbohrter Hohlkörper, der Köcher bzw. Koker, den zentralen Mittelpunkt der Mühle. Dieser nimmt die senkrechte Antriebswelle, die Königswelle, auf. Sie wird wie bei der Bockwindmühle vom Kammrad auf der Flügelwelle über ein Getriebe in Bewegung gesetzt.

Konstruktiv unterscheidet sich die Kokerwindmühle von der Bockwindmühle – neben der Königswelle – vor allem durch die Möglichkeit, den drehbaren Mühlenkasten wesentlich kleiner und damit leichter bauen zu können. Da sämtliche anzutreibende Maschinen in einem feststehenden Unterbau aufgestellt sind, wird der Mühlenkasten nur zur Aufnahme der Flügelwelle, des daran montierten Flügelkreuzes und des Getriebes aus Kamm- und Stock- bzw. Korbrad benötigt. Der Unterbau einer Kokerwindmühle besteht aus einer pyramidenförmigen vier- oder aus einer konisch zulaufenden sechs- oder achteckigen hölzernen oder gemauerten Konstruktion. In Holland wurde diese häufig so groß angelegt, dass sie sogar Platz für einen Aufenthalts- oder Wohnraum des Müllers bot. In Deutschland sind Kokerwindmühlen eher klein und nur für Arbeitszwecke ohne Wohnmöglichkeit gebaut worden.

Da Kokerwindmühlen kleiner und leichter als Bockwindmühlen sind, dienten sie vor allem als Wasserschöpfmühlen. Die durch die Königswelle anzutreibenden archimedischen Schrauben oder auch Schöpfräder befinden sich im Unterbau. Der kleine Mühlenkasten mit Flügelkreuz wird wie bei der Bockwindmühle von Hand mit einem Steert in den Wind gedreht. Eine kleine außen liegende Leiter oder Treppe führt für mögliche Reparaturen oder Wartungen zum Mühlenkasten. Neben dem Wasserschöpfen dienten einige Kokermühlen auch der Getreideverarbeitung oder als kleines Sägewerk.

Üblicherweise sind Kokerwindmühlen so gebaut, dass ihre Flügel bis zum Erdboden reichen und von hier aus bedient werden können. Gleiches gilt für den Steert. War der Unterbau aber höher angelegt und erlaubte die einfache Konstruktion keine Montage eines großen und damit schweren Flügelkreuzes, erhielt die Mühle eine kleine hölzerne, den Unterbau umspannende Arbeitsbühne (Galerie), von der aus Flügel und Steert erreicht sowie Wartungsarbeiten am oberen Teil der Mühle vorgenommen werden konnten.

Der kleine Mühlenkasten mit Flügeln und Getriebe neigt beim Betrieb zum Schwanken und Wippen, so dass Kokerwindmühlen im Volksmund auch als Wippmühlen bezeichnet wurden.

Kokerwindmühle Honigfleth bei Stördorf (Schleswig-Holstein)

Die Kokerwindmühle in Walbeck bei Geldern (Nordrhein-Westfalen) diente bis 1823 als Sägewerk, danach als Getreidemühle.

Kokerwindmühle mit Galerie im Freilichtmuseum Cloppenburg (Niedersachsen). In ihrem Unterbau befinden sich zwei Mahlgänge.

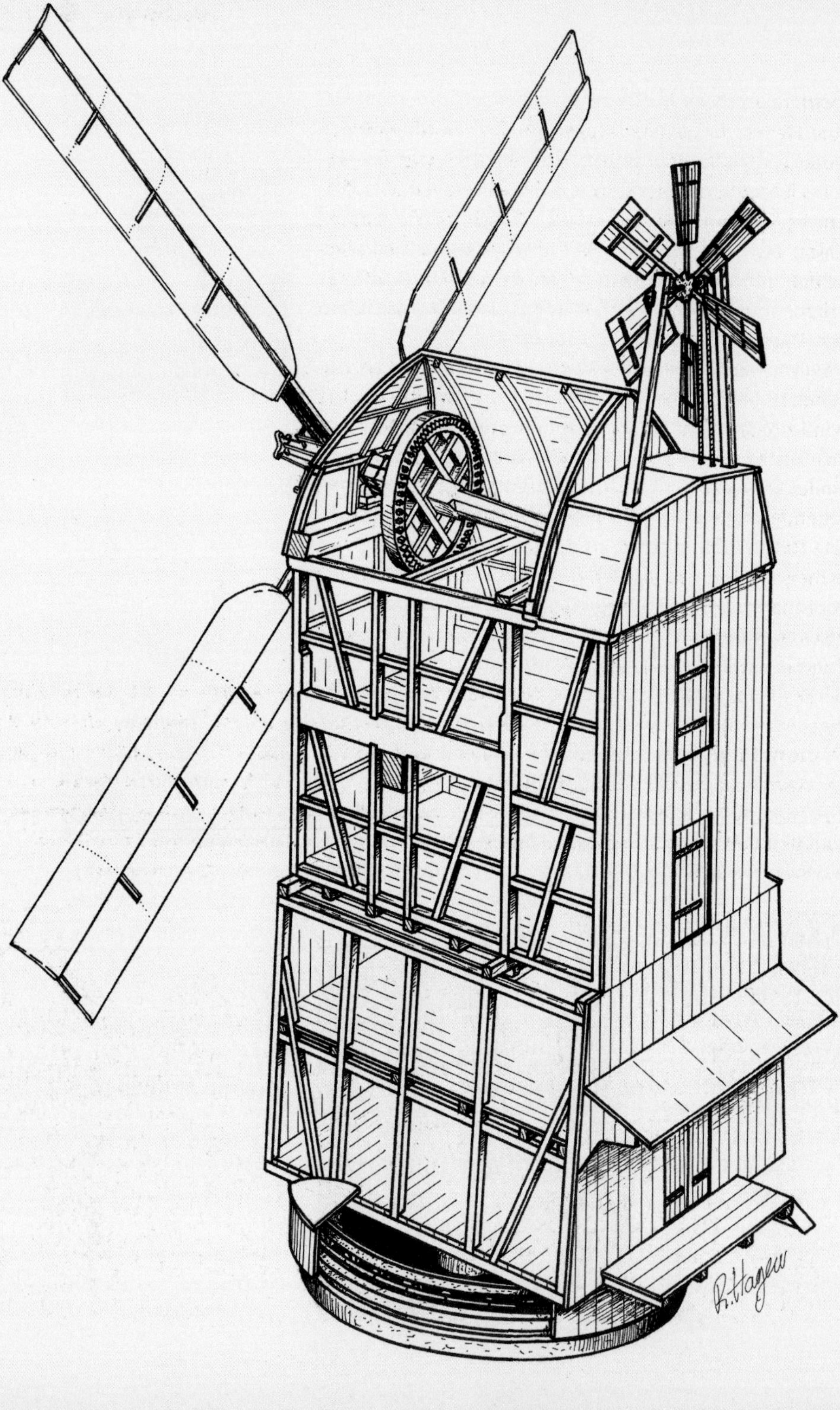
R. Hagen

Paltrockwindmühle

Über die Herkunft der Bezeichnung Paltrockmühle gibt es bis heute unterschiedliche Erklärungen. Die wahrscheinlichste bezieht sich auf das Mühlengehäuse, denn dieses, fast bis zum Erdboden heruntergezogen, ähnelt jenem Mantel, den Pfälzer Einwanderer im 17. Jahrhundert in die Niederlande brachten. Aus dem Begriff „Pfalzrock“ wurde im Laufe der Zeit Palzrok und Paltrok (Niederländisch) sowie Palzrock und Paltrock (Deutsch).

In Deutschland entstanden Paltrockwindmühlen fast ausschließlich durch Umbau und Vergrößerung ursprünglicher Bockwindmühlen. Der Bock wurde entfernt, der Mühlenkasten nach unten verlängert und das Mühlengebäude auf einem Rollenkranz drehbar gelagert. Von wenigen Ausnahmen abgesehen, erhielten die Paltrockwindmühlen durch das gemauerte Ringfundament ein zusätzliches Geschoss. Dieses wurde meist verbreitert, manche Paltrockwindmühle erhielt darüber hinaus eine rückwärtige Verlängerung des gesamten Gehäuses, wodurch weiterer Raum für Maschinen und größere Lagerkapazitäten geschaffen wurden.

Die Festsetzung des drehbaren Gebäudes auf vier Eckpunkte schafft eine höhere Stabilität als bei der Bockwindmühle, die auf nur einem Punkt ruht. Um eine wetterunabhängige Annahme und Abgabe von Getreide und Mahlgut zu gewährleisten, hat fast jede Paltrockwindmühle an der flügelabgewandten Seite eine überdachte Rampe, die mit dem Gebäude bewegt werden kann.

↙ Die Paltrockmühle Asel bei Hildesheim (Niedersachsen) gehört mit Steert und Segelflügeln zu den eher einfachen Ausführungen dieses Mühlentyps.

↓ Paltrockmühle mit Windrose und Jalousieflügeln in Parey/Elbe bei Genthin (Sachsen-Anhalt)

Diese kleine Paltrockmühle in Brehna bei Bitterfeld (Sachsen-Anhalt) dreht sich auf einem ungewöhnlich hoch gemauerten Fundament und gleicht damit optisch eher einer Bockwindmühle.

Die allgemeine technische Entwicklung brachte es mit sich, dass deutsche Paltrockwindmühlen hinsichtlich Antrieb und Ausstattung auf dem neuesten technischen Stand waren. Die Vordrehung des Mühlengebäudes erfolgte fast allerorten durch eine Windrose, nur sehr wenige Exemplare behielten nach dem Umbau noch den Steert der Bockwindmühle. Auch die Segelflügel hatten in der Regel ausgedient, an ihre Stelle traten die Jalousie- oder Ventikantenflügel.

Die Übertragung der Windkraft von der Flügelwelle auf Maschinen im Mühleninneren erfolgt meist wie bei Bockwindmühlen. Entweder befinden sich die Mahlgänge direkt unter dem Kammrad und werden von diesem über ein Stockgetriebe in Bewegung gesetzt oder über Königswelle und Stirnrad vom darunterliegenden Boden aus. Transmissionen und Riemen übertragen die Antriebskraft auf weitere Maschinen wie Walzenstühle, Sichter, Mischmaschinen und Transporteinrichtungen.

Mit der Paltrockmühle hatte die Entwicklung im (deutschen) Windmühlenbau ihren Abschluss gefunden. Noch bis in die Mitte des 20. Jahrhunderts wurden Paltrockwindmühlen gebaut. Häufig wurden bestehende (Bock-)Windmühlenbetriebe modernisiert, die so mit den Holländermühlen wieder konkurrieren konnten, zumal der Umbau einer vorhandenen Bockwindmühle zur Paltrockwindmühle kostengünstiger war, als der komplette Neubau einer modernen Holländermühle. Heute gibt es in Deutschland noch etwa 30 Paltrockwindmühlen in unterschiedlichen Erhaltungszuständen und Nutzungsformen. Der jüngste Umbau einer Bockwind- in eine Paltrockwindmühle erfolgte 2004/05 in Kyhna bei Delitzsch (Sachsen).

In Brumby (Sachsen-Anhalt) steht die größte in Deutschland gebaute Paltrockmühle.

→ Die 16-eckige Paltrockmühle Klein Ziethen (Brandenburg), 1925
→ → Umbau der früheren Bockwindmühle Kyhna in eine Paltrockmühle

Rollbockwindmühle

Als seltene, aber sehr interessante Konstruktion gilt die Rollbockwindmühle. Sie unterscheidet sich eigentlich kaum von der herkömmlichen Bockwindmühle. Bei der Rollbockwindmühle ist jedoch der Mühlenkasten nicht nur auf dem Hausbaum drehbar gelagert, sondern läuft zusätzlich auf einem stützenden Rollensystem. Rollbockwindmühlen sind also eine Mischform aus herkömmlicher Bockwind- und Paltrockmühle.

Die Lagerung des Mühlenkastens auf Rollen kann unterschiedlich ausgeführt sein. Eine Variante besteht darin, den hölzernen Bock mit einer massiven Ummauerung zu verkleiden und auf der Oberkante dieses Mauerwerks einen Drehkranz mit Rollen bzw. ein Schienensystem mit Rollen anzulegen.

Eine andere Variante ist so konstruiert, dass ein Rollkranz bzw. schienenartiger Drehkranz rund um die Mühle in den Erdboden eingelassen ist. Üblicherweise verläuft er direkt unter den bis zum Boden reichenden Eckstielen des Mühlenkastens, die dann jeweils mit einer Rolle auf dem Drehkranz bzw. Schienenring aufgesetzt sind.

Das System der Rollbockwindmühle ist eng verbunden mit dem Einbau zusätzlicher Maschinen, also weitere Mahl- bzw. Schrotgänge, Walzenstühle, Sichter, Mischer usw. Das Rollensystem hat die Aufgabe, die zusätzlichen Gewichtsbelastungen, die auf den Mühlenkasten wirken, abzufangen und damit auch den Hausbaum als hauptsächlich tragendes Element der Bockwindmühle zu entlasten.

Der Umbau einer herkömmlichen Bockwindmühle in eine Rollbockwindmühle war wesentlich kostengünstiger als der komplette Umbau zu einer Paltrockmühle.

Rollbockwindmühle in Machtsum bei Hildesheim (Niedersachsen). Das Rollensystem liegt auf der gemauerten Bockverkleidung.

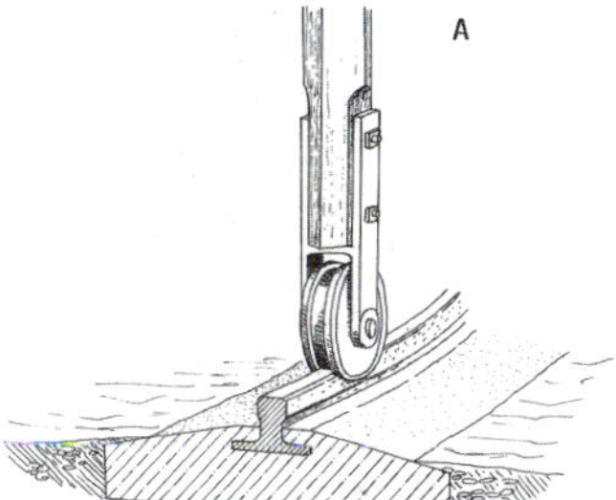

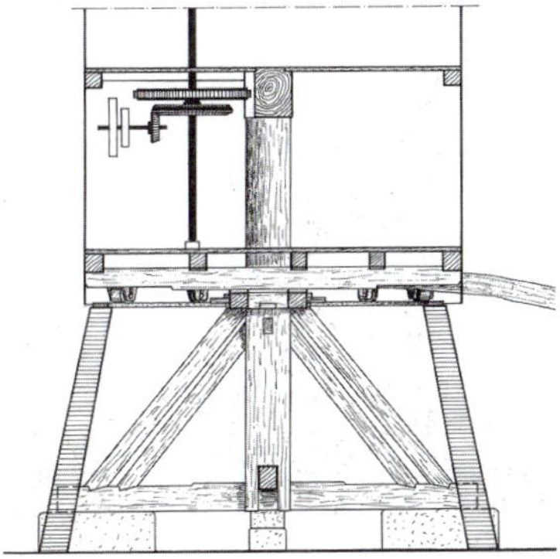

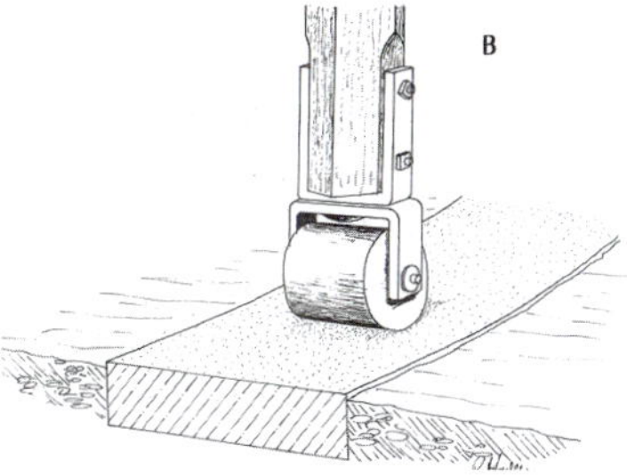

→Rollensystem auf gemauerter Bockverkleidung
→→(A) Schienen- und (B) Rollensystem unter den Eckstielen

R.Hager

Turmwindmühle

Als Turmwindmühlen werden fälschlicherweise oft all jene Windmühlen bezeichnet, die aus einem turmartigen, rund oder eckig gemauerten Mühlengebäude mit einer Kappe darauf bestehen. Tatsächlich aber muss zwischen zwei ähnlich gebauten Typen unterschieden werden: der Turmwindmühle und der Turm-Holländermühle. Auf Letztere wird im Kapitel zu den Holländerwindmühlen genauer eingegangen.

Im Mittelmeerraum entstanden im 14. Jahrhundert die ersten Turmwindmühlen. Vor allem in Griechenland, Spanien und Frankreich errichtete man, mit den jeweiligen landes- bzw. regionalspezifisch bedingten Ausprägungen, zahlreiche gemauerte Türme, die über einfache hölzerne Winkel-Getriebe verfügten sowie über einen mittig im oberen Geschoss des Turms positionierten Mahlgang.

Der Antrieb erfolgt über Flügel aus besegelbaren Holzgitter-Konstruktionen oder, vor allem in Griechenland, über eine Art Flügelrad, das aus hölzernen, speichenartigen Stangen besteht, deren Enden mit Seilen oder Drähten verbunden

↙ Schnitt durch eine Mykonos-Turmwindmühle
↓ Griechische Segelstangen-Turmwindmühle im Internationalen Mühlenmuseum Gifhorn (Niedersachsen)

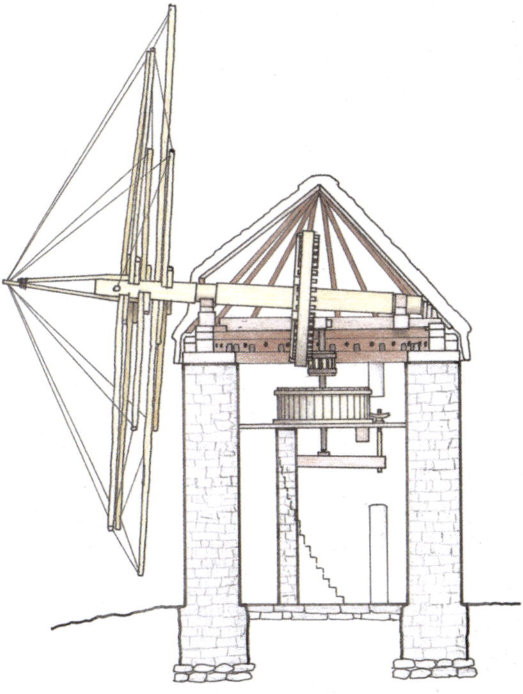

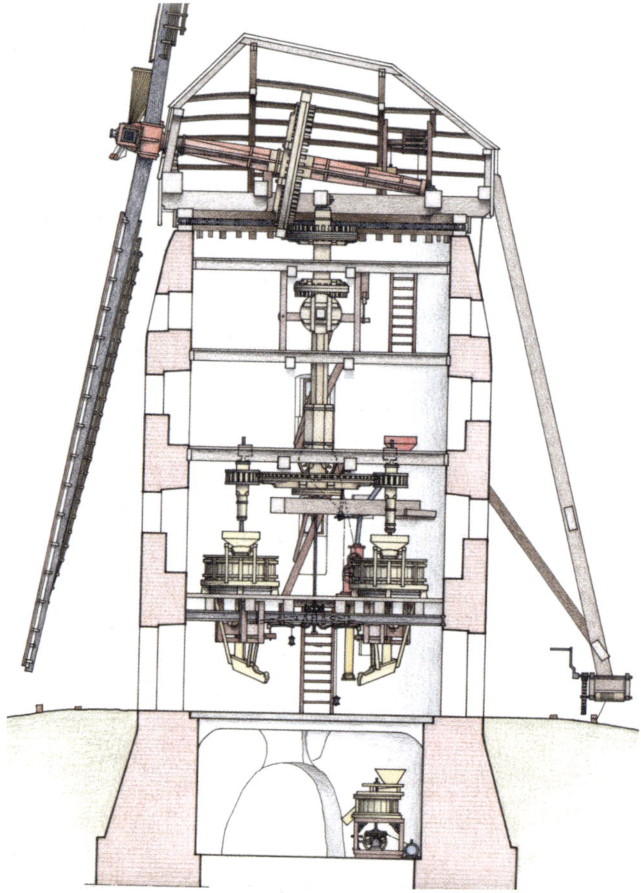

Querschnitt der Turmwindmühle Walbeck bei Geldern (Nordrhein-Westfalen) mit verjüngtem Außenmauerwerk unterhalb der Kappe

Die Kriemhildmühle in Xanten (Nordrhein-Westfalen) entstand aus einem früheren Wehrturm und ist heute noch Bestandteil der alten Stadtmauer am Nordwall.

sind und zwischen die Dreieckssegel gespannt werden, um den Wind einzufangen. In kargen, holzarmen Hügellandschaften ist dieser Typus auch als„Segelwindmühle“ oder „Bodensegler“ bekannt. Alle diese Turmwindmühlen, deren Technik sich nicht wesentlich fortentwickelt hat, werden unter dem Begriff „Mittelmeertyp“ zusammengefasst. Auch die berühmten Turmwindmühlen in der spanischen La Mancha, bekannt aus Miguel de Cervantes´ Roman „Don Quijote“, gehören zu diesem Typus.

In West- und Mitteleuropa haben Turmwindmühlen einen anderen historischen und technologischen Hintergrund. Bauliche Grundlagen bildeten oft alte Stadtbefestigungen und ähnliche Anlagen, die mit Wehrtürmen ausgestattet waren. Um diese zum Teil ungenutzten Türme wieder in Gebrauch zu nehmen, erfolgte an einigen Orten schon im 14. Jahrhundert eine Ausstattung mit Dachkappe, Flügelkreuz und Mahlwerk. Die Flügel waren in Hauptwindrichtung montiert, denn bei diesem frühen Typ der Turmwindmühle war die Kappe noch nicht drehbar und konnte somit nicht der jeweiligen Windrichtung angepasst werden.

Turmwindmühlen dieser Bauart verfügten nur über einen Mahlgang, der in der Mitte des Turms aufgestellt war und direkt durch das über ihm liegende Kammrad angetrieben wurde (wie bei der Bockwindmühle). Erst später erhielten auch Turmwindmühlen drehbare Hauben sowie Getriebe mit Königswelle, die mehrere Mahlgänge und sonstige Maschinen in tiefer liegenden Etagen des Turms antrieben. So konnte die Windkraft effektiver genutzt werden.

Noch heute finden sich in einigen rheinischen Städten teils gut erhaltene Exemplare dieser alten Turmwindmühlen, so auf den früheren Stadtbefestigungen von Zons (Dormagen), Xanten und Kempen. Auch im Kölner Raum existierten mehrere dieser Turmwindmühlen, von denen zumindest Teile der Türme noch heute zu finden sind. Die höchste deutsche Turmwindmühle stand in Köln: die sogenannte Panthaleons- oder Neumühle auf dem Bachtor. Bis zur Kappenspitze hatte sie eine stattliche Höhe von 33 Metern. Sie brannte 1880 aus und wurde anschließend nicht wieder aufgebaut.

Ab dem 15. Jahrhundert entstanden die ersten Turmwindmühlen-Neubauten, die nicht aus einem früheren Wehrturm hervorgingen. Auch ihre Türme sind zylindrisch gemauert. Lediglich im oberen Turmbereich verjüngt sich bei einigen Exemplaren das Außenmauerwerk leicht, um den Kappendurchmesser und somit auch die Auflagefläche und das Gewicht der Kappe zu reduzieren. Aufgrund ihrer oft gedrungenen Form bezeichnet der Volksmund im Rheinland diese Art auch gern als „Bärmühle".

Während Turmwindmühlen im Westen Deutschlands einen runden Grundriss haben, finden sich im Osten auch eckige Varianten. Einige noch erhalten gebliebene Turmwindmühlen stehen vor allem in Sachsen-Anhalt, Sachsen und Thüringen. Sie verfügen oft über eine weiterentwickelte technische Ausstattung, da sie später als ihre rheinischen „Schwestern" errichtet und neuesten Erkenntnissen im Mühlenbau angepasst wurden, z.B. durch Windrose, Jalousieflügel und gusseiserne Getriebe.

↑ *Die Steprather Mühle in Walbeck bei Geldern wurde bereits im 15. Jahrhundert errichtet. Diese Turmwindmühle ist damit die älteste erhaltene funktionsfähige Windmühle in Deutschland.*

↓ *Turmwindmühle mit 16-eckigem Grundriss in Weißensee bei Sömmerda (Thüringen)*

R. Hagen

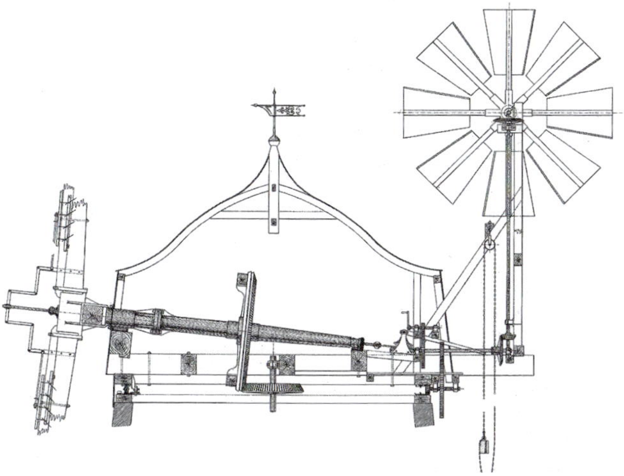

Mühlenkappe mit Windrose

Holländerwindmühle

Die von den Niederländern entwickelte Holländerwindmühle stellte alle bisher vorgestellten Windmühlenarten in puncto Leistungsfähigkeit in den Schatten. Ihr Vorteil liegt in der Drehbarkeit der Haube (Kappe), wodurch die Windmühlenflügel mit erheblich geringerem Aufwand als bei den Vorgängern in den Wind gedreht werden konnten.

Die Holländerwindmühle hat einen kreisrunden oder mehreckigen Grundriss, in Deutschland meist achteckig, gelegentlich auch sechs- oder zwölfeckig. Im Gegensatz zu ihrer Vorgängerin, der Turmwindmühle, weist sie eine konische Bauform auf. Alles ist darauf ausgelegt, den Wind möglichst ungebremst am Mühlengebäude vorbei „gleiten" zu lassen und eine verbesserte Aerodynamik zu erreichen. Dadurch werden Bremskräfte verringert und die Energieausbeute aus der Windkraft erhöht. Technikgeschichtlich gibt es für das Mühlengebäude zwei Entwicklungslinien: die Massivbauweise und die Holzbauweise. Erstere werden als Turm-Holländermühlen bezeichnet und sind vom Erdboden bis zur Kappe durchgehend aus Stein errichtet, ältere aus Bruchstein, jüngere aus Ziegel. Die in Holzbauweise errichteten Holländermühlen waren zunächst reine Holzkonstruktionen, später erhielten sie zusätzlich steinerne Unterbauten, die es ermöglichten, die Mühlen stabiler und höher anzulegen.

Holländer- bzw. Turm-Holländermühlen werden weiter entsprechend ihrer Bauweise in Erd-, Wall-, Galerie- und Unterbauten-Holländer unterschieden. Ausschlaggebend ist die Ebene, von der aus die Flügel und die Bremse bedient bzw. die Kappe (bei Handbetrieb) in den Wind gedreht werden.

Turm-Holländermühle in Enger (Nordrhein-Westfalen)

Holländermühle mit massivem Unterbau und hölzernem Aufbau (Achtkant) in Martfeld (Niedersachsen)

Erd- bzw. Sockelgeschoss-holländer in Rövershagen (Mecklenburg-Vorpommern)

Erdholländer

Bei der kleinsten Variante der Holländermühlen reichen die Flügel bis kurz über den Erdboden, um von hier aus z. B. mit Segeltüchern bespannt zu werden. Wird die Kappe von Hand in den Wind gedreht, erfolgt auch diese Tätigkeit vom Erdboden aus, ebenso die Bedienung der Bremse zum Inbetrieb- oder Stillsetzen der Flügel. Der Bremshebel (Fangstock) reicht aus der Kappenrückseite heraus. Am äußeren Ende des Bremshebels ist eine Kette oder ein Seil zur Bedienung angebracht.

Verfügt der Erdholländer über eine senkrechte Sockelgeschossverkleidung, so wird er in einigen Gegenden Deutschlands auch als Sockelgeschossholländer bezeichnet. Die Verkleidung kann massiv aus Ziegelstein gemauert oder als hölzerne oder geschindelte Konstruktion ausgeführt sein.

klassischer Durchfahrtholländer „Immanuel" aus Schleswig-Holstein im Internationalen Mühlenmuseum Gifhorn (Niedersachsen)

Wallholländer

Die Flügel, die Kappenvordrehung und die Bremse werden beim Wallholländer (auch Bergholländer genannt) von einem meist künstlich aufgeschütteten Erdwall aus bedient. Diese Bauweise bietet gleich mehrere Vorteile im Vergleich zum Erdholländer. Die Flügel liegen höher am Wind und können ihn so effektiver nutzen. Gleichzeitig ist die Gefahr, die von den sich drehenden Mühlenflügeln für Menschen und Tiere ausgeht, geringer. Eine bauliche Weiterentwicklung des Wallholländers stellt der Keller- bzw. Durchfahrtholländer dar. Hierbei ist der Wall unterkellert und bietet zusätzlichen Arbeits- oder Lagerraum. Häufig können sogar Fahrzeuge bzw. Fuhrwerke in diesen Keller hineinfahren. Befinden sich auf beiden Seiten des Walls Tore, so dass Fuhrwerke auf der einen Seite hinein und auf der anderen Seite wieder hinausfahren können, spricht man vom Durchfahrtholländer. Die Fahrzeuge werden direkt in der Mühle ent- bzw. beladen (z. B. mit Getreide- oder Mehlsäcken).

massiv ummauerter Erdwall

←einstöckiger Galerieholländer „Aurora" in Wilster-Rumfleth (Schleswig-Holstein)
← ←Hochholländer in Altkalen (Mecklenburg-Vorpommern)

Galerieholländer
Als Galerieholländer werden Holländermühlen bezeichnet, die mit einer aus Holz oder Eisen konstruierten umlaufenden Arbeitsbühne ausgestattet sind – einer Galerie, von der aus die Kappe gedreht bzw. die Bremse und die bedient werden können. Während beim Erd- und Wallholländer und in der Regel auch beim Unterbauten-Holländer die Bauhöhe der Mühle relativ gering angelegt ist, können die Flügel beim Galerieholländer durch einen mehrgeschossigen Unterbau in größerer Höhe an den Wind gebracht und so die Leistungsfähigkeit der Mühle gesteigert werden. Der Unterbau bietet Platz als Arbeits- bzw. Lagerraum. Galerieholländer werden nach Anzahl der Böden unterhalb der Galerie unterschieden. In Deutschland gibt es ein- bis fünfstöckige Galerieholländer. Die sehr hohen Mühlen sind insbesondere in geschlossenen Ortschaften bzw. Städten zu finden, da sie über die Dächer der umliegenden Häuser reichen, um den Wind einzufangen.

Eine nur in wenigen Gegenden Deutschlands, vor allem in Mecklenburg-Vorpommern, zu findende Abwandlung des Galerieholländers ist der Hochholländer. Diese seltene Art von Holländermühle ist höher als ein Erdholländer, hat jedoch keine Galerie und keinen Erdwall. Optisch wirkt sie daher wie ein „galerieloser Galerieholländer".

fünfstöckiger Galerieholländer „Stiftsmühle" in Aurich (Niedersachsen)

Dachholländer in Hemmingstedt (Schleswig-Holstein)

Unterbaute Holländer

Beim Unterbauten Holländer ist der eigentliche Mühlenturm auf einem größeren, ein- oder auch mehrstöckigen Gebäude errichtet. Dessen Dach dient als Arbeitsplattform, um gegebenenfalls die Kappe in den Wind drehen oder die Bremse und die Flügel bedienen zu können. Daher wird dieser Typus auch als Dachholländer bezeichnet. Das Gebäude unterhalb der Mühle, das von seinem Grundriss her wesentlich größer als der Mühlenturm ist, wird als Lager- oder zusätzlicher Arbeitsraum genutzt.

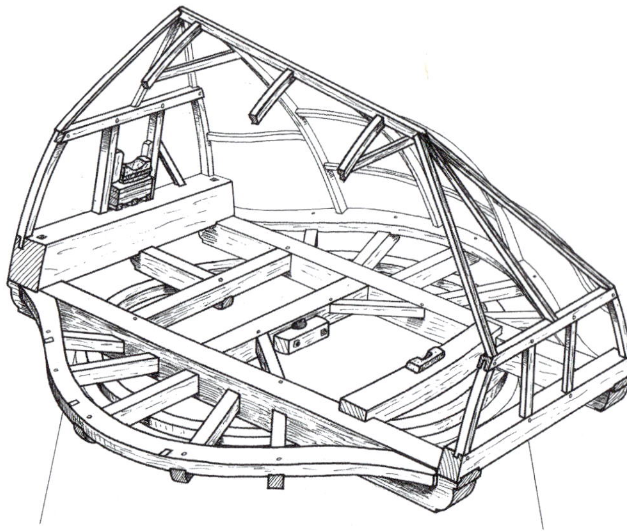

Mühlenkappe mit Steert

Drehbare Kappe

In einigen Regionen werden die Holländerwindmühlen auch als Kappenwindmühlen bezeichnet. Kein Wunder, ist die Kappe doch ein bestimmendes Element: Durch die auf dem Mühlenturm drehbar gelagerte Kappe werden die Flügel zum Wind ausgerichtet. Hierzu ist am oberen Ende des Mühlenturms ein aus Holz oder Eisen bestehender Drehring montiert. Der Kraftaufwand für das Drehen der Kappe ist ausgesprochen hoch, da ein enormer Reibungswiderstand zu überwinden ist – und trotzdem geschah dies zunächst per Hand. An der dem Flügelkreuz gegenüberliegenden Kappenrückseite wurde dazu eine dreiecksförmige

↖ *Mühlenkappe mit Gaffelrad*

↑ *Haspel am unteren Steert-Ende*

Balkenkonstruktion montiert, der Steert. Dieser wird, wie bei der Bockwindmühle, mithilfe einer Handwinde (Haspel) und einer zugehörigen Kette am unteren Ende gezogen. Um die Mühle herum gibt es in die Erde eingelassene Pfosten oder Haken, an denen die Kette befestigt wird. Beim Galerieholländer wird die Kette in den Galerieboden eingeklinkt. Durch das Aufwickeln mit der Haspel dreht sich die Kappe mit dem Flügelkreuz.

Eine weitere Möglichkeit, die Kappe per Hand in den Wind zu drehen, bietet der Kettenzug. Dazu ist außen an der Rückseite der Kappe ein Ketten-Ziehrad (Gaffelrad) angebracht. Um dieses Rad läuft eine fast bis zum Erdboden reichende Endloskette. Über diese Kette wird das Rad in Bewegung gesetzt. Es ist mit einem Untersetzungsgetriebe verbunden, das auf einem Zahnkranz am oberen Ende des Mühlenturms arbeitet. Ein Zahnrad des Getriebes greift beim Betätigen der Endloskette ständig in den feststehenden Zahnkranz und bewegt so die Kappe.

In einigen Fällen wurden Kappen auch aus dem Mühleninneren heraus mit einer handbetriebenen Haspel oder Kurbel gedreht. Diese Art der Vordrehung wird Innenkrühwerk genannt. Der notwendige Kraftaufwand für diesen Drehmechanismus war jedoch ausgesprochen hoch.

Mühlenkappe mit Windrose

↑ *Windrosen-Getriebe einer Mühlenkappe*

↗ *Drehkranz zwischen Mühlengebäude und Kappe*

Windrose

Die modernste und für den Müller bequemste Art, die Kappe zu drehen, um die Flügel dem Wind nach auszurichten, geschieht durch die Windrose. Ihre Erfindung wird zwei Personen zugeschrieben: dem Schmied Edmund Lee, der 1743 in der englischen Grafschaft Manchester eine Windrose baute und 1745 patentieren ließ sowie dem schottischen Mechaniker Andrew Meikle, der um 1750 eine Windrichtungsnachführung erfand.

Bei der Windrose handelt es sich um ein Windrad an der Kappenrückseite, das rechtwinklig zum Flügelkreuz angeordnet ist. Dieses Rad besitzt mehrere kleine Flügel mit jeweils einem schräg angeordneten Windrosenblatt. Die Windrose ist so konstruiert, dass sie sich zu drehen beginnt, sobald der Wind seine Richtung ändert und nicht mehr frontal auf das Flügelkreuz trifft. Gewissermaßen dreht sich dabei die Windrose aus dem Wind heraus, bewegt sich also nur so lange, bis der Wind an den Windrosenblättern keinen Angriffspunkt mehr findet. Über ein Untersetzungsgetriebe dreht sich die auf dem Schleif- oder Rollenkranz gelagerte Kappe, bis sie wieder im Wind steht. Damit eine Drehung der Kappe möglich wird, muss sie sich gewissermaßen an einem fest stehenden Bauteil „abstoßen“. Am Mühlenturm ist dazu ein aus Gusseisen gefertigter Zahnkranz befestigt. Er sitzt am oberen Ende des Mühlenturms nur wenig unterhalb der eigentlichen Drehebene und kann von innen oder außen bzw. auf dem Turm montiert sein. Auf ihm arbeitet die Windrose mit dem Untersetzungsgetriebe.

doppelte Windrose

Die Windrose setzte sich schnell auch in Deutschland durch und verdrängte zu Beginn des 20. Jahrhunderts das Krühwerk. An einigen Mühlen gibt es heute noch doppelte Windrosen. Auf der waagerechten Windrosenwelle sitzen dann die zwei kleinen Windräder. Diese Sonderkonstruktion hat jedoch, entgegen ursprünglichen Erwartungen, keine Leistungssteigerung gebracht. Außerdem sind an einigen Orten unterschiedliche Kombinationen erhalten geblieben, z. B. Windrose kombiniert mit Steert oder mit Kettenzug.

Die Drehbarkeit der Kappe erforderte auch neue technische Lösungen der Kraftübertragung auf die Mühlentechnik im feststehenden Gebäude. In der Kappe befindet sich die nahezu horizontal gelagerte Flügelwelle, auf der das große, meist aus Holz gefertigte Kammrad befestigt ist. Wird die Kappe mit dem Flügelkreuz nach dem Wind ausgerichtet, so werden auch Welle und Kammrad mitbewegt. Daher braucht es eine Möglichkeit, dass das Kammrad umlaufend in ein weiteres Rad in Form eines Winkeltriebs greift. Damit dies möglich wird, reicht die Königswelle aus den unteren Böden bis fast an die Flügelwelle. Sie ist senkrecht in der Mühlenmitte eingebaut. An ihrem oberen Ende sitzt der Bunkel oder Bunkler, vergleichbar dem Stockrad einer Bockwindmühle. Die Drehbewegung des Kammrads wird über den Bunkel auf die Königswelle übertragen. Um die Kraft von der Königswelle auf Verarbeitungsmaschinen und Transporteinrichtungen leiten zu können, ist einige Etagen tiefer auf ihr ein weiteres Rad, das Stirn- oder Königsrad, befestigt. Die gesamte Mechanik von der Flügelwelle über Getriebe, Königswelle und Abtrieb auf Mahlgänge oder andere Maschinen wird als Gangwerk oder Gehendes Werk bezeichnet.

Kombination aus Steert und Windrose

gehendes Werk mit Stirnrad und Korbrädern zum Antrieb der Mahlgänge

Kuriositäten

Nach Aufhebung der alten Zwangsrechte wie Mahlzwang und Mühlenbann versuchten die Müller ihre Mühlen baulich und technisch den veränderten Erfordernissen anzupassen. So entstanden verschiedene Sonderkonstruktionen und Unikate, die heute wertvolle Dokumente und Zeichen der Vielfalt im historischen Mühlenbau darstellen. Exemplarisch werden an dieser Stelle einige Sonderkonstruktionen vorgestellt.

kombinierte Wind- und Wassermühle in Hüven

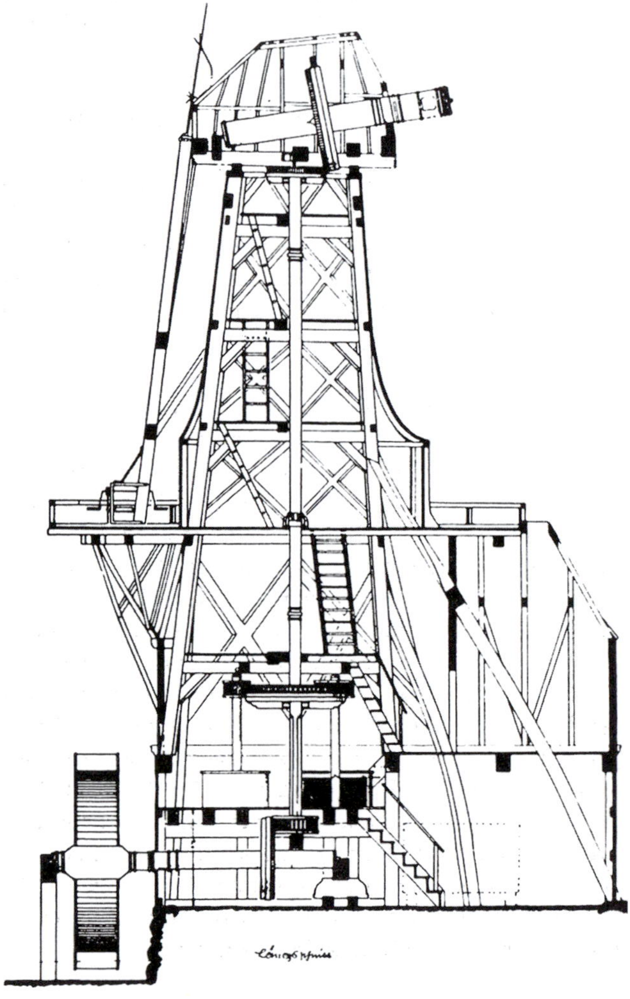

Kombinierte Wind- und Wassermühle

Wassermangel und Windstille gehörten zu den größten Problemen, mit denen ein Müller zu kämpfen hatte – zu den Zeiten jedenfalls, als Mühlen noch nicht über einen witterungsunabhängigen Zusatzantrieb durch Dampfmaschine, Verbrennungs- oder Elektromotor verfügten. Gerade in den Sommermonaten stand manche Wassermühle wegen Wassermangels mehrere Wochen lang still. Auf der Suche nach Alternativen wurden an dem einen oder anderen Ort wieder Pferdegöpel eingesetzt. Ließen es die geografischen Gegebenheiten zu, baute so mancher Müller in unmittelbarer Nähe seiner Wassermühle zusätzlich eine Windmühle.

Zu den technisch besonders interessanten Lösungen gehören die kombinierten Wind- und Wassermühlen. Bei diesen Bauwerken wurde meist auf einem bereits bestehenden Wassermühlengebäude eine zusätzliche Windmühle errichtet, so dass zwischen Wind- oder Wasserkraftantrieb gewählt oder beide kombiniert werden konnten. In anderen Fällen entstand eine Windmühle direkt neben einem Wassermühlengebäude oder eine neu gebaute Mühle wurde bereits mit beiden Antriebsmöglichkeiten ausgestattet.

Eine der bekanntesten Mühlen Deutschlands ist die kombinierte Wind- und Wassermühle im emsländischen Hüven (Niedersachsen). Hier wurde 1851 einer aus dem 16. Jahrhundert stammenden unterschlächtigen Wassermühle eine kleine Windmühle „aufgesetzt" und der Windantrieb über eine Kupplung an die bestehende Wassermühlentechnik angeschlossen. In Petershagen-Lahde (Nordrhein-Westfalen) findet sich eine weitere, nahezu vollständig erhaltene kombinierte Wind- und Wassermühle. Die Turmholländermühle, 1876 am Standort einer zuvor abgebrannten Wassermühle errichtet, wurde im Untergeschoss mit einem Wasserrad-Antrieb ausgestattet, der 1955 durch eine Turbine ersetzt wurde. Die baulichen Überbleibsel weiterer kombinierter Wind- und Wassermühlen finden sich u. a. in Lengerich und Horstmar-Leer (Nordrhein-Westfalen) sowie in Lohne, Neuenkirchen-Vörden und Visbek (Niedersachsen). Und es hat zahlreiche weitere Exemplare in Deutschland gegeben.

↑ kombinierte Wind- und Wassermühle mit Turbinenhaus in Petershagen-Lahde

↓ ehemals kombinierte Wind- und Wassermühle in Horstmar-Leer. Der Windmühlenaufbau wurde 1928 durch einen Sturm zerstört.

Doppel-Mühle

Ebenfalls zu den Kuriositäten im Mühlenbau gehören Doppel-Mühlen. Ein besonders interessantes Exemplar findet sich im ostfriesischen Völlenerfehn (Niedersachsen). Auf eine bestehende, durch wachsende Umgebungsbebauung jedoch nur noch eingeschränkt arbeitsfähige Wallholländermühle setzte 1958 der Müller den Achtkant einer kleinen ehemaligen Wasserschöpfmühle und stattete den Bau zusätzlich mit einer Galerie aus. In dieser aufgestockten Form lag die in ihrer Bauweise einmalige Mühle wieder gut im Wind und konnte so noch einige Jahre lang betrieben werden.

Dieses Beispiel zeigt aber auch, dass „Mühlenkuriositäten" im Sinne des Denkmalschutzes keinen leichten Stand haben, sogar unter Mühlenfreunden ist ihre Erhaltungswürdigkeit keine Selbstverständlichkeit. Jahrelang als „Bastard" abgewertet, wurde die Mühle in Völlenerfehn erst 1988 unter Denkmalschutz gestellt. Trotz ihrer Einzigartigkeit wurde Ende 2009 der obere Achtkant mit Kappe, Flügeln und Getriebe auf Abbruch verkauft und demontiert.

↓ Doppel-Mühle in Völlenerfehn beim Aufbau 1958
↘ und mit Verfallserscheinungen 2008

Scheunenwindmühle auf dem Dorfanger in Saalow (Brandenburg)

Scheunenwindmühle

Um das Jahr 1866 konstruierte Johann Traugott Schubert im sächsischen Podemus bei Dresden einen Windmühlentyp, der sich das Prinzip der Zugluft durch gegenüberliegende Scheunentore zunutze machte. Die von ihm erbaute Scheunenwindmühle besaß zwei Scheunentore mit zu öffnenden Luken. Hinter zwei um 90 Grad versetzte Tore ordnete er jeweils ein Windrad an, mit denen die Getreidemühle angetrieben wurde. Das größere Windrad mit 4,70 m Durchmesser nutzte Schubert zum Schroten und Mahlen. Es ist in ein rundum geschlossenes Gehäuse eingepasst und ragt bis in das Obergeschoss. Die zweiflügeligen Tore dienten als Leiteinrichtung für den Luftstrom, als eine Art Windkanal zum jeweiligen Windrad. Bedeutend ist, dass Schubert zwei Windräder nutzte, die dem Konstruktionsprinzip späterer Turbinenlaufräder entsprachen. Die Mühle wurde bis 1914 mit Windkraft, bis 1957 mit einem Elektromotor betrieben. 1974 erfolgte die Dokumentation, Demontage und Einlagerung der Technik. Die Scheune war baufällig geworden. Aber 1992/93 entstand sie auf dem Dorfanger der brandenburgischen Gemeinde Saalow im Landkreis Teltow-Fläming neu und wird heute als technisches Denkmal museal genutzt.

Radwindmühle bei Eckartsberga (Sachsen-Anhalt)

Windräder

Anstelle der üblichen Flügelkreuze mit vier, fünf oder mehr Flügeln gab es in Deutschland auch mehrere Windmühlen, die mit Windrädern amerikanischer Bauart ausgestattet wurden. Traditionelle Windmühlen mit einem Windradantrieb werden als Rad- oder Turbinenwindmühlen bezeichnet. Mühlengebäude und die innere Mühlentechnik unterscheiden sich dabei nicht von den Windmühlen mit herkömmlichem Flügelantrieb, zumal Windräder oft in der Nachfolge eines herkömmlichen Flügelkreuzes montiert wurden. Die einzelnen Lamellen des Windrades waren in Abhängigkeit von der vorherrschenden Windstärke durch einen Verstellmechanismus regulierbar, vergleichbar dem System der Jalousieflügel.

Deutschlands letzte vollständig erhaltene Radwindmühle kann im südlichen Sachsen-Anhalt besichtigt werden: Nahe der Grenze zu Thüringen steht auf einem Bergrücken bei Eckartsberga weithin sichtbar eine 1831 erbaute Turmholländermühle, die zunächst mit einem traditionellen Flügelkreuz ausgerüstet war, vermutlich um 1875 dann aber auf Windradantrieb umgerüstet wurde. Heute ist sie technisches Denkmal und Museum.

Die Nutzung der kostenlosen Windkraft als dezentrale Energiequelle spielte schon im 19. Jahrhundert auch fern der traditionellen Windmühlen eine nicht unbedeutende Rolle. In Amerika wurden in der zweiten Hälfte des 19. Jahrhunderts Windräder entwickelt, die von Farmern als Antriebsquelle für Wasserpumpen, landwirtschaftliche (Verarbeitungs-) Maschinen, kleine Getreidemühlen, Sägewerke oder zur Stromerzeugung eingesetzt wurden. Ebenfalls in Amerika entwickelte 1887/88 Charles F. Brush in Cleveland (Ohio) eine vollautomatische Windkraftanlage zur Stromerzeugung. In Europa entstand das erste Windkraftwerk zur Stromerzeugung 1891 durch Poul La Cour.

Bockwindmühle mit Windrad-Antrieb in Hoheneggelsen (Niedersachsen) Ende des 19. Jahrhunderts

Neben dem Dänen La Cour gehörten die Deutschen Albert Betz, Hermann Honnef und Ulrich Hütter zu den

Pionieren der Windkrafttechnik. Betz lieferte ab 1920 wichtige Grundlagenerkenntnisse zur Formgebung von Rotorblättern, auf die sich heute noch beim Bau von Rotoren berufen wird. Hütter, der „Vater der modernen Windkraft“, konstruierte ab Mitte des 20. Jahrhunderts zusammen mit den ALLGAIER-Werken in Uhlingen (Württemberg) nach den damals modernsten Erkenntnissen der Aerodynamik sowie der Regelungs- und Betriebstechnik seine Windkraftanlage „System Hütter/Allgaier“, Typus WE 10/G 6. Diese auf einem etwa zehn Meter hohen Rohrturm montierte Generatoranlage hatte eine Maximalleistung von ca. 8 PS bzw. 6 kW.

Ab 1957 errichtete Hütter auf der Schwäbischen Alb in der Nähe von Geislingen ein später nach ihm benanntes Windtestfeld. Gefördert durch das Bundeslandwirtschaftsministerium, sollten die von Hütter entwickelten Anlagen, die durch Weiterentwicklung eine Leistung von bis zu 100 kW erreichten, vor allem der Versorgung abseits gelegener landwirtschaftlicher Betriebe dienen, die noch nicht oder nur mit hohen Kosten an das öffentliche Stromversorgungsnetz angeschlossen werden konnten.

Hermann Honnef zeichnete sich insbesondere durch seine visionären Ingenieurleistungen auf dem Gebiet des Stahlbaus aus. Um 1930 legte er erste Pläne für Großwindkraftwerke vor, in die er sein Wissen über den Bau hoher Stahlgittermasten und die in großer Höhe wehenden Winde einfließen ließ. Trotz seiner klaren Berechnungen konnte er Skeptiker und Gegner von seinen Plänen nicht überzeugen. Ihr Aufbau wurde daher nicht weiter verfolgt.

Bockwindmühle Triller und Windrad im heutigen Berlin-Marzahn.

↓ Dreiflügler-Antrieb an der Triller´schen Bockwindmühle in Berlin-Marzahn
↙ Bauplan von 1940 für den Windrad-Antrieb der Triller´schen Bockwindmühle in Berlin-Marzahn

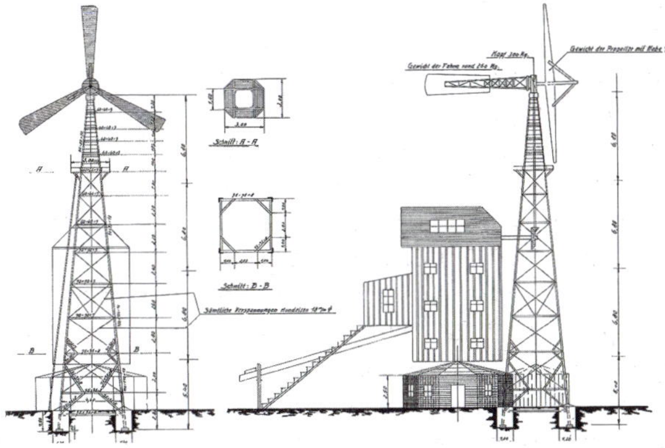

↑ Herkules-Windturbinen in Verbindung mit traditionellen Windmühlen

↓ Windturbine zum Antrieb eines Schöpfwerkes

Pioniere der Windkraftnutzung waren auch die Windmüller Maximilian Triller und sein Sohn Richard. Maximilian Triller errichtete 1912 unweit seiner 1908 gebauten Bockwindmühle in Marzahn bei Berlin eine etwa 15 Meter hohe Windturbine nach amerikanischem Muster (Vielflügler), die seinen Haushalt mit Strom versorgte. Die Turbine mit einem Rotordurchmesser von 6 Metern wurde von den Vereinigten Windturbinenwerken Meißen aus ihrer Serienproduktion geliefert. Mit der in den folgenden Jahren mehrfach umgebauten und verbesserten Anlage konnte Strom erzeugt werden, der in einer Batterieanlage gespeichert wurde und/oder die Müllereimaschinen antrieb. Der gespeicherte Strom diente bei Windstille zum Betrieb der Mühle. Das Windkraftwerk war mit einer kurzen kriegsbedingten Unterbrechung um 1945 bis 1960 in Betrieb. Entsprechend dem Triller´schen Windkraftwerk entstand auf der Nordseeinsel Neuwerk eine 20 kW-Anlage zur Stromversorgung.

In Anlehnung an die amerikanischen Windräder wurden in Deutschland außerdem Windräder vor allem mit

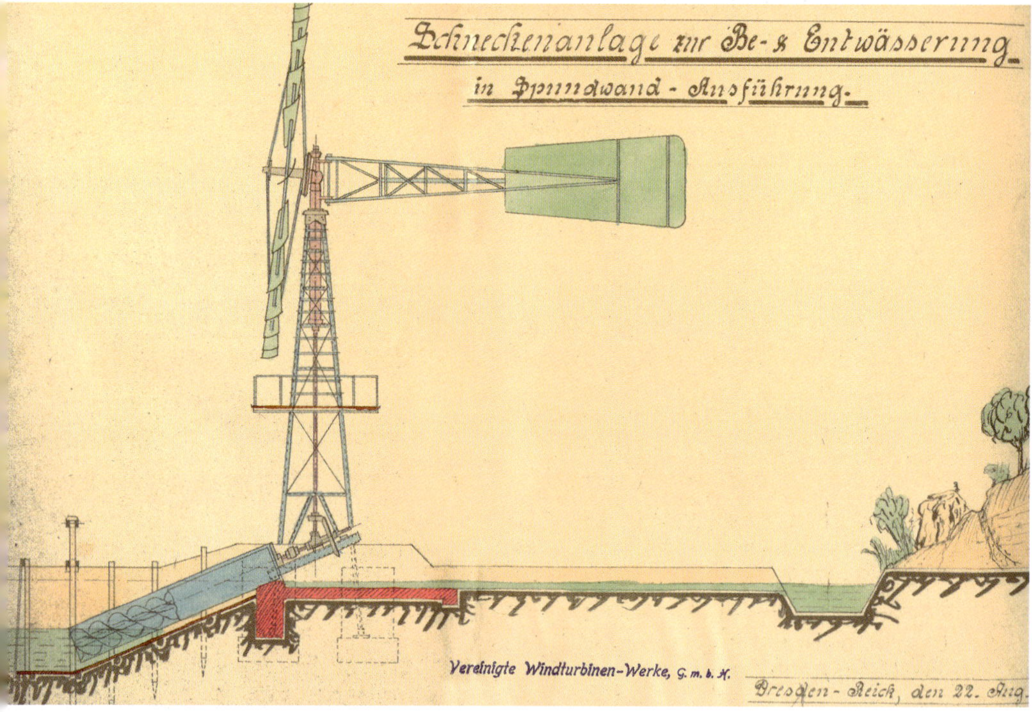

feststehenden gekrümmten Stahlblechschaufeln gebaut. Sie waren durch Verzicht auf das aufwendige Regulierungssystem weniger reparaturanfällig und zudem stabiler und leichter zu bauen. Vor allem in der norddeutschen Tiefebene fanden diese Windräder weite Verbreitung, sowohl als Wasserschöpfwerke wie auch in landwirtschaftlichen Betrieben zur Eigenversorgung mit elektrischem Strom und zum Antrieb kleinerer Maschinen. Heute sind auch diese Windräder Geschichte und nahezu gänzlich verschwunden. Nur sehr wenige Exemplare konnten als technische Denkmäler erhalten werden.

Adler-Windmotor von 1926 in Volsemenhusen-Süderwisch (Schleswig-Holstein)

Windkraftanlagen

Ab 1980 erhielt die moderne Form der Windkraftnutzung in Deutschland einen neuen Schub. Mit staatlichen Mitteln üppig gefördert entwickelten die Firmen Siemens und MAN im Kaiser-Wilhelm-Koog in Dithmarschen (Schleswig-Holstein) die zweiflügelige Großwindanlage GROWIAN – die bereits nach kurzer Zeit und nur wenigen Umdrehungen erste Konstruktionsschwächen zeigte und nach diversen Reparaturversuchen endgültig wieder aufgegeben wurde. So zeigten sich nach der Inbetriebnahme 1983 Risse in der Nabe, Schäden an den Rotorblättern und diverse weitere technische Mängel und Schwächen, so dass die Anlage 1987 stillgelegt und wieder abgerissen wurde. Man kam zu der Erkenntnis, dass durch fehlende Erfahrungen die Zeit noch nicht reif war für eine Anlage dieser Größenordnung. Dass sie es doch war, wissen wir heute.

Mit dem „Gesetz über die Einspeisung von Strom aus erneuerbaren Energien“ von 1990 begann der Aufschwung der Windenergie auch in Deutschland. Anschließend sorgten die politischen und ökonomischen Rahmenbedingungen für einen Boom der Windkraftanlagen und förderten deren industrielle Fertigung. Die Entwicklung führte zu immer gewaltigeren Anlagen mit verstellbaren Rotorblättern und variabler Drehzahl. Zugleich kam es zu Auseinandersetzungen zwischen Gegnern und Befürwortern der Windenergienutzung. Inzwischen wird in Deutschland mehr elektrischer Strom aus Windenergie als aus Wasserkraft erzeugt. Bei der Produktion der Anlagen gehört Deutschland heute zu den Weltmarktführern.

Windkraftanlage im Aufbau

Heute
nur
Besichtigung

Die Kraft der Maschinen

Das 19. Jahrhundert war das Jahrhundert der Erfindungen und auch das Jahrhundert, in dem sich die Mühlentechnik grundlegend zu wandeln begann. Dampfmaschinen, Wasserturbinen, Getreidereinigungsmaschinen, Walzenstühle, Sicht- und Mischmaschinen, künstliche Mühlsteine, aber auch die immer häufiger verwendeten Werkstoffe Eisen und Stahl hielten Einzug in die Mühlen. Mit der Dampfkraft begannen die natürlichen Standortbedingungen für Mühlen nebensächlich zu werden. Günstige Windverhältnisse oder das Vorhandensein eines rauschenden Baches waren nicht mehr zwingende Voraussetzung für den Bau einer Mühle. Stattdessen bestimmten nunmehr Transportwege die Ansiedlung einer Mühle: eine Eisenbahnlinie, eine über Land führende Straße oder ein Wasserweg.

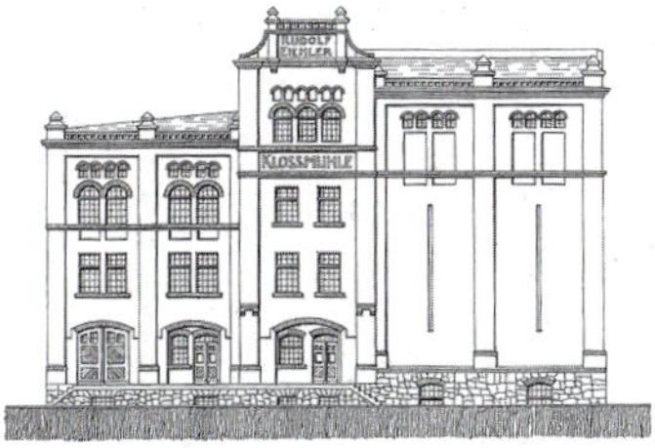

Fassade eines Mühlenneubaus der Firma Wetzig, Wittenberg 1909

Mit dem Siegeszug der Maschinen verschwanden aber auch die typischen Kennzeichen einer Mühle – die Flügel bzw. das Wasserrad. Back- und Werksteine, klar gegliederte Gebäudefassaden und übereinander angeordnete Arbeitsebenen zeichneten das Bild der neuen, viel leistungsfähigeren Mühlenbauten. Industriemühlen entstanden z. B. 1822 in Berlin, 1825 in Magdeburg und 1827 in Hamburg, ab Mitte des 19. Jahrhunderts auch in ländlichen Gebieten. Die Aufhebung der feudalen Zwangsrechte und die Einführung der Gewerbefreiheit trugen ihren Teil zu einer rasant verlaufenden technischen Entwicklung bei. Neue Arbeitsmethoden und eine effizientere Technik beförderten den Fortschritt zusätzlich.

Mit dem Aufschwung entstand ein eigenständiger Wirtschaftszweig von Mühlenbauanstalten. Sie waren in der Lage, komplette Mühlenanlagen zu bauen bzw. vollständig umzurüsten. Die Mühlenbauanstalt Luther z. B. besaß eigene Versuchsmühlen, in denen Maschinen und Ausrüstungen erprobt wurden. So entstand zwischen 1883 und 1885 am Standort der Rüninger Mühle (Braunschweig) die erste industrielle Großmühle. Sie verarbeitete in 24 Stunden 120 Tonnen Weizen. Eine bis dahin unbekannte Leistung.

Mühlendamm mit den Königlichen Mühlen (Berlin)

Werbeanzeige der A.G. Seck Dresden für eine Spitz- und Schälmaschine, 1910

Dampfmaschinen im Westfälischen Freilichtmuseum Hagen

↑ *Anzeige der Maschinenfabrik für Mühlenbau Berlin für Wassermotoren*

↓ *Konstruktionszeichnung der Fa. Wetzig für eine Mühlenkappe mit Windrose und eiserner Flügelwelle*

Aber nicht nur Getreidemühlen wurden neu ausgerüstet, auch in Säge- und Ölmühlen wurden Maschinen aufgestellt. Sie erfuhren so eine erhebliche Modernisierung und Mechanisierung.

Mit dem Einzug von neuen Maschinen und Produktionsmethoden in Mühlen änderten sich die Anforderungen an die Beschäftigten. Es entstand ein neuer Beruf: der Mühlenarbeiter. Insbesondere im Zuge der Industrialisierung im letzen Drittel des 19. Jahrhunderts zeigte sich die Notwendigkeit einer verbesserten Ausbildung. Die verbindlichen Ausbildungsregeln des Innungs- bzw. Zunftwesens, die seit dem 17. Jahrhundert existierten, reichten nicht mehr aus, so dass es zur Gründung von zahlreichen Müllerschulen kam.

Im 19. Jahrhundert trafen gleichzeitig Ungleiche aufeinander. 1895 waren von 150.000 Mühlenbetrieben rund 18.000 windbetrieben, 54.000 wasserbetrieben und 59.000 dampfbetrieben. Diese Zahlen sagen allerdings nichts über die technische Ausstattung und die Gebäudesituation aus. Dampfmaschine und Mühlstein lebten also noch lange Zeit friedlich neben- und miteinander.

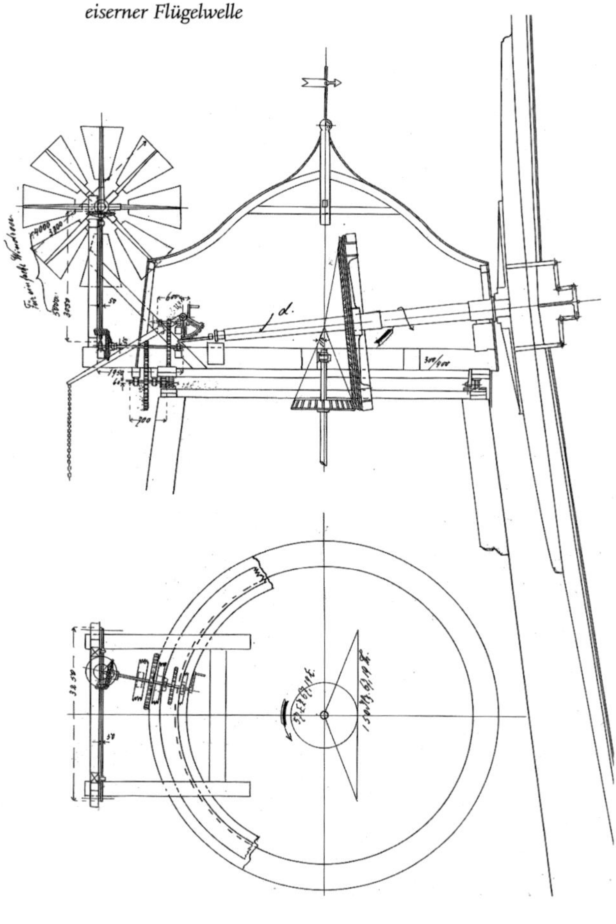

Zum Ende des 19. Jahrhunderts betrat eine Reihe von weiteren neuen Antriebsmaschinen die Bühne und sorgte für eine beschleunigte Verdrängung der Nutzung von Wind- und Wasserkraft. Zu ihnen gehörten der Elektromotor und verschiedene Arten von Verbrennungsmotoren. Aber auch hier gab es über Jahrzehnte ein Nebeneinander von Alt und Neu, von Flügelkreuz und Elektromotor. Voraussetzung für eine Verbreitung des Elektromotors war natürlich der Aufbau eines Stromnetzes. Da sich dies bis weit in das 20. Jahrhundert hineinzog, wurden selbst noch in den 1930er Jahren Dampfmaschinen als Mühlenantriebe eingebaut.

Dampfmaschinen

Kunstmühle oder Dampfmühle wurden sie genannt – jene Mühlen, die nicht mehr auf Wasser oder Wind, sondern auf Brennmaterial angewiesen waren. Der Amerikaner Oliver Evans baute 1785 die erste automatisierte Getreidemühle, die mittels einer Dampfmaschine angetrieben wurde. Evans konnte auf eine Erfindung des Engländers Thomas Newcomen zurückgreifen. Dieser konstruierte in zehnjähriger Arbeit 1712 die erste verwendbare atmosphärische Dampfmaschine, die zum Antrieb von Wasserpumpen in Bergwerken diente.

Einen äußerst bedeutenden Einfluss auf die Entwicklung der Dampfmaschine hatte der englische Instrumentenmacher James Watt, der mit seiner 1769 patentierten Maschine eine deutliche Verbesserung schaffte. Er brachte die Kraft des Wasserdampfes auf beiden Seiten des Kolbens zur Wirkung, verbesserte den Mechanismus zur Übertragung der geradlinigen Kolbenbewegung in eine Kreisbewegung und machte mit dem Fliehkraftregler eine Steuerung der Dampfmaschine möglich. Watt hatte damit einen wesentlichen Anteil zur Steigerung des Wirkungsgrads und zur breiten Nutzung geleistet. Mit der Erfindung der Dampfmaschine wurde im späten 18. Jahrhundert die industrielle Revolution eingeläutet, die eine rasante und tief greifende wirtschaftliche und soziale Umgestaltung aller Lebensverhältnisse mit sich brachte, den Übergang von der agrarischen zur industriellen Gesellschaft.

Die Funktionsweise einer Dampfmaschine gleicht der eines Otto-Motors. Sie ist im engeren Sinne eine Kolben-Wärmemaschine. In einem Zylinder befindet sich ein hin- und hergehender Kolben, der durch Wasserdampf in eine Richtung gedrückt wird, bis er seinen End- bzw. Totpunkt erreicht hat.

James Watt 1797

Plan der Fa. Wetzig für ein Mühlengebäude mit Lokomobile, 1912

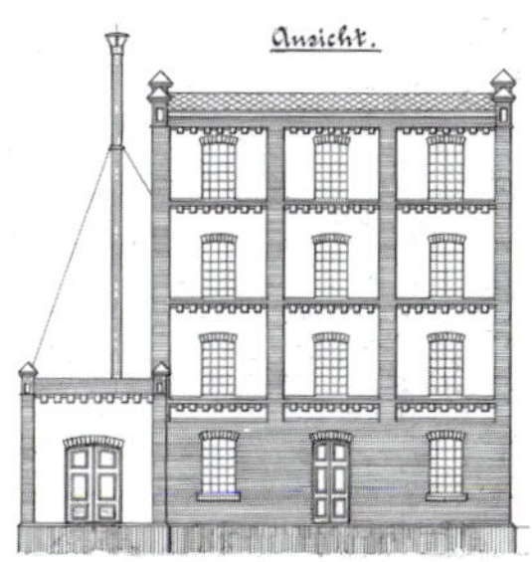

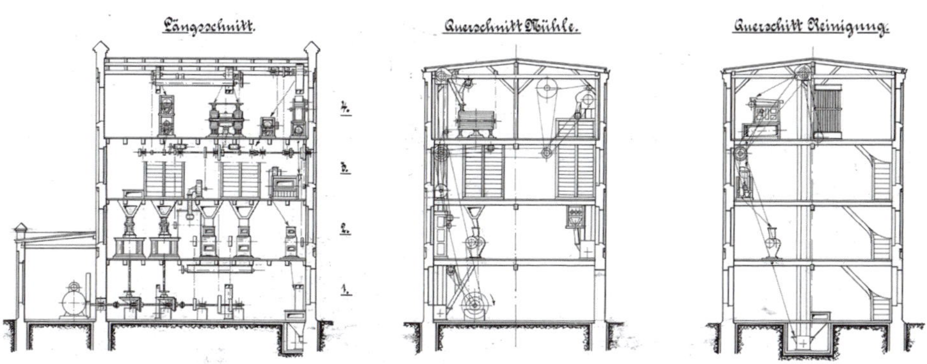

stehende Dampfmaschine mit Präzisions-Flachschieber-Regelung der Fa. Petzold & Co., Berlin 1893

Anzeige der Fa. R. Wolf, Magdeburg-Buckau für Lokomobile (aus: Deutscher Müller. 1908)

stationäre Dampfmaschinenanlage in einer Großmühle

Von dort aus wird er wiederum mit Dampf in die entgegengesetzte Richtung bis zum Totpunkt gedrückt. Die hin- und hergehende Bewegung des Kolbens setzt über eine Pleuelstange und Kurbelwelle ein Schwungrad in eine Drehbewegung. Es unterstützt die Aufrechterhaltung der Kolbenbewegung am Totpunkt. Das abwechselnde Einströmen des Dampfes auf der einen oder anderen Seite des Kolbens wird von der Art der Steuerung bestimmt. Bei der Schiebersteuerung wird der Dampfeinlass von der Kurbelwelle aus gesteuert. Die Bewegung des Schiebers hat eine dem Kolben entgegengesetzte Richtung. Eine andere Möglichkeit besteht in der Ansteuerung von Ein- und Auslassventil über einen Exzenter.

Ausschlaggebend ist in jedem Fall, dass die Dampfeinlassöffnung an der linken Seite und die Dampfauslassöffnung an der rechten Seite geöffnet sein müssen, wenn der Kolben nach rechts gedrückt wird. Über die Auslassöffnung entweicht der „verbrauchte" Dampf, der den Kolben zuvor nach links gedrückt hat. Die Schiebersteuerung war bis etwa 1890 in Gebrauch, bis sie von der Ventilsteuerung abgelöst wurde. Im Grundprinzip regelte ein Fliehkraftregler die zugeführte Dampfmenge und somit die Leistungsabgabe in Abhängigkeit zur Drehzahl.

Bei der Dampfmaschine von Newcomen strömte der Dampf lediglich auf der einen Kolbenseite ein und wirkte somit nur in eine Richtung (einfach wirkende Dampfmaschine). Nach Erreichen des Totpunkts wurde der Zylinder abgekühlt, der Dampf kondensierte. Es entstand ein Unterdruck, und der atmosphärische Luftdruck drückte den Kolben in seine Ausgangslage zurück. Der Wirkungsgrad dieser Arbeitsweise ist sehr gering, da der Zylinder nach der Abkühlung mit einem großen Energieaufwand erst wieder erhitzt werden musste. Zudem waren nur zwei bis drei Hübe pro Minute möglich und die Leistung der Maschine damit sehr gering.

James Watt entwickelte dieses Arbeitsprinzip dergestalt weiter, dass anstelle des Luftdrucks ein Dampfdruck den Kolben in die Gegenrichtung bewegt (doppelt wirkende Dampfmaschine). Im ersten Arbeitsschritt wird in einem Dampfkessel in einem separaten Kesselhaus aus Wasser Dampf erzeugt. Es gibt verschiedene Ausführungen wie den Walzen-, den Flammrohr- und den Siederohrkessel, die Sattdampf erzeugen. Nachgeschaltet ist ein Überhitzer, in welchem dem Dampf weitere Wärme zugeführt wird. Alle Wasserteilchen verdampfen und absolut trockener Dampf gelangt durch Rohrleitungen in die Maschine. Das Grundarbeitsprinzip ist bei allen Dampfmaschinen gleich. Unterschieden werden sie jedoch nach dem Austrittsdruck des Dampfes in:

liegende Stationärdampfmaschine (Vordergrund) und Lokomobile im Westfälischen Freilichtmuseum Hagen

Gegendruck-Dampfmaschine: Der Abdampf wird genutzt (z. B. für einen Wärmeverbraucher, Kraft-Wärme-Kopplung). Die Gesamtanlage kann einen Wirkungsgrad von bis zu 80 Prozent erreichen.

Auspuff-Dampfmaschine: Der Abdampf strömt wie bei der Dampflokomotive ungenutzt ins Freie. Der Wirkungsgrad beträgt ca. 10 Prozent.

Kondensations-Dampfmaschine: Der Abdampf wird in einen Kondensator geleitet und schlägt sich dort nieder. Es wird ein Wirkungsgrad von ca. 45 Prozent erreicht.

In Mühlen wurden insbesondere die Auspuff- und die Kondensations-Dampfmaschine eingesetzt. Für eine höhere Wirtschaftlichkeit wurden weitere Verbesserungen vorgenommen. Zu ihnen gehören:

Expansionsbetrieb: Der Dampf wird bis zu 30 bis 40 Prozent des Kolbenwegs in den Zylinder geleitet. Die restlichen 60 bis 70 Prozent des Weges bis zum Erreichen des Totpunkts wirkt die Expansionsfähigkeit des Dampfes. Nach diesem Wirkprinzip gibt es Einfach- und Mehrfachexpansionsmaschinen. Bei der Einfachmaschine expandiert der Dampf in nur einem Zylinder. Bei der Mehrfachmaschine sind mehrere nacheinander geschaltet, und der Dampf wird mehrfach genutzt. Der erste Zylinder wird daher als Hochdruck-, die nachgeordneten als Mittel- und Niederdruckzylinder bezeichnet. Diese Bauart hat u. a. den Vorteil, dass die Kolbenhübe nacheinander auf die Antriebswelle in der Mühle wirken und der Gang der Maschine gleichmäßiger wird.

Dampfmühle im Westfälischen Freilichtmuseum Hagen

Verbesserung der Steuerung: 1866 wurde bei der Firma Sulzer die erste liegende Dampfmaschine mit Ventilsteuerung gebaut. Sie gestattete einen zeitgenaueren Ein- und Auslass des Dampfes, was zu einer Dampfersparnis führte. Wurden zunächst zur Steuerung Ventilstangen genutzt, so kam später die ölhydraulische Ansteuerung zum Einsatz.

Lokomobile im Westfälischen Freilichtmuseum Hagen

Verbesserung der Dampfparameter: Nicht nur die Dampfmaschine selbst wurde technisch weiter verbessert, sondern auch die Kesseltechnik zur Erzeugung des Dampfes. Zunächst wurden Behälter einfach an einer Seite befeuert, später ging die Entwicklung hin zu einer Vergrößerung der Wärmeabgabefläche und einer besseren Ausnutzung der im Abgas enthaltenen Wärmemenge. Die beschriebenen Ein- und Mehrfachzylindermaschinen, bei denen Dampferzeugung und Maschine getrennt aufgestellt sind, werden als ortsfeste bzw. Stationärdampfmaschinen bezeichnet.

Eine gänzlich andere Bauform stellt die Lokomobile als ortsveränderlich aufstellbare Dampfmaschine dar. Bei ihr sind die Feuerung, der Dampfkessel, Zylinder mit Kolben, die Steuerung, die Kurbelwelle und das Schwungrad in einer kompakten Bauform vereint, so dass ihr Platzbedarf gegenüber einer fest eingebauten Anlage geringer ist. Die kompakte Bauform begünstigt zudem eine bessere Wärmeausnutzung, so kann z. B. der Überhitzer direkt in die Rauchkammer eingebaut werden. Lokomobilen können als Einzylinder-, aber auch in einer Tandemanordnung als Zweizylinder-Maschinen gebaut werden. Frühe dampfgetriebene Mühlen gab es z. B. bereits 1800 in Breslau, 1817 in Hamburg und 1835 in Frankfurt/Main.

Dampfantriebe in Mühlen sind bis weit in das erste Drittel des 20. Jahrhunderts verbreitet. Selbst in Mühlenbaubüchern, die in den 1920er Jahren erschienen, nehmen Beschreibungen zu Dampfmaschinen, ihrer Bedienung und Wartung einen breiten Raum ein. Ursachen dafür werden sicher auch in der nur langsam voranschreitenden Elektrifizierung und dem damit verbundenen seltenen Einsatz von Elektromotoren liegen.

Plan der Fa. Wetzig für ein Mühlengebäude in Frankfurt/Oder mit Lokomobile, 1907

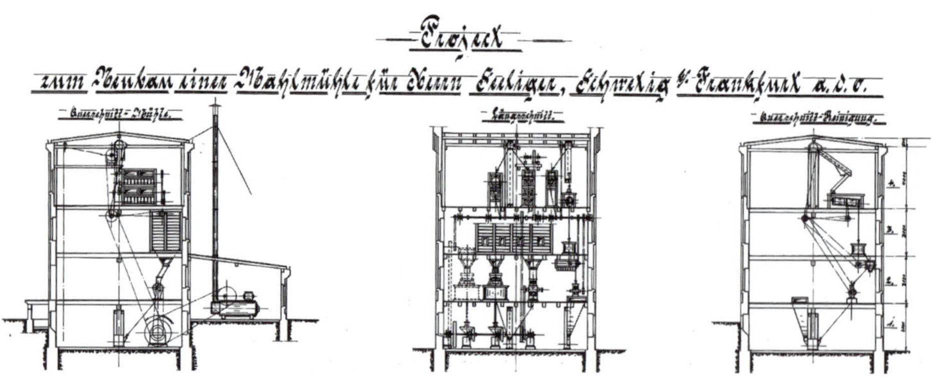

Verbrennungs- und Elektromotoren

Bereits im ausgehenden 18. Jahrhundert gab es erste Versuche, Motoren mit der Explosionskraft eines brennbaren Gases anzutreiben (John Barber 1791, Robert Street 1794, Philippe Lebon 1801 u. a.). Dafür wurde mit Konstruktionen ähnlich denen der Dampfmaschine experimentiert. Der erste praxistaugliche Gasmotor geht auf die Erfindung des Franzosen Étienne Lenoir zurück. Er stellte seinen mit Leuchtgas betriebenen Motor 1860 der Öffentlichkeit vor.

Leuchtgas, auch als Stadtgas bekannt, wird durch die Vergasung von Kohle hergestellt. Zunächst kamen Steinkohle, Anthrazit oder Koks zum Einsatz, später auch Brennstoffe mit geringerem Heizwert wie Briketts. In sauerstoffarmer Atmosphäre wird ein Teil des festen Brennstoffes in einem Gasgenerator verbrannt. Es entsteht Kohlenmonoxid, ein brennbares Gas mit jedoch niedrigem Heizwert. Es ist kaum zum Betreiben eines Gasmotors geeignet. Bei der Weiterentwicklung des Verfahrens wurde über das Kohleglutbett ein Gemisch aus Wasserdampf und Luft gezogen. Es entstand so ein Mischgas, das ca. 25 Prozent Kohlenmonoxid und 20 Prozent Wasserstoff enthielt. Der Heizwert war mit ca. 1,6 kWh/m³ etwa doppelt so hoch wie bei der Verwendung von reinem Kohlenmonoxid. Der Saugstrom für das Wasserdampf-Luft-Gemisch entstand durch die Kolbenbewegung im Motorzylinder, daher auch die Bezeichnung Sauggasmotor. Eine Gasreinigungsanlage verhinderte das Eindringen von Kohle- und Aschepartikel in den Motor. Da das Gasgemisch jedoch eine Temperatur von rund 1.500 °C hatte, musste der Motor gekühlt werden.

Auch das Anlassen des Motors war sehr aufwendig. Der Kolben musste in Bewegung gebracht werden, um das Gas anzusaugen. Dies geschah, indem der Maschinist das Schwungrad mit Muskelkraft zum Drehen brachte. Eine andere Mög-

Reste einer Sauggasmotoranlage in der Dammühle Wildau-Wentdorf (Brandenburg)

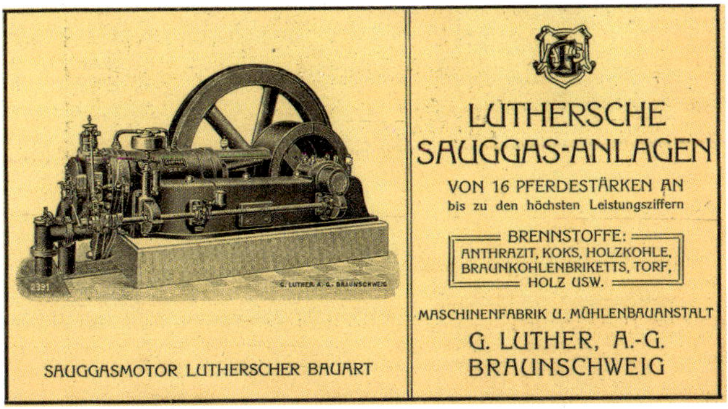

Werbeanzeige der Fa. Luther für Sauggasanlagen (aus: Deutscher Müller. 1910)

stehender Dieselmotor

↑ *DEUTZ-Dieselmotor in der Holländermühle Niemegk (Brandenburg)*
↓ *Andrehkurbel*

lichkeit bestand in der Verwendung von Druckluft aus separaten Behältern oder Flaschen. Wichtig war aber auch das Anhalten des Motors: Das Abtriebs- bzw. Schwungrad durfte keinesfalls im toten Punkt stehen bleiben. Zur Zündung des Gases diente ein Glühkörper oder die magnetelektrische Abreißzündung. Sauggasmotoren hielten ab 1900 Einzug in Mühlen und ersetzten oftmals die Dampfmaschine. Viele von ihnen dienten bis in 1930er Jahre als Mühlenantrieb.

Der Lenoir´sche Gasmotor wurde ab 1862 von Nikolaus August Otto weiterentwickelt. Die 1876 patentierten 4-Takt-Maschinen arbeiteten mit Leuchtgas und verdichteter Ladung. Als Neuerung kam 1884 die elektrische Zündung hinzu. Sie ermöglichte die Verwendung von flüssigen Brennstoffen statt den bisher ausschließlich gasförmigen. Dieser Motor bildete die Grundlage für die später entwickelten und bis in die Gegenwart genutzten Verbrennungsmotore.

Parallel zum Sauggasmotor konstruierte 1892 der deutsche Erfinder Rudolf Diesel eine nach ihm benannte „neue rationelle Wärmekraftmaschine". Ein Jahr später folgte in der Maschinenfabrik Augsburg-Nürnberg AG (MAN AG) der Bau einer Verbrennungskraftmaschine. Der erste funktionsfähige Motor wurde 1897 in Betrieb genommen. In Mühlen kamen in der Regel Stationärmotore der Bauart 1-Zylinder 2-Takt zum Einsatz. Bei diesen saugt der Motor zunächst Luft an, die im Zylinder durch den Kolben sehr hoch verdichtet wird. Dadurch erwärmt sie sich auf 700 bis 900 °C. Anschließend erfolgt das Einspritzen des Dieselkraftstoffes, der im Innenraum verdampft und sich durch die hohe Temperatur selbst entzündet. Lediglich für den Kaltstart ist eine externe Zündquelle wie eine Lunte oder Glühkerze notwendig. Kleinere Maschinen wurden über das Schwungrad angedreht, größere über eine Andrehkurbel mit Klauenkupplung, so dass beim Anlaufen des Motors die Kurbel nicht mitdrehte. Üblich war auch das Anlassen durch Druckluft, die in den Zylinder geleitet wurde.

Zum Betreiben von Verbrennungskraftmaschinen dienten auch andere Flüssigkraftstoffe wie Petroleum, Paraffinöl, Benzol, Ergin (ungereinigtes Benzol), Benzin oder Spiritus. Diese Motore blieben jedoch ein Nischenprodukt, die kaum Verbreitung fanden.

Die Verbrennungsmotoren veränderten das Aussehen so mancher Mühle erheblich. Dienten sie bei Windmühlen zunächst als Hilfsantrieb für windarme Zeiten, so ersetzten sie

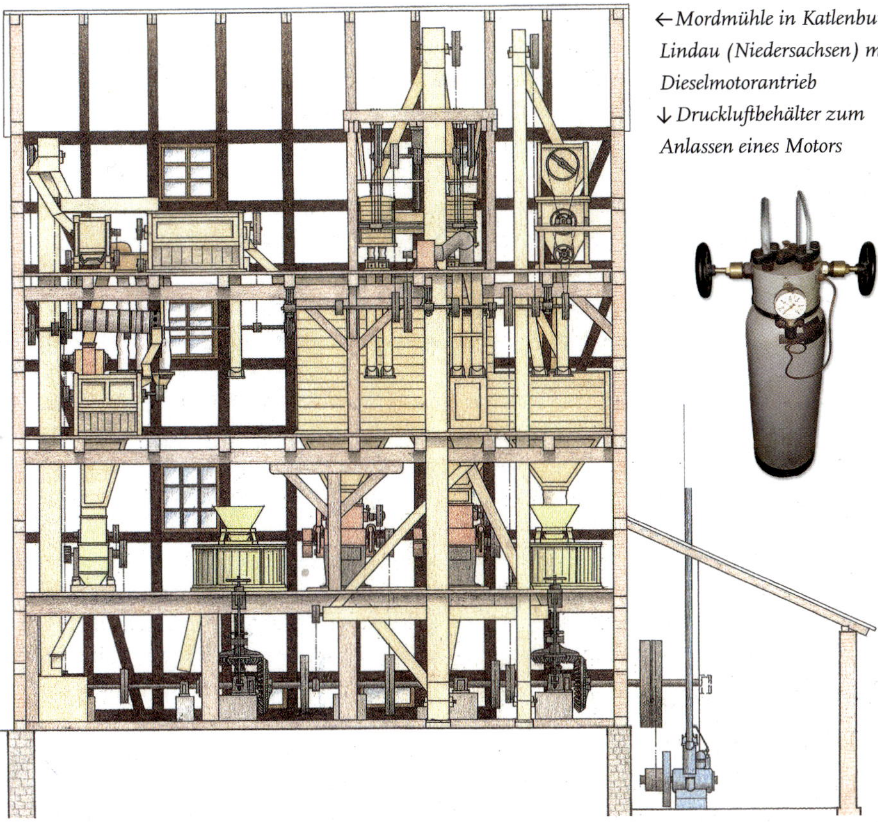

←Mordmühle in Katlenburg-Lindau (Niedersachsen) mit Dieselmotorantrieb
↓ Druckluftbehälter zum Anlassen eines Motors

bald gänzlich die Windkraft. Folglich verschwanden mehr und mehr die Flügelkreuze aus der Landschaft. Bockwindmühlen wurden festgesetzt und der Motor unter die Mühle in einem umbauten Bereich aufgestellt. Holländerwindmühlen, insbesondere mit gemauertem Turm, erhielten einen separaten Anbau zur Aufstellung des Motors.

In Wassermühlen konzentrierte man sich wesentlich länger auf die Wasserkraft, der Verbrennungsmotor als Antriebsquelle wurde häufiger mit der Wasserkraft kombiniert. Die Steigerung der verfügbaren Antriebsenergie ermöglichte eine Leistungssteigerung der Verarbeitungskapazität und machte eine Vergrößerung der Mühlengebäude nötig. Zusätzliche Räume für die Brennstofflagerung, die Gaserzeugung und den eigentlichen Motor entstanden. Auch die Geräuschkulisse veränderte sich merklich.

Rohölmotor (um 1920), Holländermühle Straupitz (Brandenburg)

↑ *Kunstmühle Kleinhettstedt (Thüringen)*
↘ *Windmühle Leezdorf (Niedersachsen) mit angebautem Motorenhaus und Dieselmotor.*

Am System der Kraftübertragung änderte das alles jedoch nichts. Der Verbrennungsmotor diente als zentrale Antriebsquelle, vergleichbar mit Flügelkreuz, Wasserrad oder Wasserturbine. Die Kraft wurde weiterhin über Transmissionen mit ihren Riemenscheiben und Transmissionsriemen in jeden Winkel der Mühle geleitet.

Die enorme Leistungssteigerung erforderte gerade in der Getreidemühle eine Neuorganisation der Gebäudestruktur. Bestimmte in den Kleinmühlen die Umtausch- und Kundenmüllerei den Betrieb, so kam der Handel mit Getreide und Mühlenprodukten als Geschäftszweig hinzu. Der Mühlenkomplex teilte sich nunmehr in die eigentliche Mühle mit ihren Verarbeitungsmaschinen, den Getreidespeicher mit Silozellen, den Bereich der Getreidereinigung für das einzulagernde Getreide und das Motorhaus. Mühlen in Fachwerkbauweise ver-

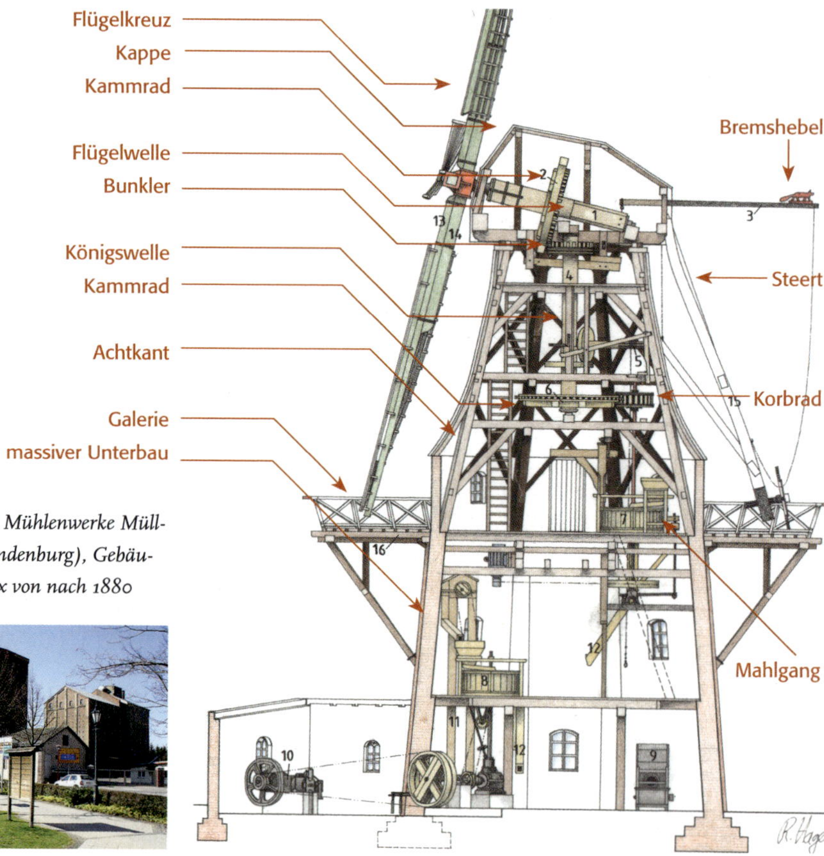

Oderland Mühlenwerke Müllrose (Brandenburg), Gebäudekomplex von nach 1880

schwanden. Sie entsprachen nicht mehr dem von Fortschrittsdenken geprägten Zeitgeist, zudem war ihre Unterhaltung zu aufwendig. Mühlen entstanden als Ziegelbauten neu, für Speichergebäude kamen Stahlbeton oder genietete Stahlblechbehälter zum Einsatz. Der Weg zur industriell arbeitenden Großmühle war geebnet.

↖ *Transmission in einer Getreidemühle*

↑ *Elektromotor als Hauptantrieb*

kleine Motormühle

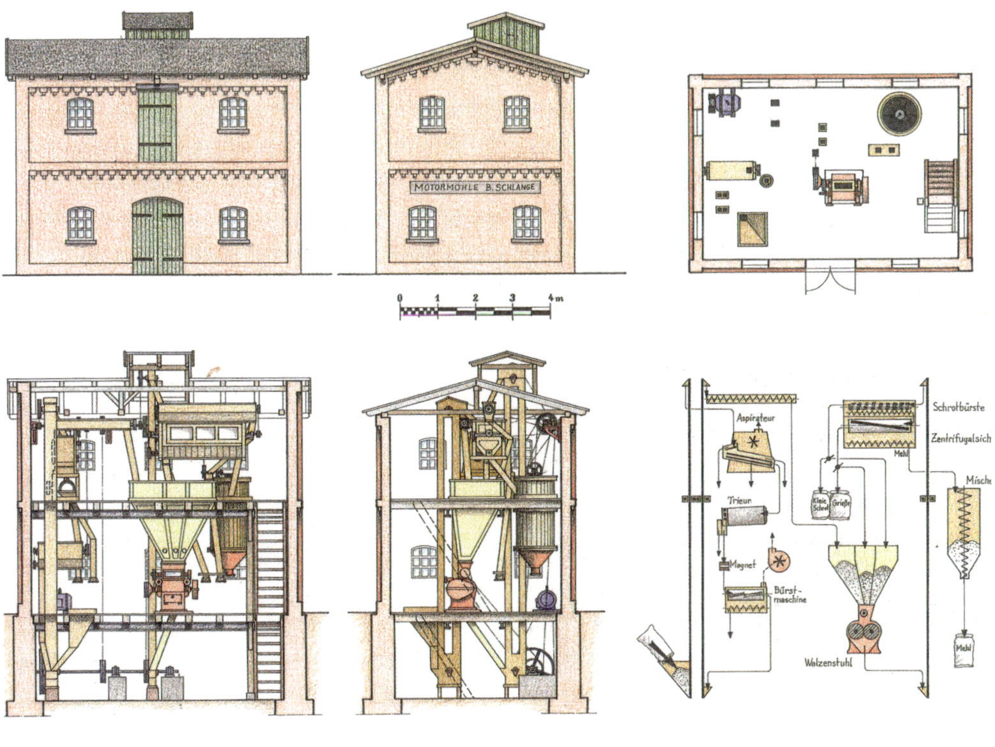

kleine handwerklich arbeitende Getreidemühle, Cammer (Brandenburg). Das Gebäude geht auf eine Holländermühle zurück.

Ausblick

Die neuen Antriebskräfte und Verarbeitungsmaschinen führten ab Beginn des 20. Jahrhunderts zum Niedergang der traditionellen Technik, zu einem „Mühlensterben". Die kleinen, weniger leistungsfähigen Windmühlen waren die ersten, die aufgegeben wurden. Der Mühlenbegriff prinzipiell änderte sich. Die Mühle war nun nicht mehr der Verarbeitungsort für viele Produktionszweige, sondern war durch Manufaktur und Fabrik reduziert auf die Verarbeitung von Getreide, Speiseöl, Gewürze und allenthalben noch Holz.

Nicht zu unterschätzen sind auch die Folgen des 1. Weltkrieges, die zu einer Art „Notmüllerei" führten. Mit dem Ende von Zollregelungen im Jahr 1925 kamen verstärkt Mühlenprodukte höherer Qualität aus dem Ausland auf den Markt und zwangen die deutsche Mühlenindustrie zum Einsatz neuer Maschinen und zur Einrichtung eines vollautomatischen Betriebes.

Wenige Jahre zuvor entstand eine Interessengemeinschaft von fünf eigenständigen Mühlenbauanstalten unter Führung der Firma Greffenius. Die Mühlenbauanstalten A.G.K. (Amme, Giesecke und Konegen), Luther, Kappler und Seck fanden sich unter der Dachfirma Mühlenbau- und Industrie AG (MIAG) zusammen. Die gemeinsame Nutzung von Patenten sowie eine kluge Unternehmenspolitik ließen die MIAG bis in die späten 1920er Jahre zur weltweit größten Mühlenbauanstalt anwachsen.

MIAG-Nachrichten, Titelbild eines Firmenkatalogs

Dennoch bestimmte bis Mitte des 20. Jahrhunderts die Kleinmühle mit dem Arbeitsprinzip der Rückschütt- und Postenmüllerei das Bild der Getreidemühle. Die Mahlleistung der oftmals als kombinierte Roggen-/Weizenmühlen arbeitenden handwerklichen Betriebe war kaum höher als 5 Tonnen am Tag. 1939 waren unter den insgesamt 28.987 Mühlenbetrieben 27.016 mit einer Tagesleistung von unter 5 Tonnen und nur ganze 87 mit über 80 Tonnen. Die Verarbeitungsmenge lag 1937/38 bei 4.150.000 Tonnen Roggen und 4.100.000 Tonnen Weizen. Betriebe im ländlichen Bereich waren in der Regel mit Landwirtschaft und Fischerei verbunden oder vereinten mehrere Mühlenarten wie zum Beispiel Mahl- und Sägemühle an einem Standort.

In der Zeit des Nationalsozialismus bestimmte die 1934 gegründete Behörde „Reichs-Nährstand" fast alle Belange der Mühlenwirtschaft. Die benötigten Rohstoffe waren kontingentiert. Mühlen arbeiteten nicht mehr in Konkurrenz zueinander, sondern waren planwirtschaftlich organisiert. Dies sicherte zwar vielen Kleinmühlen das Überleben, erlaubte aber keinerlei Entwicklung. Mit der Einführung der Mehltypenordnung 1934 erfuhr auch die Mehlherstellung erstmals eine deutliche Vereinheitlichung. Eine Mehltypenzahl ist noch heute auf jeder Mehltüte zu finden.

Wie bereits der 1. Weltkrieg, so bedeutete auch der 2. Weltkrieg nicht nur eine Stagnation in der Entwicklung der Mühlen, es gab zuweilen eine erzwungene Renaissance der alten überkommenen Technik. Wie in vielen Industriezweigen wurden auch zahlreiche Mühlen und Mühlenbaubetriebe durch den Krieg zerstört. Plötzlich hatte so manche unversehrt gebliebene kleine Mühle erneut gut zu tun.
Nach dem 2. Weltkrieg folgte auch die Mühlenwirtschaft der politischen Teilung. In der DDR fanden Enteignung, zuweilen Demontage, Teil- oder Gesamtverstaatlichung sowie die

Gebäudekomplex der Mühle Rüningen in Braunschweig (Niedersachsen)

Komplex der ehemaligen „Brandenburger Mühlenwerke VEB", Brandenburg an der Havel

Sackanhänger für Weizenmehl der Type 1050

Maschinenschild der Firma NAGEMA Mühlenbau Dresden VEB

Eingliederung in neu gegründete landwirtschaftliche Produktionsgenossenschaften statt. Es gab dabei aber kein einheitliches Verfahren, so dass auch Privatbetriebe, zwar unter staatlichen Vorgaben, aber dennoch unter privater Führung, weiter bestanden. So manche Mühle produzierte in der Folge kein Mehl mehr, dafür aber für eine LPG Futtermittel.

Nach der Wiedervereinigung war der Bestand an kompletten Mühlenanlagen mit wertvoller Technik in den neuen Bundesländern relativ hoch. Der gewerbliche Mühlenbau, insbesondere aus Wittenberg und Dresden, war weltweit mit seinem Leistungsspektrum und technischen Entwicklungen sehr gefragt. Dennoch bedeutete das Jahr 1990 für ihn und viele der volkseigenen und privaten Mühlenbetriebe das Aus. Mit einem Mal bestimmten Überkapazitäten aus dem westlichen Deutschland und Dumpingpreise den Mehlmarkt. Auch sehr moderne Betriebe wurden geschlossen. Das Ergebnis: Mittlerweile gibt es z. B. von Berlin bis zur Ostseeküste nur noch zwei gewerbliche Mühlenbetriebe zur Mehlherstellung.

Im westlichen Deutschland wurde nach 1945 nahtlos an die Mühlenwirtschaft aus NS-Zeiten angeknüpft. Demontage zu Reparationsleistungen oder Enteignungen gab es kaum. Mühlen standen nun wieder in Konkurrenz zueinander, damit wuchs die Notwendigkeit zu Modernisierungen. Zu den einschneidenden Veränderungen gehörte die Einführung der in der Schweiz erfundenen pneumatischen Beförderung von Getreide und Mahlprodukten. Modernisierung bedeutete aber auch, dass alte überkommene Antriebsarten, wie z. B. die Dampfmaschinen, durch den Elektromotor ersetzt wurden. Einzel- und Gruppenantriebe mittels Elektromotor lösten den zentralen Antrieb über Transmissionen ab. Die durch Modernisierungen erfolgte Steigerung der Verarbeitungsleitungen führte in den 1950er Jahren zu erheblichen Überkapazitäten. Ein Mühlengesetz sorgte für „Abhilfe": Mühlenbetreiber wurden verpflichtet in einen Fond einzuzahlen, aus dem stilllegungswillige Betreiber von Kleinmühlen eine Abfindung erhielten. Die Zahl der Mühlen halbierte sich so nahezu zwischen 1958 und 1968.

Viele Maschinen erfuhren eine wesentliche Weiterentwicklung. Wurde für Plansichter bisher Naturseide zur Bespannung der Siebe benutzt, so kamen jetzt Gewebe aus Perlon (Ost) oder Nylon (West) zum Einsatz. In Neu- oder Umbauten erleichterten Steuer- und Regelungstechnik die Bedienung und Überwachung. Der Weg zur nahezu personalfreien (Groß-)Mühle war eingeschlagen. 1972 wurde das Mühlengesetz durch ein Mühlenstrukturgesetz abgelöst. Dieses und der ab 1976 gänzlich freie Wettbewerb führten zu weiteren Stilllegungen.

In den 1980er Jahren hielten Computer und Elektronik Einzug in große Mühlenbetriebe. Dennoch darf nicht vergessen werden, dass es auch weiterhin ein Nebeneinander von Industriebetrieben, die 1.000 oder 2.000 Tonnen Getreide am Tag verarbeiten konnten, und Kleinmühlen gab. Gerade die Rückbesinnung auf regionale Kreisläufe, direkte Vermarktung und Herstellung von Nischenprodukten z. B. auf dem Biosektor eröffneten in den letzten zehn Jahren für einige Kleinmühlen neue Perspektiven.

kleiner Mühlenbetrieb in Buchow-Karpzow (Brandenburg)

MIAG-Nachrichten, Titelbild eines Firmenkatalogs, Umrüstung einer Windmühle auf pneumatische Getreideförderung

Die Arbeit der Mühlen

Wir denken bei Mühlen zu allererst an die Verwandlung von Getreidekörnern in Mehl. Dabei sind Mühlen wahre Alleskönner. Sie haben geholfen, aus Baumstämmen Bretter zu schneiden, Lumpen so zerkleinern, dass aus der Masse Papier geschöpft werden konnte, ja sogar aus unförmigen Steinen konnten sie glatte Kugeln formen. Viele Mühlen dienten einfach dazu, Wasser zu schöpfen und Land zu entwässern. Manche Mühlen waren sogar so kräftig, dass sie mehrere verschiedene Tätigkeiten gleichzeitig verrichten konnten. Und außerdem: Auch beim vermahlen von Getreide gibt es große Differenzen, denn Getreide ist nicht gleich Getreide und Mehl nicht gleich Mehl.

Der Müller.

Der Müller (aus: Ammann, Jost: Eygentliche Beschreibung Aller Stände auff Erden. 1568)

Mahlen bedeutet eigentlich nur, etwas zu zerkleinern, in kleine Stücke zu zerlegen oder gar zu Pulver zu verarbeiten. Die meisten Menschen verbinden mit einer Mühle in erster Linie ein Bauwerk mit Wasserrad oder Flügelkreuz, in dem Getreide verarbeitet wird. Aber Mühlen können auch ganz anders genutzt werden. Tatsächlich sind heute ca. 180 verschiedene Nutzungsmöglichkeiten bekannt. „Mühle" wurde ein universeller Begriff für eine Produktions- und Verarbeitungsstätte, in der gemahlen, gestampft, gepresst, gesägt, geschliffen oder gepumpt wurde.

Die Nutzungen können unabhängig von der Antriebsart in vier Gruppen zusammengefasst werden:
- Herstellung von Lebensmitteln (z. B. Mehl, Speiseöl, Senf)
- Herstellung von Werkstoffen (z. B. Papier, Kreide, Lohe)
- Bearbeitung von Werkstoffen (z. B. Holz, Stein, Metall)
- sowie weitere Nutzungen (z. B. Stromerzeugung).

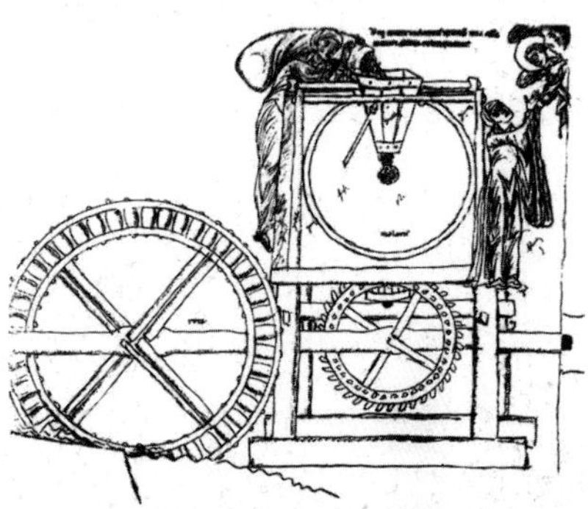

Kollergang der Ölmühle Ostenwalde (Niedersachsen)

Darstellung einer Getreidemühle in der Bilderhandschrift einer Äbtissin, um 1180 (Herrad von Landsperg. Nachzeichnung von Engelhardt 1812 – 1838, Bibliothéque municipale Strasbourg)

Getreide gehört seit tausenden Jahren zu den Grundnahrungsmitteln der menschlichen Ernährung. Entscheidend dabei sind die Körnerfrüchte, die aus dem Keimling, dem Mehlkörper und der Schale bestehen. Der Keimling ist reich an Fett, Eiweiß, Vitaminen und Mineralstoffen. Der Mehlkörper enthält Stärke und Eiweiß. Die Schale ist ein Lieferant von Vitaminen, Mineralstoffen und Eiweiß und reich an Ballaststoffen. Die Schale bzw. faserreiche Randschicht der Getreidekörner ergeben die Kleie – siehe Mahlprodukte S. 128.

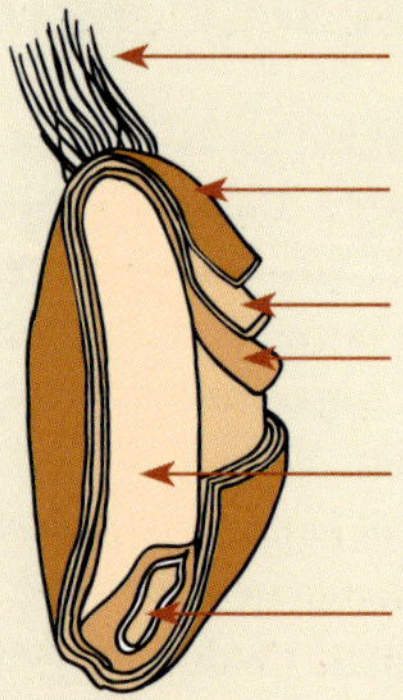

Weizen	Wichtigste Getreideart zur Herstellung von Bäcker- und Haushaltsmehlen, Speise- und Nudelgrieß, Weizenkeimöl, Stärke, Weizenkleie, Alkohol
Emmer (Zweikorn), in Europa kaum noch angebaut	Bierherstellung, Vollkornbackwaren
Einkorn	Bierherstellung, Vollkornbackwaren
Dinkel (vermutl. Mutation aus älteren Weizenarten)	Brot, Brötchen, Feingebäck, Flocken, Grünkern (unreif geernteter und gedarrte Körner)
Weichweizen	Brotmehl, Speisegrieß, Bier, Speiseöl, Stärke
Hartweizen (Durum-Weizen)	Hartweizengrieß, Nudelherstellung
Kamut Hybridform des Hartweizens	Brot
Roggen	Brot (Sauerteigbrot, u. a. Schusterjungs), Bierherstellung, Alkohol (u. a. „Korn")
Triticale	Kreuzung aus Weizen und Roggen, Futtermittel, seltener anteilig als Backzutat/Mehl
Gerste	
Sommergerste	Bierherstellung, Malzherstellung (Backmalz, Maltose), Flocken, seltener Verarbeitung zu Mehl,
Wintergerste	Futtergetreide, Alkohol/Whisky
Hafer	Futtergetreide, Haferflocken
Mais	Futtergetreide, seltener Ernährung (Maisgrieß/Maismehl – Polenta), Biogasherstellung
Hirse	Rispenhirse oder Echte Hirse, „Brot des armen Mannes", mineralstoffreichste Getreideart, Nahrungsmittel – Brei, Flocken, Futtermittel
Scheinzerealie: Buchweizen	Nahrungsmittel – Grütze, Mehl

Herstellung von Lebensmitteln

Getreidemühle

In der Getreidemühle werden hauptsächlich Brotgetreidearten wie Roggen, Weizen und Dinkel zu Mehl verarbeitet. Fachsprachig wird dies als Feinmüllerei bezeichnet. Neben der Feinmüllerei finden in der Getreidemühle weitere Verarbeitungen statt:

- Hafer zu Haferflocken oder Hafergrütze (Hafermühle)
- Gerste zu Graupen (Graupen- bzw. Peldemühle) oder zu Brau- bzw. Backmalz (Malzmühle)
- Schälen von Reis und Herstellung von Reismehl (Reismühle)
- Schälen von Hirse mittels Stampfmühle oder Hirsestampfe
- Entspeltzen von Dinkelkörnern

Die mittelalterliche Getreidemühle diente ausschließlich zur Zerkleinerung des Getreides. Die Hauptarbeitsmaschine war der Mahlgang. Die Reinigung des Getreides vor der Verarbeitung oblag dem Mahlgast. Siebmaschinen waren unbekannt. Zum Sieben wurden Handsiebe benutzt. Es gab sogar einen eigenen Berufsstand, den „Scheider", „Bäckerscheider" oder „Beutler", der das geschrotete Getreide für den Bäcker siebte.

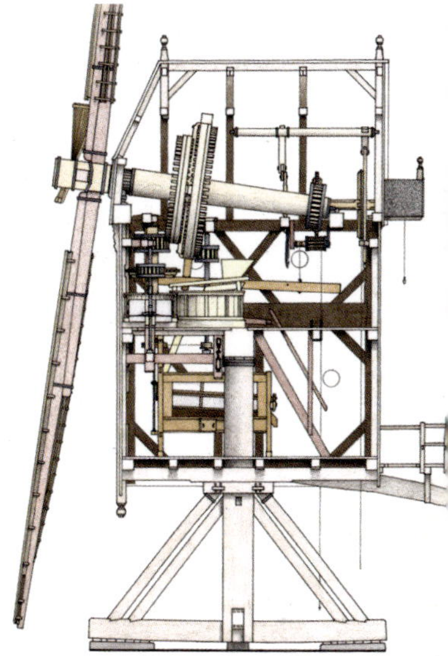

Bockwindmühle mit zwei Mahlgängen

Aufbau und Arbeitsweise des Mahlgangs

Kernstück des Mahlgangs sind die Mühlsteine. Sie werden Boden- und Läuferstein oder auch Unter- und Oberlieger genannt und sind horizontal übereinander gelagert. Bis weit in das 19. Jahrhundert wurde zur Herstellung der Mühlsteine ausschließlich Naturstein verwendet. Dies konnte z. B. Sandstein mit einem hohen Quarzanteil, Basalt oder Porphyr sein.

Die Steine befinden sich in einer Bütte, eine Art hölzernes Gehäuse. Diese hat oben eine Abdeckung mit einer runden oder ovalen Öffnung. Hier ruht das Rumpfzeug. Es dient als Gestell für den Trichter, der das Mahlgut aufnimmt. Am unteren Ende des Trichters schließt sich der Rüttelschuh an. Er leitet das Mahlgut zu den Mühlsteinen, die die Zerkleinerungsarbeit erledigen. Der obere der beiden dreht sich, der untere ist fest in Waage eingerichtet. Die Getreidekörner gelangen durch ein rundes Loch im Läuferstein, dem Steinauge, und einem besonders ausgeformten Hohlraum zwischen die Steine. Die Hohlräume werden als Schluck bezeichnet.

Die Steine liegen jedoch nicht direkt aufeinander, sondern haben zueinander einen variablen Abstand, den Mahlspalt.

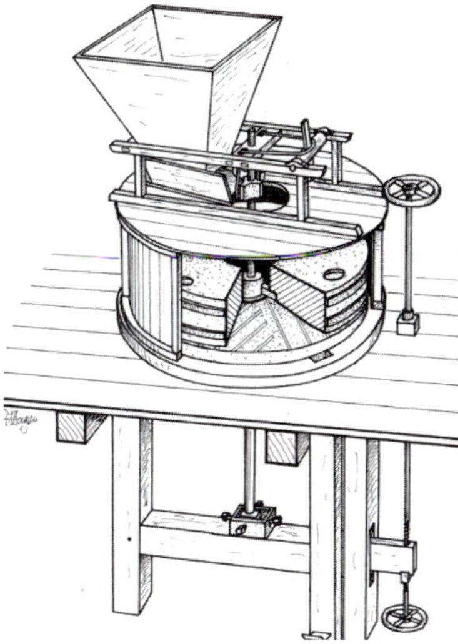

Mahlgang und Lichtewerk

↑ *aufgenommener Schrotgang mit Schärfwerkzeugen auf der Mahlfläche des Läufersteins*

↓ *Kunststein (Historische Mühle in Potsdam) mit Steinkran*

Zur Veränderung des Mahlspalts wird der Läuferstein gehoben oder gesenkt. Dies wird möglich, da im Steinauge die Haue, ein Metallstück, eingelassen ist. In die Haue greift von unten, durch ein Loch im Bodenstein, eine Welle, das Unter- oder Mühleisen. Damit aber durch dieses Loch kein Mahlgut austreten kann, wird das Mühleisen von einem Buchslager eng umschlossen. Am unteren Ende hat das Mühleisen ein Spurlager. Dieses ruht auf einem Hebelsystem, dem Lichtewerk, über das der Mahlspalt verändert werden kann.

Es gibt zwei Arten, den Mühlstein anzutreiben – von oben über das Obereisen (Oberantrieb), das wie ein sehr großer Maulschlüssel in die Haue greift, oder von unten über das Untereisen (Unterantrieb). Wird der Stein von oben angetrieben, so dient das viereckig ausgeführte Eisen auch zum Bewegen des Rüttelschuhs. Beim Unterantrieb ist ein zusätzlicher „Drei- oder Vierschlag“ zum Bewegen nötig.

Die Größe der Mühlsteine und die Anzahl der Gänge in einer Mühle waren abhängig von der Antriebsleistung. Die Zerkleinerungsarbeit zwischen den Steinen verläuft von innen nach außen. Dies ermöglicht die Schärfe der Steine, die aus Rillen und flächigen Bereichen besteht. Die Rillen werden Luftfurchen genannt und können bogen- oder strahlenförmig ausgeführt sein. Zwischen ihnen befinden sich die Mahlbahnen. Die Furchen verlaufen vom Boden- zum Läuferstein gegenläufig und haben mehrere Aufgaben. Die Gegenläufigkeit führt dazu, dass ähnlich wie bei einer Schere Kanten zueinander geführt werden, die die Getreidekörner aufschneiden. Durch die Furchen wird Luft zum Kühlen des Mahlprozesses gefördert, so dass die Klebereiweiße des Getreidekorns nicht durch Wärmeeinwirkung zerstört werden.

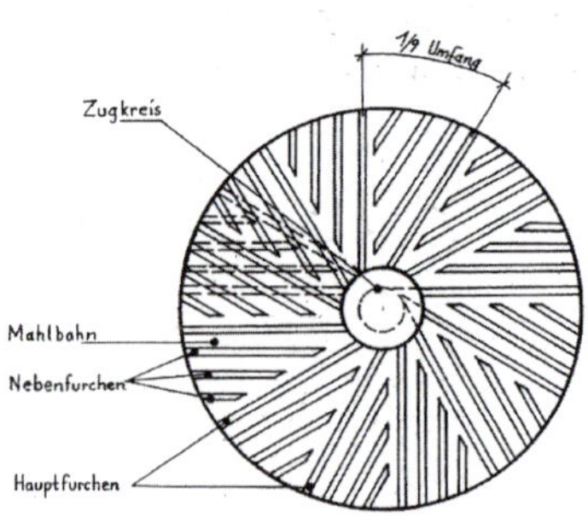

Gerade Felderschärfe mit Nebenfurchen v. parallelem Zuge

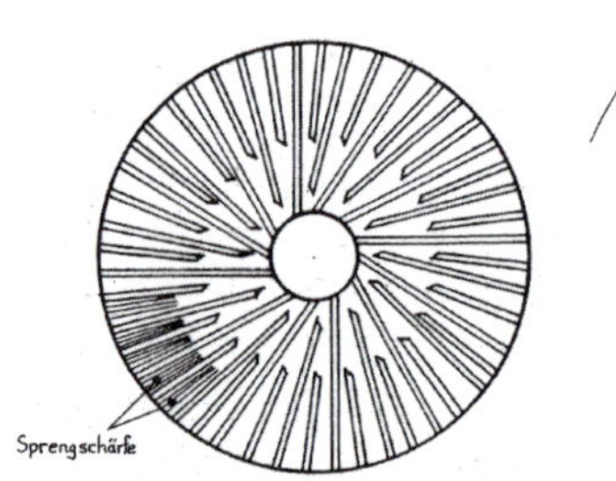

Gerade Felderschärfe mit Nebenfurchen v. gleichem Zuge

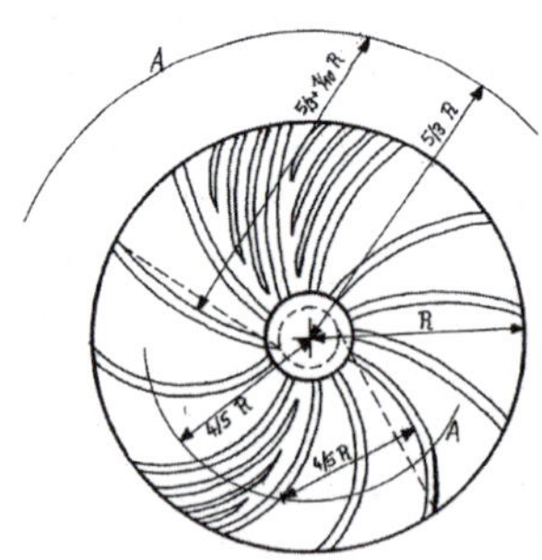

Bogenschärfe

Als dritte Aufgabe übernehmen sie den Transport von zerkleinertem Mahlgut nach außen, unterstützt durch die Zentrifugalkraft. Die Mahlprodukte sammeln sich nach dem Durchlaufen der Mahlfläche zwischen den Steinen und der Bütte. Sie hat an einer Stelle einen Auslass, an dem sich ein Holzrohr (Mehlpfeife) mit Sackstutzen oder Mehlrutsche anfügt. Die Drehbewegung des Läufersteins führt dazu, dass die Mahlprodukte zu diesem Auslass transportiert werden. Zuweilen besitzt der Läufer dazu einen Ausräumer.

„Altdeutsche Mühle", Mahlgang mit Beutelwerk

Damit die gewünschten Verarbeitungseigenschaften der Mühlsteine erhalten blieben, gehörten Pflege- und Wartungsarbeiten zu den regelmäßigen Aufgaben des Müllers. Insbesondere das Schärfen der Steine mit speziellen Werkzeugen, wie Pick- und Kraushämmer sowie Steinlehren gehörte dazu. Die Zeitintervalle richteten sich nach vielen Faktoren, letztlich war es die Berufserfahrung des Müllers, die den Zeitpunkt festlegte. Er sah es den Zwischenprodukten an, ob die Steine noch scharf und rau genug waren.

Bis weit in das 19. Jahrhundert wurde nach dem sogenannten Flachmahlverfahren gearbeitet. In der Flachmüllerei werden die Mühlsteine sehr eng zueinander gestellt, um bei ein- oder zweimaligem Schroten des Getreides einen hohen Mehlanteil bzw. ein mehliges Endprodukt zu erhalten.

Sechskantsichter

Zu Beginn des 16. Jahrhunderts hielten erste Siebmaschinen (Sichter) Einzug in die Mühlen. Die feineren Mehlteilchen fallen durch die Siebporen in den Mehlkasten, die gröberen an der Unterseite durch den „Kleiekotzer", eine oft fratzenartig ausgebildete Öffnung im Maschinengehäuse, in ein Gefäß.

Eine wahre Pionierleistung ist mit Oliver Evans verbunden. Er baute 1785 die erste „automatische" Getreidemühle. Alle Verarbeitungsmaschinen mit Fördereinrichtungen wie Förderschnecken und Becherwerken waren in ihr erstmals miteinander verbunden. Mit dieser „automatischen" Getreidemühle, wenig später auch „amerikanische Mühle" genannt, halten fast alle heute noch dominierenden Arbeitsschritte wie Reinigung, Vermahlung und Sichtung Einzug in den Verarbeitungsprozess. Auch durch die mechanisierte Beförderung von Roh-, Zwischen- und Endprodukten erreichte diese Mühle eine bis dahin nicht gekannte Effizienz und wies der technischen Entwicklung in der Müllerei im 19. Jahrhundert den Weg.

Oliver Evans (1755–1819), Stich v. William G. Jackmann

Die Entwicklung einer neuen Mahlmethode basierte auf dem Wunsch nach helleren und feineren Mehlen insbeson-

Firmenanzeige für künstliche Mahlsteine

dere in der Weizenvermahlung. Wurde bisher bei der Flachmüllerei das Getreide in nur einem Durchgang zerkleinert, so ging es nun um eine langsamere und mehrstufige Verarbeitung. Der Mehlspalt wurde größer gehalten und die Zerkleinerung auf ein Verfahren abgestellt, bei dem das Prinzip „Korn zu Grieß und Grieß zu Mehl“ im Vordergrund stand. Ausschlaggebend war weiterhin, dass die Schale (Kleie) bei den Schrotpassagen möglichst großblättrig blieb und nur wenige feine Teile ins Mehl gelangten.

Aber nicht nur beim Mahlverfahren gab es Veränderungen und Weiterentwicklungen, auch bei den Arbeitsmaschinen. Die Mühlsteine der Schrot- und Mahlgänge erhielten in der ersten Hälfte des 19. Jahrhunderts Konkurrenz durch den Walzenstuhl. Zwei oder mehr horizontal, vertikal oder diagonal zueinander angeordnete Mahlwalzen mit unterschiedlicher Drehzahl übernahmen nun die Zerkleinerungsarbeit.

Es mag daher paradox klingen, dass erst im 19. Jahrhundert der künstliche Mühlstein erfunden wurde. Im ersten Drittel des 19. Jahrhunderts stellte die Berliner Firma Schomburg und Söhne Mahlsteine aus Porzellan her, „die beim Vermahlen von Roggengrießen helleres Mehl als die französischen Steine geliefert haben.“

Zeichnung einer automatischen Getreidemühle von Evans, 1790

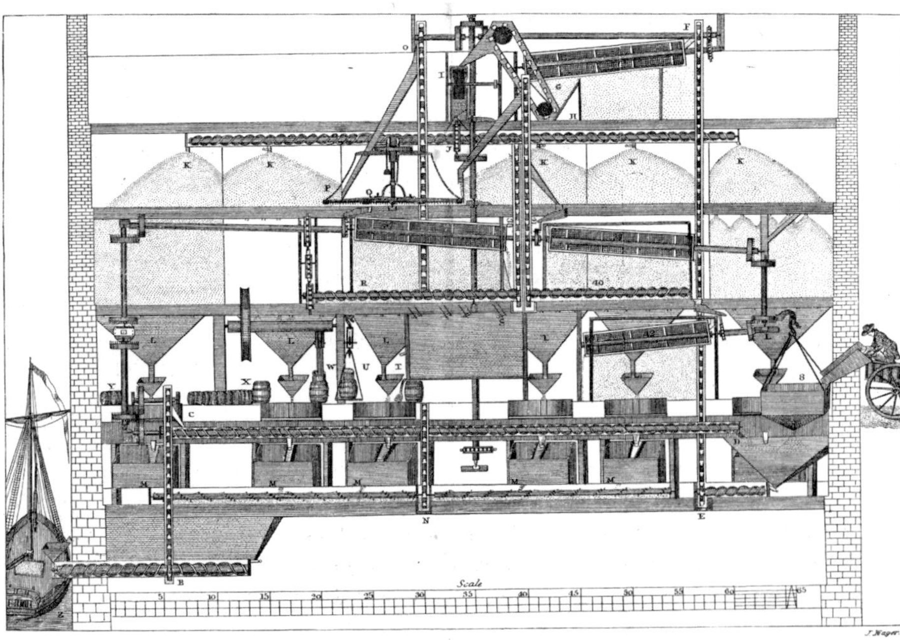

Die Verarbeitungsschritte des Getreides

Nachfolgend soll auf die wesentlichen Verarbeitungsschritte eingegangen werden, die die Müllerei nach 1900 bestimmten und heute in vielen „historischen" Mühlen vorzufinden sind.

Getreidespeicher in Alsleben (Sachsen-Anhalt), Speichervolumen 3.100 t

Annahme, Qualitätsüberprüfung und Lagerung

Bis weit in das 20. Jahrhundert war insbesondere bei kleineren Mühlen der (Textil-)Sack das bestimmende Transportmittel für Getreide. Mit der Annahme fand die Qualitätsüberprüfung statt, in deren Rahmen der Grad des Besatzes mit Fremdsamen, anderen Getreidearten, Verunreinigungen mit Staub, Spreu, Steinen, der Geruch, die Belastung durch Schimmelpilze, die Ausbildung der zu verarbeitenden Getreidekörner und die Getreidefeuchte untersucht wurden. Bei der Beurteilung war der Müller auf seine Erfahrungen und Sinne angewiesen, es standen ihm aber auch einfache Messgeräte wie der Getreideprober zur Bestimmung des Hektolitergewichts zur Verfügung. Wurde in Kleinstmühlen das Getreide noch in Säcken gelagert, entstanden vermehrt Mühlen mit eigenem Getreidesilo und einer dazugehörenden Reinigungsstrecke. Immerhin ist ein Getreidekorn ein lebender Organismus, in dem Stoffwechselvorgänge stattfinden. Deshalb muss das Getreide trocken, kühl, belüftet und unzugänglich für Schädlinge aufbewahrt werden.

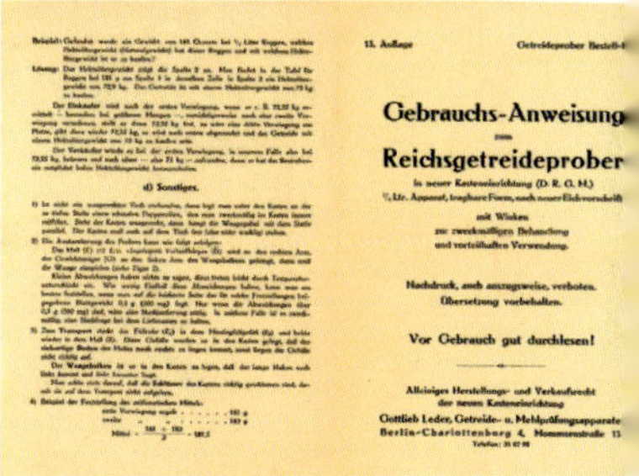

15. Auflage

Gebrauchs-Anweisung

Reichsgetreideprober

Vor Gebrauch gut durchlesen!

Beschreibung für einen Getreideprober

Getreidetransport

Für eine Verarbeitung in der Mühle sind zahlreiche Transportvorgänge notwendig. Geschah dies früher mittels Säcken, deren Transport mit Sackwinden bzw. -aufzügen erfolgte, so setzten sich später automatische senkrecht oder waagerecht arbeitende Fördereinrichtungen durch. Zu ihnen gehört der Elevator (Becherwerk) als Senkrechtförderer und die Förderschnecke als Waagerechtförderer. Seit den 1940er Jahren wurden pneumatische Anlagen auch in kleineren Mühlenbetrieben genutzt.

Elevator

Reinigung des Getreides

War es bei der Kundenmüllerei, bei der immer nur das Getreide eines Mahlgastes verarbeitet wurde, Aufgabe des Kunden, für die Reinigung zu sorgen, übernahm bei aufkommender Handelsmüllerei der Müller diese Aufgabe. Im Laufe der technischen Entwicklung gab es eine Reihe von Reini-

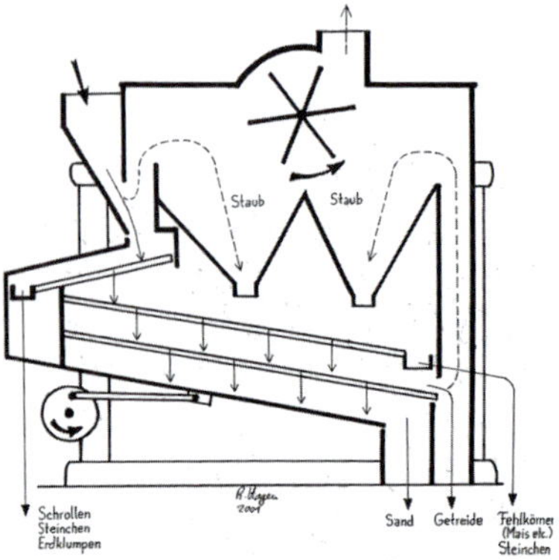

Aspirateur

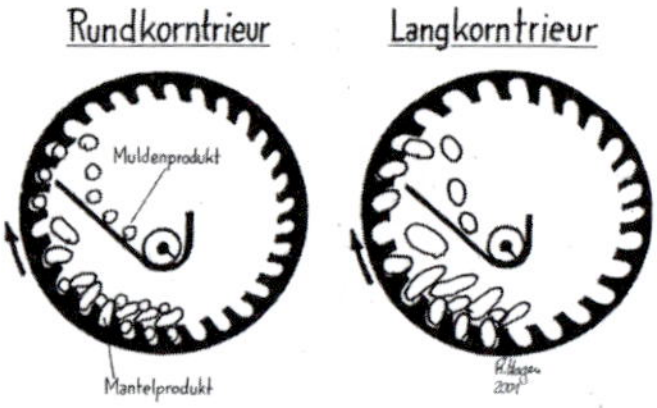

Trieuranlage

Mühlstein eines Peldegangs

gungsverfahren, um das Getreide von unerwünschten Beimengungen zu befreien und die Mehlqualität zu verbessern. Durchgesetzt hat sich letztlich die Trockenreinigung, deren Technologie in vielen historischen Mühlen erhalten ist.

Das in das Maschinengehäuse einlaufende Getreide wird dabei zunächst einem Saugluftstrom ausgesetzt. Dadurch werden leichte Verunreinigungen abgesaugt. Es schließt sich ein Siebkasten an, der durch eine Kurbelwelle in Bewegung gesetzt wird. In dem Siebkasten befinden sich mehrere Siebsätze mit unterschiedlicher Lochweite. Dadurch ist es möglich, Stroh, Bruch- und Schwachkorn, Sand und Steine auszusieben.

Es schließt sich der Trieur (Rundkornausleser) an, der runde Fremdsamen wie Wicken und Raden entfernt. Er besteht aus einer Metalltrommel, die an der Innenseite Vertiefungen aufweist, die die Fremdsamen aufnehmen. Bei einer Drehbewegung werden sie in eine im Trommelinneren liegende Rinne befördert.

Die älteste und einfachste Form des sich anschließenden Reinigungsvorgangs wird Spitzen genannt. Dafür diente der Spitzgang, ein Mahlgang mit rauen und scharf angreifenden Steinen. Der Mahlspalt wurde so weit gestellt, dass sich die Körner aufrichteten und die Spitzen entfernt wurden. Insbesondere das staubbelastete Bärtchen und der ölhaltige Keimling konnten so entfernt werden (siehe Seite 116).

Ab den 1860er Jahren kommen zum Schälen zylindrisch aufgebaute Maschinen zum Einsatz, die im Inneren mit einem Schmirgelmantel ausgekleidet sind. Ein schnell laufender Schlagleistenrotor befördert das Getreide durch die Maschine, die raue Schmirgelfläche sorgt für die Schälung des Getreides. Eine ähnliche Wirkung hat die Scheuermaschine. Im Gehäuse des Quetschstuhls befinden sich zwei glatte Stahlwalzen, die sich mit gleicher Umfangsgeschwindigkeit zueinander drehen. Meist wird nur eine angetrieben und die andere beim Arbeiten „mitgeschleppt". Die so freigesetzten Schmutzpartikel können anschließend in Siebmaschinen mit zylindrisch oder sechseckig ausgeführten Trommeln abgesiebt werden. Das „Quetschen" bewirkt gleichzeitig eine erleichterte Weiterverarbeitung in der Vermahlung, da das Korngefüge bereits gelockert ist. In der Weizenvermahlung kommen für diese Aufgabe auch Brechstühle zum Einsatz. Alle bisher beschriebenen Arbeitsgänge gehören zum Reinigungsdiagramm einer Getreidemühle.

Vermahlung und Sichtung

Der Reinigung schließt sich die Vermahlung und die Sichtung an. Beim Vermahlen wird grundsätzlich in die zwei Arbeitsgänge Schroten und Mahlen unterschieden. Beim Weizen ist das Ziel, das Korn schonend in mehreren Durchgängen zu zerkleinern, um möglichst viele grobe Grieße zu erhalten, aber wenig Dunst und (Schrot-)Mehl. Beim Schroten des Roggens wird das Korn weitaus stärker zerkleinert bzw. stärker angegriffen. Man arbeitet eher „auf Mehl" bzw. halb auf Mehl und halb auf Grieß. Diese Arbeit erfolgt mittels eines Schrotgangs (Mühlsteine) oder eines Schrotwalzenstuhls. Gut erkennbar sind Schrotsteine, die z. B. aus Sandstein, Porphyr oder Kunststein bestehen, daran, dass die Mahlbalken keine Sprengschärfe (kleine Furchen) besitzen. Sie sind auch erheblich kleiner, als die Ausmahlsteine. Typisch sind die vielen Luftfurchen mit Schneidkanten, die die Zerkleinerungsarbeit und den Transport übernehmen.

Im Schrotwalzenstuhl wird das Korn zwischen geriffelten Walzen, die sich gegeneinander mit unterschiedlicher Geschwindigkeit bewegen (Voreilung), in Längsrichtung aufgebrochen. Die Zerkleinerungsarbeit wird von den diagonal verlaufenden Riffeln auf den Walzen übernommen. Dieser Vorgang, auch als Passage bezeichnet, wird mehrfach wiederholt, bis zu acht Mal. Jede Schrotpassage ist mit einem Siebvorgang verbunden, bei dem alle im Schrot vorhandenen Teilchen ihrer Größe nach sortiert und weiterverarbeitet werden. Die weitere Zerkleinerung erfolgt in Abhängigkeit vom Aufbau und der technischen Ausstattung der Mühle. Unterschieden wird in Rückschütt- und Durchgangsmühle. Viele der kleinen Mühlen fallen in die erste Kategorie. Diese haben für alle Schrotpassagen nur eine oder zwei Zerkleinerungsmaschinen zur Verfügung, auf die die nach dem Sieben üb-

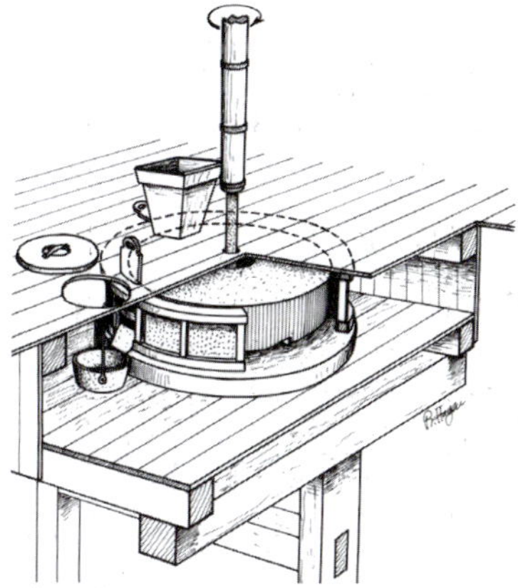

↑ *Peldegang*

↓ *Walzenstuhl (Diagonalstuhl)*

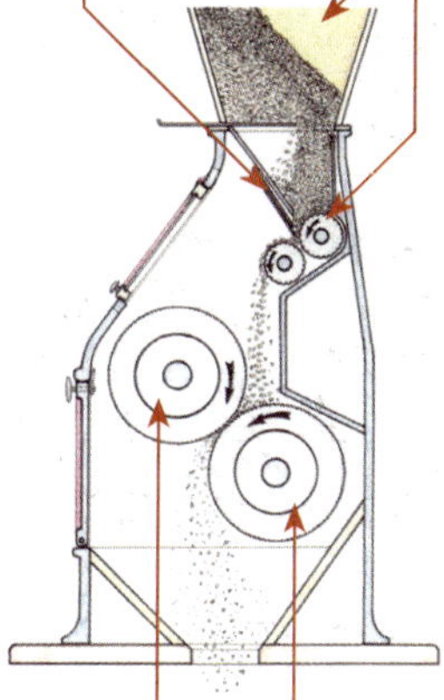

← *Walzenstuhl mit Behälteraufsatz*

←← *Walzenboden der Kunstmühle Kleinhettstedt (Thüringen)*

Zentrifugalsichter

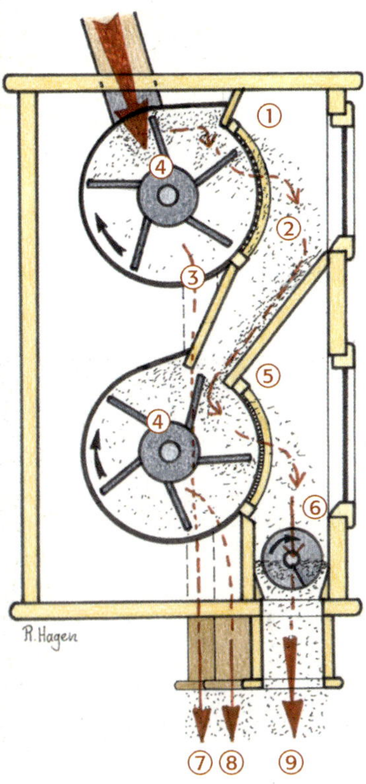

Askania-Sichter
1 Siebrahmen/Vorsieb
2 Siebdurchfall Grieß u. Mehl
3 Siebübergang Schrot bzw. Kleie
4 Schlägerwerke
5 Siebrahmen Mehlsieb
6 Mehlschnecke
Siebübergänge:
7 Schrot und Kleie
8 Grieß
9 Siebdurchfall Mehl

rig gebliebenen groben Übergänge aufgeschüttet bzw. zurückgeschüttet werden. Dieses Rückschütten erfolgt durch Säcke oder über entsprechende Vorratsbehälter über dem Gang oder Stuhl. Jede Passage benötigt ein erneutes Einstellen des Abstandes der Steine oder Walzen.

Anders bei der Durchgangsmüllerei. Sie ist charakteristisch für die industrielle Verarbeitung. Für jeden Arbeitsschritt steht eine Maschine zur Verfügung. Gut erkennbar ist dies an kleinen Emailleschildern an den Walzenstühlen und an der Veränderung der Riffelung auf den Walzen. Werden die Schrotteilchen kleiner, so nimmt die Zahl der Riffeln zu, und der zunächst steile Riffelwinkel wird flacher.

Das Sieben wird vom Sichter bzw. den Sichtern übernommen. Äußerst selten ist heute in Kombination mit einem Gang ein Beutelwerk oder ein Sechskant- bzw. Rundsichter zu finden. Viele dieser ursprünglichen Siebvorrichtungen wurden von anderen, effektiveren abgelöst.

So der Zentrifugalsichter: Er gilt als effektive Weiterentwicklung des Sechskantsichters. Er besteht aus einer runden, waagerecht gelagerten Trommel, die von innen mit einer Siebbespannung versehen ist und sich langsam dreht. Im Inneren der Trommel bewegt sich mit höherer Geschwindigkeit ein Schlägerwerk in gleicher Richtung, das das Sichtgut an die Siebfläche wirft. Die Drehzahl des Schlägerwerks beträgt 150 bis 400 pro Minute und die der Trommel 20 bis 30. Die gröberen Teile werden durch schräge Wurfbleche am Rotor am hinteren Ende der Maschine herausgeworfen. Um ein Verstopfen der Trommelbespannung zu verhindern, dreht sich die Trommel langsam an einer Bürstenreihe entlang, die die Siebe ständig reinigt.

Eine andere Weiterentwicklung der Siebvorrichtung ist der Wurfsichter (Askania-Sichter), der 1903 von dem Müh-

Walzenboden einer modernen Getreidemühle

lenbauer Heinrich Hecht in Radegast erfunden wurde. Bei ihm wirft ein Schlägerwerk das Sichtgut gegen feststehende Siebrahmen, wodurch der Siebvorgang ausgelöst wird. Es übernimmt im Inneren gleichzeitig den Transport der zurückbleibenden groben Bestandteile zu einem separaten Auslauf. Vielfach besteht der Wurfsichter aus zwei übereinander liegenden Abteilen. Das obere trennt ein Gemisch aus Mehl und Grieß von Schrot, das untere Mehl von Grieß.

Der Plansichter ist die Siebmaschine, die sich in der Müllerei durchgesetzt hat. Erst mit ihr wird für den Siebprozess von „Sichten“ gesprochen und die Bezeichnung des „Beutelns“ verschwindet. Merkmal ist die plane Anordnung von übereinander liegenden flachen Sieben, die in der Regel miteinander verschraubt oder verspannt sind. Die Siebwirkung ist ähnlich wie bei einem Handsieb. Der oder die Siebstapel hängen in einem Joch und wird/werden durch eine mittig angeordnete vertikale Exenterwelle in eine horizontale kreisförmige Bewegung versetzt. Es gibt die Bauformen Einkasten- und Zweikasten-Plansichter sowie die Einbauvarianten an Drahtseilen, Rohr- oder Glasfiberstäben hängend oder auf einem Gussfuß aus Eisen stehend. Die Kästen (Siebstapel) sind vertikal in Abteile getrennt, bei Einkasten- bis zu drei und bei Zweikasten-Plansichtern bis zu zehn. Die Siebkästen können als geteilte, ungeteilte und mit Einlegerahmen gebaut sein. Die älteste Form ist der ungeteilte Rahmen, der aus der Siebbespannung, der Bürstenreinigung und dem Sammelboden mit Ablauf besteht. Bei den geteilten sind Bespannung und Sammelboden mit Bürstenreinigung in besondere Rahmen getrennt. Durchgesetzt hat sich die dritte Form mit Einlegerahmen, da diese sehr schnell ausgewechselt werden können. Die Anzahl der Siebrahmen kann bei modernen Maschinen bis zu 27 übereinander betragen, die je nach Maschenweite der Bespan-

stehender zweiteiliger Plansichter

hängender Plansichter

Wanderbürsten eines Langplansichters

nung nach jedem Zerkleinerungsvorgang im Walzenstuhl die unterschiedlichen Kornteile nach Größe bzw. Feinheitsgrad sortieren. Die größeren und mittleren Kornteile, bei denen noch Schalen- und Mehlanteile aneinander haften, werden erneut zerkleinert. Bei Abteilen mit 12 Sieben werden z. B. für die Schrotpassagen 4 Rahmen für die Schrotabsichtung, 1 bis 2 für die Trennung des groben Grießes, 5 bis 6 für die Absichtung des Mehls und der letzte für Absonderung von feinem Grieß und Dunst verwendet. Für die Leistungsfähigkeit des Plansichters ist jedoch nicht die Siebanzahl entscheidend, sondern die verfügbare freie Sichtfläche. Als Material für die Bespannung dient verzinnter Stahldraht, Phosphorbronze und (Industrie-)Seide, deren Maschenweite 100 bis 1.000 Mikrometer (= 1 mm) betragen. Für das Bespannungsmaterial gibt es entsprechend der Fadenzahl bzw. der Maschenweite ein feststehendes Bezeichnungssystem mit Nummern.

Da sich die Bespannung beim Sichten leicht zusetzt, haben sich verschiedene Systeme zur Freihaltung entwickelt. Durchgesetzt haben sich z. B. bei Langplansichtern Wanderbürsten und bei Kurzplansichtern Rotationsbürsten, die von unten gegen die Bespannung arbeiten.

Die Siebwirkung unterscheidet sich grundsätzlich von der anderer Siebmaschinen. Durch die kreisende Bewegung des Sichters wird das Sichtgut nicht nur nach Größe und Form getrennt, sondern auch nach dem spezifischen Gewicht. Dies bewirkt u. a. die Abtrennung der leichteren Schalenteilchen und somit die Herstellung nahezu stippenfreier Mehle. Die Mehle hatten so eine gleichmäßige Farbe, ohne dunklere Kleieteilchen (Stippen) zu enthalten. Für den Transport auf der ebenen Siebfläche sorgen Leiteinrichtungen, wie z. B. Bleche. Die Siebübergänge werden über Kanäle zum Sichterauslauf geleitet und einer weiteren Verarbeitung zugeführt.

Ähnlich arbeitet der Flachsichter. Jedoch unterscheidet er sich vom Plansichter hinsichtlich seiner Bewegungsrichtung, die durch einen Kurbeltrieb in Längsrichtung erfolgt. Grobe Kornstücken werden so lange geschrotet, bis alle an der Kleie haftenden Mehlteilchen abgelöst sind. Übrig bleibt die Schrotkleie, großflockige Schalenbestandteile. Während des Sichtens werden aus den Schrotpassagen kleine und kleinste Mehlstücken (Grieße und Dunste) ausgesiebt, die einer weiteren Zerkleinerung, dem (Aus-)Mahlen zugeführt werden.

In der Weizenmüllerei wurden die Grieße als Zwischenschritt in Grießputzmaschinen von Kleiebestandteilen befreit. Dies ist heute in der Regel nur noch bei der Speisegrießherstellung üblich.

Für die Grießauflösung dienen seit der Verdrängung der Mühlsteine Ausmahlmaschinen oder Walzenstühle mit glatten Hartgusswalzen. Die unter dem Namen „Fanal“ bekannt gewordene Ausmahlmaschine der Mühlenbau-Anstalt Landgraf & Sohn aus Bad Frankenhausen ist eines der bekanntesten Fabrikate. Sie besitzt zwei waagerechte, glatte Druckwalzen (Kalibrierwalzen) und darunter zwei senkrecht stehende Mahlsteine. Das Mahlgut wird zunächst von Walzen mit gleicher Umfanggeschwindigkeit angedrückt. Der Mehlkern wird in seiner Struktur mürbe gemacht, ohne anhaftende Schalenteile anzugreifen und auf eine einheitliche Größe „kalibriert“. Zwischen den nachgeordneten Steinen (Mahlscheiben aus hochgebranntem Edelkorund, Durchmesser je nach Maschinengröße 350, 450 oder 550 Millimeter) werden sie ohne Anpressdruck leicht gerieben. Das gelockerte Mehl wird so von den Schalenteilchen gelöst und aufgelöst.

Ausmahlmaschine „Fanal“

Seltener ist die Ausmahlmaschine „Illus“ oder die Sodermühle. Durchgesetzt hat sich jedoch der Glattwalzenstuhl. Die Oberflächenrauhigkeit und die Voreilung der Walzen reichen aus, um die Mehlkörnchen aufzulösen. Die Mahlprodukte werden jeweils auf den Sichter gefördert und die verbleibenden Siebübergänge erneut zerkleinert. In moderneren Anlagen gibt es zur Auflösung des Grießes und damit auch letztlich zur Verkürzung des Diagramms Stiften- oder Prallmühlen.

Eine weitere Maschine ist der Auflöser (Detacheur), der zwischen Walzenstuhl und Sichter angeordnet ist. Bei der Auflösung feiner Grieße und Dunste zwischen Glattwalzen kann es zu einer unerwünschten Plättchenbildung kommen, die in einem Detacheur aufgelöst bzw. aufgelockert werden können.

Mahlprodukt	Beschreibung/Verwendung
Schrot > 1.000 µm	Grob zerkleinerte Körner als Zwischen- oder Endprodukt im Mahlprozess mit Kornteilen unterschiedlicher Größe. Als Zwischenprodukt Weiterverarbeitung durch Zerkleinern (Schroten) und Sieben. Zwischen- und Endmahlprodukt
Vollkornschrot	Grob zerkleinerte Körner, gröbere Granulatstruktur als Vollkornmehl, jedoch gleiche Inhaltstoffe. Endmahlprodukt
Graupen	Auch Roll- oder Kochgerste genannt, geschälte und polierte Gersten- oder Weizenkörner, halb- oder länglich-runde Form. Feinste Qualität besitzen die kleinen runden „Perlgraupen", die großen werden „Kälberzähne" genannt. Endmahlprodukt
Grütze	Grob geschnittene Getreidekörner, vorher meist geschält. Aus Hafer, Gerste, Hirse, Buchweizen, Mais, Roggen, Weizen (z. B. als Zutat für Grützwurst, Herstellung von Burgur), Endmahlprodukt
Grieß · grob 600 – 1.000 µm · mittel 475 – 600 µm · fein 300 – 475 µm	Schalenfreies, körniges Mahlprodukt, für Ernährungszwecke aus Weizen oder Dinkel, Mehlkörnchen oder -stückchen, die besonders „geputzt" werden, um sie von den noch anhaftenden Schalenteilchen zu trennen. Verwendung als Nährmittel für Grießpudding, Süßspeisen, Teigwaren oder als Suppeneinlage. In Norddeutschland insbesondere Verwendung des weißlich-hellgelben Weichweizengrießes, in Süddeutschland der intensiv-gelbe Hartweizengrieß, für Nudeln oder Spätzle. Endmahlprodukt, bei der Vermahlung von Roggen Zwischenprodukt
Dunst 150 – 300 µm	Entsteht bei der Vermahlung von Getreide, Bezeichnung gelegentlich, Ausmahlgrad zwischen Grieß und Mehl. Zwischenmahlprodukt auch Dunstmehl oder Feingrieß genannt.
Mehl glattes < 150 µm	Endmahlprodukt bei der Verarbeitung des Mehlkerns
Auszugmehl	Alle üblichen Haushaltsbackmehle. Siehe Tabelle S. 130
griffiges, doppelt griffiges	Süddeutsch-alpenländische Spezialität mit noch höherem Anteil von Dunstteilchen, helle Mehle ohne Schalenanteile des Korns. Ausschließliche Verarbeitung des Mehlkerns
Vollkornmehl	Mehlfein vermahlendes Produkt, mit sämtlichen Bestandteilen des vollen Korns, Herstellung von Vollkorngebäcken mit relativ lockerer Krume mit komplettem Nährwertprogramm der Körner
Instandmehl	Mahlprodukt, das sich ohne zu klumpen in der Flüssigkeit verteilt. Sehr gute Eignung für das Binden von Suppen und Soßen.
Gluten	Eigenschaften des Kleibereiweiß wichtig für lockeres Gebäck
Kleie	Die beim Schroten verbleibenden braunen Schalen bilden die Kleie oder dienen zur Herstellung von Vollkornmehl und -schroten.
Schrotkleie	Großflockige bräunliche Schalen als Endprodukt der Schrotpassagen, bei der Herstellung von Vollkornmehl und -schroten werden sie mit allen anderen Teilen zusammengeführt
Schälkleie	Äußere Holzfaserschicht des Getreidekorns, die bei der Getreidereinigung in Schäl- oder Scheuermaschinen entfernt wird. Abfallprodukt
Grießkleie	Schalenbestandteile, die nach den Mahl-/Grießpassagen übrig bleiben
Spelzen	Trockene häutchenartige Schale bzw. Hüllblatt um das Getreidekorn (bei Gerste, Hafer, Dinkel, Hirse), Abfallprodukt

Mischen

Als nächster Arbeitsschritt schließt sich das Mischen an. Dies ist erforderlich, da bei der Verarbeitung einer Mahlpost verschiedene Mehle entstehen, die sich nach Inhaltsstoffen bzw. Farbe, Griffigkeit und somit auch der Backfähigkeit unterscheiden. Erfolgte das Mischen zunächst manuell in separaten Mischkammern, so übernahmen im Laufe der Zeit Maschinen diese Aufgabe. Zu finden sind stehende oder liegende Mischmaschinen, die sich über mehrere Böden der Mühle erstrecken können. Die Mischwerkzeuge geben das Mehl in eine im unteren Bereich der Maschine angeordnete Sammelschnecke. Diese fördert das Mehl zum Mehl-Elevator, der es von oben wieder in den Behälter befördert. Für eine gleichmäßige Durchmischung sollte ihn das Mehl zweimal umlaufen.

Getreide unterliegt abhängig von Klima und Witterung großen Schwankungen in Qualität und Inhaltsstoffen. Daher werden in der heutigen Müllerei Getreidepartien einer Sorte mit unterschiedlichen Inhaltsstoffen verschnitten oder die gewonnenen Mehle gemischt, so dass sie neben der Helligkeit bestimmten mechanischen und enzymatischen Spezifikationen entsprechen. Sie sind für die Backfähigkeit des Mehles entscheidend.

Mehl ist ein natürliches Lebensmittel, dem lediglich die Zugabe von Ascorbinsäure aus technologischen Gründen erlaubt ist. Das Bleichen des Mehls mittels Ozon oder Bromgasen ist seit vielen Jahren verboten. Ging es bei der Getreideverarbeitung seit dem 19. Jahrhundert vielfach um die Herstellung von hellen und somit mineralstoffarmen Mehlen, so ist diese Entwicklung gerade in den letzten 20 Jahren gegenläufig. Vollkornprodukte haben einen festen Marktanteil erobert, da sie für eine ausgewogene Ernährung wichtig sind.

Auslieferung

Das hergestellte Mehl ist fertig für die Auslieferung. Dienten dafür vor wenigen Jahrzehnten noch Textilsäcke mit einem Inhalt von 100 oder 75 Kilogramm, so sind diese Packungsgrößen und auch das Material heute nicht mehr erlaubt. Nur noch selten wird Mehl in Einwegtüten aus Papier ausgeliefert. Dominierend ist die lose Auslieferung im Mehltanker. Den Endverbraucher erreicht das Mehl über den Einzelhandel meist in 1-Kilogramm-Tüten.

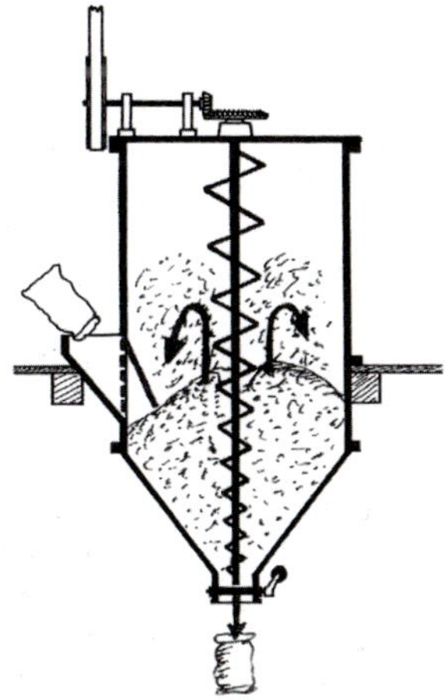

stehende Mischmaschine

Mischschnecke

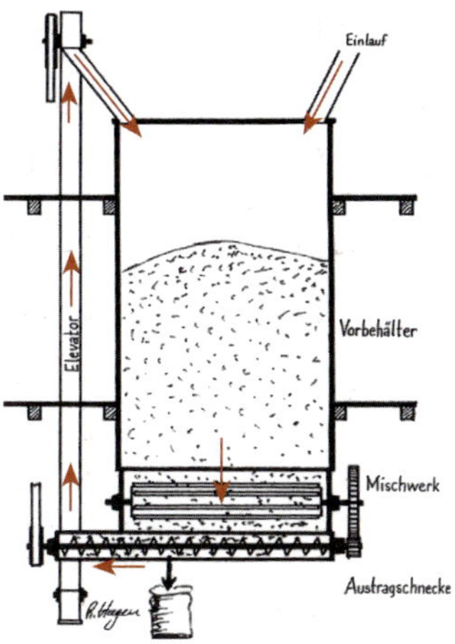

liegende Mischmaschine

In der Müllerei hat sich die Herstellung von typisierten Mehlen durchgesetzt. Zur Typisierung gilt in Deutschland seit 1992 die DIN-Norm 10355. Die Mehltype gibt den Mineralstoffgehalt in Milligramm je 100 Gramm Trockenmasse an. Vollkornerzeugnisse enthalten alle Bestandteile der gereinigten Körner einschließlich des Keimlings. Sie werden nicht typisiert.

Mehltype	Backeigenschaften	Mindestmineralstoffgehalt (% i. Tr.)	Höchstmineralstoffgehalt
Weizenmehl			
405	bevorzugtes Haushaltsmehl, gute Backeigenschaften	-	0,50
550	backstark für feinporige Teige, als Vielzweckmehl verwendbar	0,51	0,63
812	für helle Mischbrote	0,64	0,90
1050	für Mischbrote oder herzhafte Backwaren im Haushalt	0,91	1,20
1600	für dunkle Mischbrote	1,21	1,80
Weizenbackschrot Type 1700	ohne Keimling	-	2,10
Roggenmehl			
815	seltene Verwendung, meist in Süddeutschland, für helle Roggenbrote	-	0,90
997	für Mischbrote, regional unterschiedlich verbreitet	0,91	1,10
1150	für Mischbrote, regional unterschiedlich verbreitet	1,11	1,30
1370	typisches „Bäckermehl" für herzhafte Roggen- und Roggenmischbrote	1,31	1,60
1740	typisches „Bäckermehl" für herzhafte Roggen- und Roggenmischbrote	1,61	1,80
Roggenbackschrot Type 1800	ohne Keimling	-	2,20
Dinkelmehl			
630		-	0,70
812		0,71	0,90
1050		0,91	1,20

Hafermühle

Hafer ist ein äußerst vielseitiger Rohstoff, der auf unterschiedlichste Art verarbeitet wird. Als Sommergetreide bevorzugt der Hafer ein gemäßigtes Klima mit hohen Niederschlägen. Geerntet wird ab Mitte August.

Um Hafer für die menschliche Ernährung nutzen zu können, müssen die Körner entspelzt werden, da sich der Spelz beim Drusch nicht vom Korn löst. In der vorindustriellen Zeit erledigten dies die Gerbgänge, bei denen die Mühlsteine so zueinander gestellt waren, dass das Getreidekorn aus der Schale gequetscht, aber nicht zerkleinert wird. Durch das unterschiedliche spezifische Gewicht von Spelzen und Körnern kann die Trennung mit einem Windsichter erfolgen, der die leichtere Schale einfach ausbläst.

Hafer

Industriell erfolgt das Entspelzen in Prallschälern, z. B. Fliehkraftschäler. Ein Wurfrad schleudert die Körner mit hoher Geschwindigkeit gegen einen schrägen Prallring. Die Haferkerne fliegen so aus den Spelzen. Die Trennung von Spelz und Körnern kann in einem Fliehkraftabscheider erfolgen. Die Kerne werden anschließend thermisch behandelt und getrocknet, um ein Ranzigwerden aufgrund des hohen Fettgehalts von 5 Prozent zu verhindern.

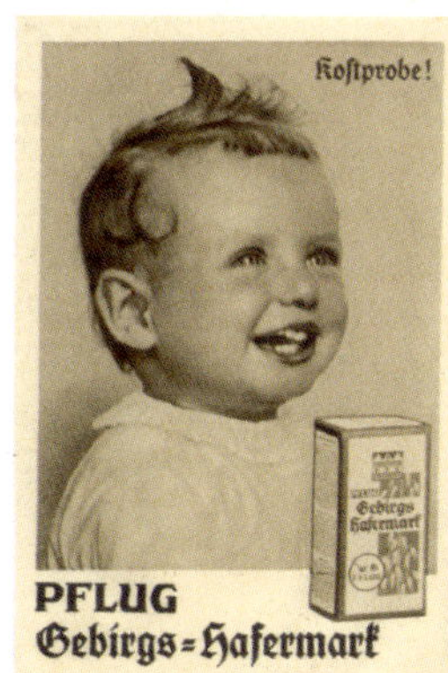

Zur Herstellung von Grütze werden die Haferkerne in einem Grützeschneider grob geschnitten und durch Sieben nach Größe sortiert. Zur Flockenherstellung dient ein Flockenstuhl, in dem zwei Hartgusswalzen mit glatter Oberfläche die Kerne pressen. Möglich ist auch die Herstellung von Hafermehl, das aber wegen des geringen Kleberanteils zum Backen ungeeignet ist. Die anfallende Haferkleie wird gesundheitsfördernd als Nahrungsmittel eingesetzt.

Zur Verwendung als Futtergetreide wird Hafer unentspelzt gequetscht oder geschrotet.

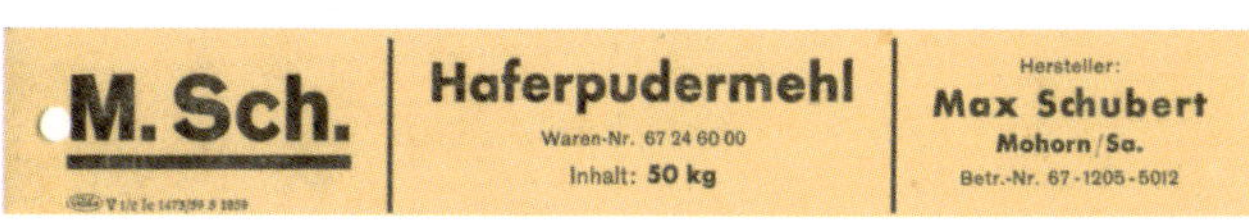

↑ Rührpfannen und
↓ Stempelpressen der Ölmühle im Westfälischen Freilichtmuseum Hagen

Ölmühle

Ölpflanzen wie Ölpalmen, Oliven, Sanddorn, aber auch Ölfrüchte wie Raps, Sonnenblumenkerne, Lein- und Hanfsamen, Kürbiskerne, Nüsse und Bucheckern bilden die Rohstoffe für die Gewinnung von Pflanzenöl. Während bei Ölpflanzen das Fruchtfleisch ausgepresst wird, ist bei Ölfrüchten der Samen der entscheidende Rohstoff. In Deutschland wird Öl in erster Linie aus Ölfrüchten (z. B. Raps) gewonnen, während im europäischen Mittelmeerraum eher Ölpflanzen (z. B. Oliven) genutzt werden.

Die Herstellung erfolgt in Ölmühlen. Durch mechanische Vorgänge in mehreren Schritten werden Speiseöle und Öle als Schmierstoffe sowie Futtermittel produziert. Auch im Holzschutz oder als Anstrich für Metalle werden Öle eingesetzt, z. B. Leinölfirnis, das zudem mit Farbpigmenten versetzt als umweltfreundliche Naturfarbe dienen kann.

In der Ölgewinnung, wie sie in historischen Wind-, Wasser- und auch Motormühlen üblich war, werden Ölsaaten zunächst zerkleinert, in Rührpfannen erwärmt und anschließend ausgepresst. Nach der Pressung wird das Öl gefiltert, um letzte kleine Pflanzenpartikel zu entfernen. Auf diese Weise wird ein gesundes, vitamin- und mineralstoffreiches, naturbelassenes Speiseöl gewonnen.

Traditionelle Ölmühlen zerkleinern die Ölsaaten mit einem Kollergang. Dieser bildet das Herzstück einer Ölmühle. Der Kollergang besteht aus zwei aufrecht stehenden Läufersteinen, deren Gewicht jeweils ca. eine Tonne beträgt. Sie be-

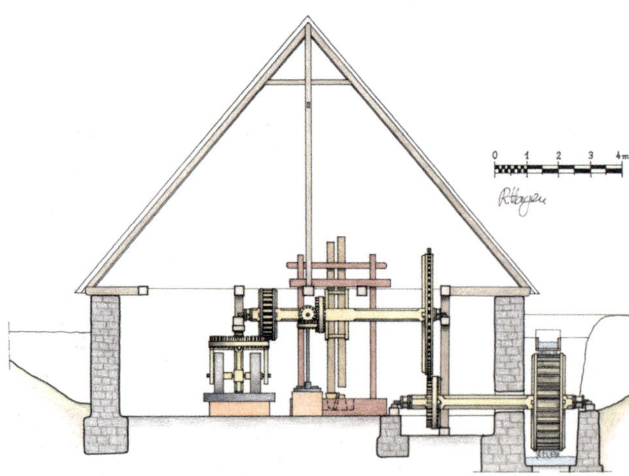

→ Ölmühle auf Gut Ostenwalde in Melle (Niedersachsen)

wegen sich auf einem waagerechten Bodenstein – sowohl um ihre jeweils eigene waagerechte, als auch um eine gemeinsame, senkrechte Mittelachse. Die Läufersteine des Kollergangs zerkleinern die Ölsaat auf dem Bodenstein durch ihr Eigengewicht und eine ständige Drehbewegung zu Ölmaische. Ein mitlaufender Leitschieber befördert die zu zerkleinernde Masse immer wieder zwischen Läufersteine und Bodenstein. Abstreifer sorgen dafür, dass die Maische nicht am Läuferstein kleben bleibt.

Ist das Mahlgut ausreichend zerkleinert, wird es durch einen weiteren Leitschieber an den Außenrand des Bodensteins transportiert und durch eine Öffnung in der Umrandung in Transportgefäße befördert.

Um das in den Pflanzenzellen gespeicherte Öl besser auspressen zu können und damit den Ölertrag zu steigern, wird nach dem Zerkleinern die Maische erwärmt. In einer beheizten Rührpfanne wird die Masse auf ca. 40 Grad gebracht, wobei ein Rührwerk die Maische laufend in Bewegung hält, so dass sie nicht anbrennen kann.

Nach der Erwärmung folgt die Pressung. Ursprünglich in Stempel-, später auch in hydraulischen Pressen wird unter hohem Druck die in Leinensäckchen gefüllte Ölmaische ausgepresst, das gewonnene Öl in Gefäßen aufgefangen und bei Bedarf gefiltert – fertig ist das Speiseöl. Die Maische kann mehrfach gepresst werden, wobei sie vor jeder weiteren Pressung wieder erwärmt wird, um das restliche Öl besser aus den Zellen zu lösen. Ergiebigkeit und Qualität verringern sich allerdings nach jedem weiteren Durchgang.

Die ausgepresste und getrocknete Maische (Ölkuchen) kann als Futtermittel eingesetzt werden.

Kollergang der Ölmühle Ostenwalde

Kollergang und Stempelpressen der Ölmühle Lonnerbecke in Bippen (Niedersachsen)

Senf

hölzerner Maischebehälter

Senfmühle

Senfmühle

Senf gehört zu den alten Heil- und Gewürzpflanzen, die bereits in der Antike genutzt wurden. Verwendet werden vor allem die Samen des weißen, des braunen und des schwarzen Senfs. Weißer bzw. gelber Senf ist in seinem Geschmack etwas milder, brauner und schwarzer Senf sind wesentlich schärfer. Durch Fermentation bildet sich im Brei aus Senfmehl und Wasser das Senföl, ein ätherisches Öl mit seinem typischen Geschmack.

Im mitteleuropäischen Raum erfolgte der Anbau von Senf etwa seit dem 10. Jahrhundert. Bekannt für die Herstellung von Speisesenf ist bis heute die französische Stadt Dijon. Hier wurde im 13. Jahrhundert für die Herstellung von Speisesenf nicht der üblicherweise verwendete Essig genutzt, sondern der Saft unreifer Weintrauben bzw. Most. Daher der Name Mostrich, lateinisch: mustum ardens, „brennender Most".

Die gesäuberten Senfkörner werden zunächst zu Senfmehl verarbeitet. Dazu wird in der Senfmühle ein Glattwalzenstuhl genutzt. Die Stahlgusswalzen mit glatter Oberfläche drehen sich mit unterschiedlicher Geschwindigkeit zueinander und lösen so die relativ weichen Senfkörner zu einem flockenartigen Produkt auf. Dieses wird anschließend in einem Walzenstuhl zu einem feinen Schrot, dem Senfmehl, aufgelöst. Es wird anschließend mit Wasser, Salz und Zucker in einen Maischebehälter gegeben, dort gleichmäßig miteinander verrührt und gemaischt.

Bei dem zwölfstündigen Maischeprozess entwickelt sich das jeweilige spezifische Aroma. Nach Abschluss erfolgt die Zugabe des Branntweinessigs. Die Masse verbleibt etwa eine Stunde unter Rühren im Behälter. Zum Maischen wurde früher ein hölzerner fassähnlicher Maischbehälter mit Rührwerk benutzt. Lebensmittelrichtlinien entsprechend werden die Behälter heute aus emailliertem Stahl oder Edelstahl gefertigt.

Dem schließt sich das mehrfache Nassvermahlen durch die Mühlsteine an. Ähnlich wie in der Getreideverarbeitung erfolgt dies zwischen einem Boden- und einem Läuferstein. Die Steine können aus Granit oder Lava-Basalt bestehen. Sie haben bogenförmige Rillen, durch die die Maische nach außen abfließt. Die Steine arbeiten dementsprechend von innen nach außen. Ihr Durchmesser beträgt einen Meter. Die Maische wird aus dem Maischebehälter zum Mahlgang gepumpt und mit einem Schlauch durch den Bodenstein zwischen die Stei-

Senfmühlen

ne gedrückt. Der Antrieb des Läufersteins erfolgt über das Mühleisen/Untereisen. Mittels eines Handrades und einer Spindel kann der Mahlspalt, der Abstand der Steine zueinander, eingestellt werden. Bei der Vermahlung schwimmt der Läuferstein auf der Maische. Die Steine ruhen auf einem stählernen Untergestell und sind von einem halbhohen Stahlblechring umgeben. Der Ring hat an einer Stelle einen Auslass, über den das Mahlprodukt in einen Behälter abfließt. Durch das Mahlen erhalten die Zutaten ihre pastöse Konsistenz, d. h. eine gleichmäßige, intensive und dauerhafte Verbindung aller Zutaten.

Wichtig für den Geschmack ist die Kaltvermahlung mit einer Drehzahl des oberen Mühlsteins von 55 Umdrehungen in der Minute. Das nicht hitzestabile Senföl bleibt dadurch geschmacklich voll erhalten. Die geringe Drehzahl begünstigt zudem das Aufquellen der Senfpartikel. Je nach gewünschter Konsistenz kann die Vermahlung wiederholt werden. Die Vermahlungsleistung eines Nassmahlgangs mit einem Steindurchmesser von einem Meter beträgt etwa 300 Kilogramm pro Stunde.

Für den Antrieb der Maschinen kann ein Wasserrad oder ein Elektromotor genutzt werden. Die Senfmühle ist mit einer Transmission ausgestattet, über die mittels Riementriebe die Kraft zu den Verarbeitungsmaschinen verteilt wird.

Der fertig gestellte Speisesenf dient als Grundlage für weitere Sorten. Gewürze oder andere Zutaten wie Bier, Wein, Honig oder Meerrettich sorgen für geschmackliche Verfeinerungen. Die gewünschte Schärfe des Senfs wird durch das Mischen von gelber, brauner oder schwarzer Senfsaat erreicht.

Es folgt die luft- und aromadichte Verpackung, um eine Oxidation und die damit verbundene Braunfärbung zu verhindern. Die Haltbarkeit, die mehr als ein Jahr beträgt, bekommt der Senf durch den Zusatz von Essig.

So erfolgt die Verarbeitung in der Senfmühle Kleinhettstedt in Thüringen. Ein ähnliches Verfahren kann in anderen traditionell arbeitenden Senfmühlen besichtigt werden wie z. B. in der Historischen Senfmühle Monschau, in der Historischen Senfmühle Cochem, in der Schwerter Senfmühle oder in der Alten Senfmühle Erkelenz.

Wegwarte – wilde Zichorie

Zichorienmühle

Die Zichorie (Cichorium L.), auch Wegwarte genannt, ist eine sehr schlanke Pflanze aus der Gattung der Korbblütler. Seit Mitte des 18. Jahrhunderts wird aus der Wurzel Ersatzkaffee hergestellt. Der preußische König Friedrich II. verbot dem gemeinen Volk den Bohnenkaffee, da der Preußische Taler im Land bleiben sollte. Die Menschen sollten Muckefuck – mocca faux = falschen Kaffee – trinken.

Nach 1790 begannen Magdeburger und Braunschweiger Kaufleute Zichorienkaffee für den Handel herzustellen. Die Kontinentalsperre während der napoleonischen Kriege beförderte die fabrikmäßige Verarbeitung von Zichorienwurzeln. Um 1900 gab es im Deutschen Reich mehr als 100 Zichorienfabriken.

Zur Herstellung des Ersatzkaffees wird die Wurzel nach der Ernte gewaschen, zerschnitten und luftgetrocknet. Anschließend werden die Wurzelstücke in sich drehenden eisernen Trommeln geröstet. Eine Zugabe von 1 bis 5 Prozent Sesam- oder Erdnussöl beim Rösten verbessert den späteren Geruch und Geschmack des Getränks. Nach dem Rösten erfolgt das Mahlen durch Kollergänge. Nach dem Zerkleinern kommt der Wasserdampf zum Einsatz. Durch das Dämpfen entsteht eine feste, bröcklige Masse von braunschwarzer Farbe, die für den Endverbrauch verpackt wird. Das Pulver enthält ca. zwei Drittel in Wasser lösliche Bestandteile, die dem Zichorienkaffee seine Farbe geben. Der Geschmack ist bitter und zugleich süßlich, da das Pulver bis zu 29 Prozent Zucker enthält.

E. J. Humbert, Plan von Potsdam, 1799 mit dem Standort der Zichorien Fabrique

„Kneipp Malzkaffee“

Gradierwerk

Ehemalige Gradierwerke mit ihren langen Wandelgängen werden heute als „Freiluft-Inhalatoren“ nur noch für Kur-Zwecke genutzt. Früher dienten sie der Salzgewinnung. Sie werden auch als Salinen bezeichnet, sind aber streng genommen nur Bestandteile einer Salinen-Anlage, also einer Salzfabrik.

Gradierwerke bestehen aus einem oft mehrere hundert Meter langen, meist aus Fichtenholz errichteten Gerüst, das mit einem Dorngestrüpp aus Reisigbündeln (in der Regel Schwarz- oder Schlehdorn) ausgefüllt ist.

Gradierwerk Bad Rothenfelde (Niedersachsen)

Um die Sole von den bis zu zehn Meter hohen Wänden des Gradierwerkes abrieseln lassen zu können, musste sie zunächst in einen über die gesamte Länge des Gerüstes gebauten Trog gepumpt werden, der oberhalb der Dornenwand verlief. Die Pump-Aufgabe übernahmen sogenannte Windkünste. Historische Abbildungen zeigen oft gleich mehrere dieser kleinen Windmühlen. Ihre Flügel trieben kolbenpumpenähnliche Vorrichtungen an, mit denen die Sole in die oberen Tröge gehoben wurde. Nach dem Abrieseln sammelte sich in den unteren Auffangbecken entlang der Rieselwände wieder die Sole, die anschließend erneut nach oben gepumpt wurde. Die kleinen Windkünste sicherten, bis zur Einführung von Dampfmaschinen und später der Elektropumpen, einen ständigen Kreislauf der Sole.

Im letzten Arbeitsschritt wurde die stark konzentrierte Sole in Siedepfannen erhitzt und ihr so durch Verdampfen der restliche Wassergehalt entzogen. Übrig blieben die Salzkristalle.

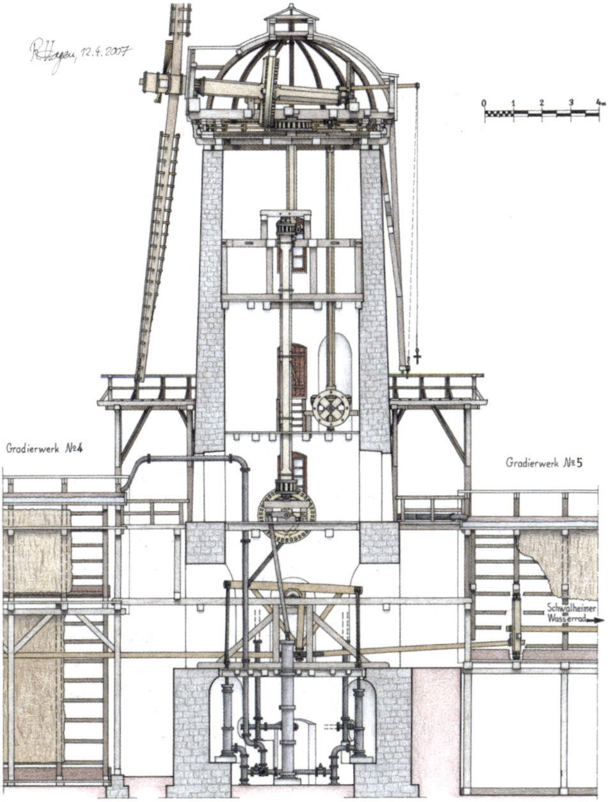

„Die Windkunst auf der Langen Wand in Bad Nauheim“ (Hessen)

Weitere Nutzungsarten

Die Malzmühle verarbeitet gemälztes Getreide, meist Gerste, das aus einer Mälzerei kommt. Beim Mälzen wird das Getreide im ersten Arbeitsschritt, dem Weichen, 2 bis 3 Tage befeuchtet, bis der Wassergehalt ca. 40 bis 45 Prozent beträgt. Dem schließt sich das Keimen an. Innerhalb von 4 bis 7 Tagen bilden sich aus dem Kornkeimling Blatt- und Wurzelkeime. Es werden Enzyme gebildet bzw. aktiviert, die Stärke in Maltose umwandeln. Als dritter Arbeitsschritt folgt das Darren auf der Malzdarre. Es unterbricht das Keimen und trocknet schonend das gekeimte Grünmalz. In der Malzmühle wird anschließend aus dem gemälzten Getreide das Brau- oder Backmalz hergestellt. Zum Brauen von Bier ist eine Zerkleinerung zu einem möglichst mehlarmen Schrot notwendig. Dies erledigen spezielle Walzenstühle. Die Herstellung von Backmalz ähnelt im Ganzen der Herstellung von Brotmehl. Das Malzmehl wird aufgrund des hohen Maltosegehalts (ein Einfachzucker) als Backzutat genutzt.

Die Gewürzmühle verarbeitet und zerkleinert Gewürze wie z. B. Pfeffer, Nelken, Muskatnuss, Paprika und diverse Kräuter. Bei einigen Gewürzarten kommen ähnliche Verarbeitungsschritte wie in der Getreidemühle zur Anwendung: Sie werden geschrotet und die Schrotteilchen zu einem mehligen Produkt aufgelöst. Wichtig ist eine Verarbeitung mit guter Wärmeableitung in den Zerkleinerungsmaschinen, da sonst die flüchtigen Aromastoffe entweichen.

historische Brauerei in Neuzelle (Brandenburg) mit eigener Malzmühle

Herstellung von Werkstoffen

Waidmühle

Im Mittelalter spielte die Waidpflanze zur Blaufärbung von Stoffen und Tuchen eine bedeutende Rolle.

Waidbauern ernteten ab Juni die Blätter der im Dezember oder im zeitigen Frühjahr ausgesäten Pflanze. Bis zu drei Mal im Jahr war eine Ernte möglich. Nach dem Ernten folgten das Waschen und das Trocknen auf einem Waidanger oder einer Wiese.

Blattrosette des Färberwaids

Zur weiteren Verarbeitung und Zerkleinerung der getrockneten Blätter diente die Waidmühle. Sie besteht aus dem Waidmühlstein und einer mit Steinen befestigten Bodenfläche. Die im thüringischen Pferdingsleben erhaltene Waidmühle hat einen Mühlstein mit einem Durchmesser von 1,65 m, eine Lauffläche mit einer Dicke von 0,5 m und eine Bodenfläche mit einem Durchmesser von 3,60 m. Die Arbeitsweise des Mühlsteins aus Sand- oder Kalkstein entspricht der eines Kollergangs. Zum Antrieb dienen ein Wasserrad oder Zugtiere. Sie bewegen den Stein in einer Kreisbahn. In die Rinne werden die getrockneten Waidblätter geschüttet und durch die rollende Bewegung des Steins zerkleinert. Aus der zerkleinerten Masse formen die Waidbauern Ballen, die anschließend auf Horden getrocknet werden. Eine weitere Bearbeitung der Ballen zur Gewinnung des Farbstoffes war den Bauern verboten. Dies war den Waidhändlern vorbehalten. Sie zerschlugen die Ballen und feuchteten sie an. Durch den Gärprozess bzw. der Fermentation entsteht aus dem farblosen Pflanzeninhaltsstoff Indican Zucker und Indoxyl. Letzteres oxidiert zu dem blau färbenden Indigo.

Mit der Einfuhr von Indigo aus Ostasien und Indien begann im 15. Jahrhundert der Niedergang des Waidanbaus. 1878 gelang dem Chemiker Adolf von Baeyer erstmals die vollsynthetische Herstellung von Indigo aus Steinkohleteer. In Thüringen gibt es mehrere Waidmühlen, wie die im Originalzustand erhaltene bereits erwähnte in Pferdingsleben (Landkreis Gotha). Rekonstruierte Mühlen gibt es auf der ega in Erfurt (Cyriaksburg), in Tüttleben (Landkreis Gotha), Bergsulza (Landkreis Weimarer Land) und in Rohrborn (Landkreis Sömmerda).

Waidmühle

Spindelpresse und …

Papiermühle

Die Wiege der Papierherstellung liegt in China. Der Verbreitungsweg bis nach West- und Mitteleuropa war lang und verlief über Italien und Spanien nach Norden. Die erste europäische Papiermühle stand 1144 bei Valencia, in Xativa. Es folgten Bauten in Italien (Fabriano bei Ancona, vor 1276 bzw. 1268) und in Frankreich (Troyes, 1348). Gut 40 Jahre später gab es die Papiermacherei auch in Deutschland. 1389/90 wurde vor den Toren der Stadt Nürnberg eine Papiermühle mit dem Namen „Gleismühl" erwähnt. Der Nürnberger Rats- und Handelsherr Ulman Stromer hatte eine Getreidemühle an der Pegnitz mit Unterstützung lombardischer Papiermacher umbauen lassen.

Als Rohstoff für die Papierherstellung dienten Hadern (Lumpen), die aus Leinen- und Hanffasern bestanden. Aus Wolle konnte nur Schrenz, ein graues Packpapier, produziert werden. Lumpensammler waren es, die den Rohstoff sammelten bzw. aufkauften und zu den Papiermühlen brachten. In einem ersten Arbeitsschritt wurden die Lumpen sortiert. Feines weißes Leinen ergab die beste Papierqualität. Anschließend gelangten die zerrissenen bzw. geschnittenen Lumpen für einige Tage in eine Faulgrube. Die Fasern wurden durch die einsetzende Gärung mürbe. Ab der ersten Hälfte des 19. Jahrhunderts wurde der Fäulnisprozess durch Bleichen mit Chlor ersetzt, wodurch die Faserausbeute stieg. Und aus farbigen Lumpen konnte so weißes Papier gewonnen werden.

… Stampfwerk (Geschirr) in der Papiermühle im Westfälischen Freilichtmuseum Hagen

Als nächster Arbeitsschritt schloss sich das vollständige Zerfasern der Lumpen im Stampfwerk, dem Geschirr, an. Es besteht aus einer vom Wasserrad angetriebenen Daumenwelle, einem Löcherbaum und den an Armen oder Schwingen befestigten wichtigen Stampfhämmern. Daher auch der Name „Papiermühle": Das Wasserrad dreht die Daumenwelle und hebt so die Stampfhämmer. Sie fallen nach dem Anheben durch die Mitnehmer auf die Hadern, die sich in den Trögen des Löcherbaums befinden. Der Boden der Tröge ist mit Eisenplatten ausgekleidet. Am Trogrand befinden sich Auslässe mit Sieb, durch die das Schmutzwasser abfließt. Die Zerfaserung geschieht unter ständiger Zufuhr von Frischwasser. Für die ersten groben Zerkleinerungsstufen ist die Oberfläche der Hämmer mit scharfkantigen Nägeln oder Schneiden und für die zweiten mit schwächeren, feineren Kanten versehen. In der letzten Bearbeitungsstufe ist die Oberfläche glatt gehalten. Die lärmintensive Arbeit wurde von Mühlenbereitern (Mühlknechte) in einem gut abgeschirmten Stampfkeller erledigt.

Die zerkleinerten Lumpen wurden als „Halbzeug", einem Zwischenprodukt, zunächst aufbewahrt, um später noch einmal mittels schwächerer Hämmer zum „Ganzzeug" (fertiger Faserbrei) verarbeitet und gestampft zu werden. Es folgte das Aufschwemmen der Fasern in einem mit Wasser gefüllten Behälter. Aus dieser Bütte schöpfte der Büttgeselle mit einem Drahtsieb unter gleichmäßigem Schütteln die Papierbögen. Von seinen Fertigkeiten hing es ab, ob die Bögen die gleiche Stärke und eine gleich gute Durchsicht hatten.

„Verbesserte anlage der kummen zu den Zeugstampfen in Papier-Mühlen mit sieben an Statt vier Stampfen"

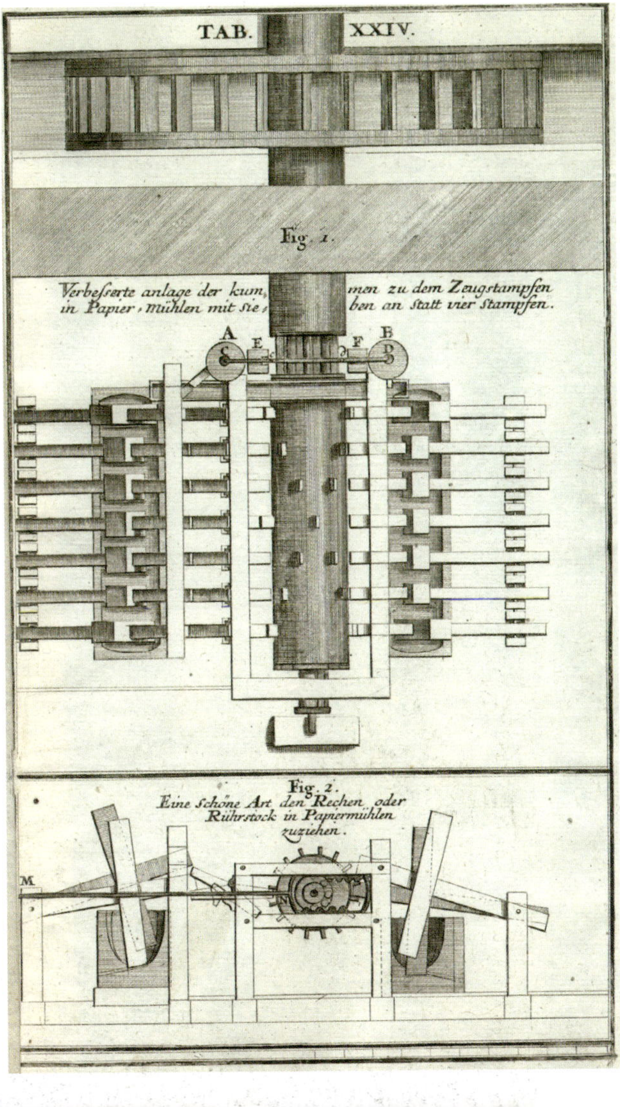

Behrens'sche Kreidemühle in Söhlde (Niedersachsen)

Nass-Kollergang in der Behrens'schen Kreidemühle

Kreidemühle

Kreide wurde nur in wenigen Regionen Deutschlands abgebaut, z. B. auf der Ostseeinsel Rügen oder rund um die Ortschaft Söhlde zwischen Braunschweig und Hildesheim. Da am Rande der Hildesheimer Börde im 19. Jahrhundert ein wahrer Boom der Kreideverarbeitung durch Windmühlen einsetzte, soll die Gewinnung und Verarbeitung von Kreide am Söhlder Beispiel erläutert werden, zumal an diesem Standort die wohl letzten Relikte historischer Kreidemühlen in Deutschland erhalten geblieben sind.

Der feine, weiße Kalkstein wird zunächst ganz allgemein im Tagebau an Hängen und in Kuhlen oder Steinbrüchen gewonnen. Entstanden ist die Kreide vor 70 bis 100 Millionen Jahren, als weite Teile des europäischen Kontinents vom Meer bedeckt waren. Ablagerungen aus Schalen und Skeletten von Kleinlebewesen bildeten die Grundlage, aus der die Kreide entstand. Sie ist ein natürlicher Rohstoff mit vielen Einsatzmöglichkeiten und eignet sich z. B. als Düngekalk in der Land- und Forstwirtschaft oder als Kalziumlieferant in der Tiernahrung.

Der mächtige Gesteinsrücken im Süden der niedersächsischen Ortschaft Söhlde weist Kalkmassen von bis zu 300 Metern Höhe auf. Da der Kalkstein ein grober Rohstoff ist, muss er, um als Kreide genutzt werden zu können, zerkleinert werden. Nachdem zu Beginn des 19. Jahrhunderts die Verarbeitung des Kreiderohmaterials durch Zertrümmern in mühsamer Handarbeit geleistet wurde, begann 1817 mit dem Einsatz von Göpelwerken und angeschlossenen Stampfmühlen die mechanische Zerkleinerung des Rohmaterials. Die Technik der Stampfmühlen war geprägt durch ein senkrechtes Stampfholz, das durch eine Nockenwelle angehoben wurde und in exakt angepasste Vertiefungen, die Grubenstöcke, fiel. Die regelmäßigen Schläge zertrümmerten das Gesteinsmaterial.

Die ersten Kreidewindmühlen entstanden um 1820. Der Landwirt Christoph Behrens ließ eine Bockwindmühle errichten, die mit mehreren Stampfen ausgerüstet wurde und so um ein Vielfaches leistungsfähiger war als die einfachen Göpelwerke. Innerhalb weniger Jahre entstanden viele dieser Kreide-Bockwindmühlen, ab Mitte des 19. Jahrhunderts zunehmend die stabileren Holländermühlen. Um 1900 gehörten bereits 14 Windmühlen zum Söhlder Ortsbild, die meisten verarbeiteten Kreide.

Die Arbeitungsweise und damit die Qualität der Kreide wurden laufend verbessert. Die Stampfwerke in den Kreide-Bockwind- und Holländermühlen wichen Kollergängen, einer Technik, die aus Ölmühlen bekannt ist. In einem weiteren Entwicklungsschritt wurde von der Trocken- auf die Nass„vermahlung" umgestellt, da dieses Verfahren die Qualität der Kreide erheblich verbesserte. Die Steine der Kollergänge liefen nun in einem steinernen wassergefüllten Bottich. In einem ersten Arbeitsschritt wurden durch Hammer oder maschinelle Brecher die Brocken der Rohkreide zerkleinert. Das Kreidematerial wurde dann in die mit Wasser gefüllten Steinbottiche geschüttet und gewissermaßen „unter Wasser" von den Kollersteinen zermahlen. Es entstand ein Kreideschlamm, der über Auslässe am oberen Rand des Bottichs und durch Rohre in Schlämm- und Sickergruben außerhalb der Mühle geleitet wurde. In der ersten Grube setzten sich am Boden zunächst Verunreinigungen wie Sand und Schmutz ab. In der zweiten Grube ließ man den gereinigten Kreideschlamm einige Tage abstehen, um ihn anschließend blockweise abstechen zu können.

Neben den Mühlen standen Trockenschuppen, überdachte Holzkonstruktionen mit offenen Wänden, in denen die abgestochenen Kreideblöcke zum Trocknen aufgestapelt wurden. Danach war die Kreide gebrauchsfertig, konnte bei Bedarf aber auch noch feiner gemahlen werden.

Die Kreidemühlen wurden immer leistungsfähiger. Mit Einführung der Elektrizität ab 1906 und dem Bau eines eigenen Elektrizitätswerks für alle Kreidewerke in Söhlde verloren die Windmühlen als Antriebsaggregate an Bedeutung. Es entstanden motorgetriebene Kreidewerke und somit eine regelrechte Kreideindustrie. Heute sind von den alten Kreidemühlen nur noch Reste vorhanden. Um den seit einigen Jahren geplanten Aufbau eines Kreidemühlen-Museums zu ermöglichen, wurde 2009 mit der Restaurierung der Behrens'schen Kreidemühle im Straßenzug „Im Westerbach" begonnen.

Reste der Behrens'schen Kreidemühle in Söhlde

↑ Kreidearbeiter am Trockenschuppen beim Aufstapeln der abgestochenen Kreideblöcke

↓ Kreideabbau im Tagebau in Sohlde (Niedersachsen)

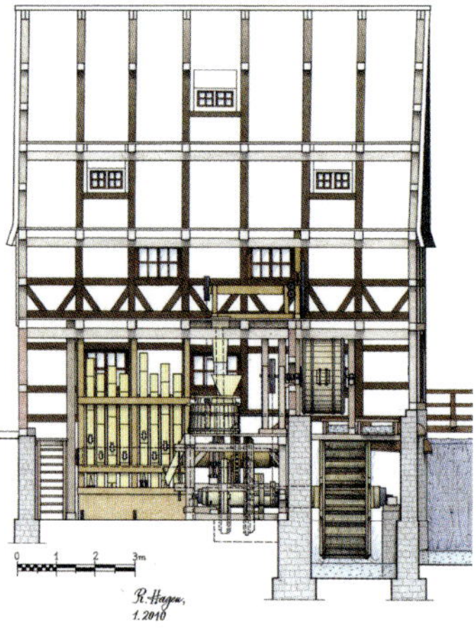

Grundriss der Lohmühle am Klapperhagen Goslar

↘ Stampfwerk der Lohmühle am Klapperhagen Goslar (Niedersachsen)

↓ Lohmühle Leustetten (Baden-Württemberg)

Lohmühle

Baumrinden, besonders von (Stiel-)Eichen, Fichten oder Tannen sind ein wichtiger Rohstoff für das Gerberhandwerk. Die Gewinnung der Rinden erfolgte in Lohe- oder Schälwäldern, die häufig in Flussauen lagen. Durch die regelmäßige Bewirtschaftung entwickelte sich eine heute nahezu verschwundene Waldform, der Niederwald. Die in den Rinden enthaltene Gerbsäure (Tannine) konnte nicht nur zum Gerben von Tierhäuten und Fellen eingesetzt werden, mit ihr ließen sich auch Fischernetze, Taue und Segel konservieren. Durch den Gerbprozess wurde der Rohstoff geschmeidig und widerstandsfähig gegen Fäulnis.

Zur Herstellung der „Lohe“ musste die abgeschälte Rinde zunächst grob zerkleinert werden. Pierer‘s Universal-Lexikon von 1857 beschreibt, dass die Rinde durch ein Stampfwerk in einem Grubenstock klein gehackt wurde. Dabei kam eine ähnliche Technologie zum Tragen wie bei der Ölmühle. Nur die Löcher, in die die Stampfen fielen, waren etwas größer und breiter. Zum Zerhacken der Rinde hatten die Stampfen an der Unterseite eiserne Verkleidungen mit je vier scharfen Schenkeln bzw. Scheiden. Nach der groben Zerkleinerung erfolgte das „Klar-Mahlen“ zwischen zwei horizontal angeordneten Mühlsteinen. Dieser Mahlgang wird auch als Gerbgang bezeichnet.

Pochwerk und Stampfe

In Pochwerken (Pochmühlen) und Stampfen wurden verschiedene Grundstoffe und Ausgangsmaterialien verarbeitet. Das Arbeitsprinzip dieser beiden ähnelt sich, nur die zu verarbeitenden Rohstoffe unterscheiden sich. Pochwerke fanden in erster Linie in der bergmännischen Aufbereitung und Zerkleinerung von Erzen Verwendung.

Hervorgegangen sind Pochwerke aus dem Arbeitsprinzip der bereits im 12. Jahrhundert bekannten Stampfmühlen. Sie dienten in erster Linie dem Klopfen und Stampfen von Flachs und Hanf. Das zunächst in Wasser aufgeweichte spröde Naturprodukt wird nach dem Trocknen durch Stampfen und Klopfen gebrochen und so für das anschließende Spinnen vorbereitet. Da das Stampfen und Klopfen auch „boken“ genannt wird, sind Stampfmühlen auch unter dem Namen „Bokemühlen“ bekannt.

Pochwerke und Stampfen bestehen aus senkrechten Stoßbalken (Stempeln), die durch eine waagerecht liegende Nockenwelle angehoben werden und durch ihr Eigengewicht niederfallen. Dadurch zerstoßen oder zertrümmern sie das jeweilige Rohmaterial, das entweder auf hölzernen Klötzen unterhalb der Stempel (z. B. Flachs) oder in Vertiefungen (Einschlaglöchern) liegt, in die der Stempel fällt.

Angetrieben wurden Pochwerke und Stampfen vor allem durch Zugtiere oder Wasserkraft. Die Stempel der Stampfen (Bokemühlen) hatten in der Regel ein geringeres Gewicht als die der Pochwerke, bedingt durch die zu verarbeitenden Materialien. Daher war der nötige Kraftaufwand für Stampfen niedriger als bei Pochwerken.

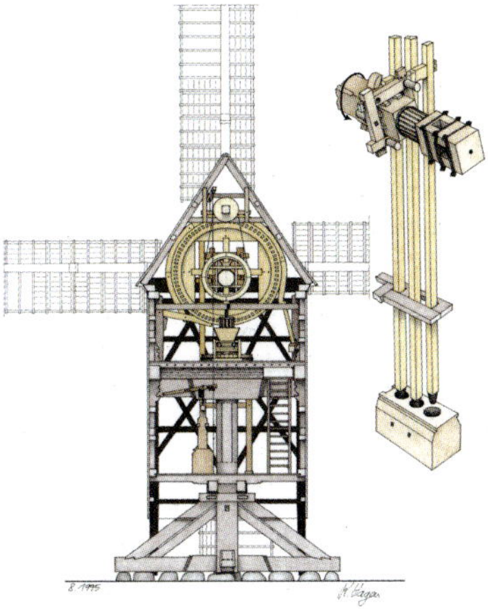

Schiebsdorfer Bockwindmühle in Fürstlich Drehna (Brandenburg) mit Hirsestampfe

Siebenschlehener Pochwerk in Schneeberg (Sachsen):
↙ Trockenpochwerk
↓ Nasspochwerk

Trockenpochwerk

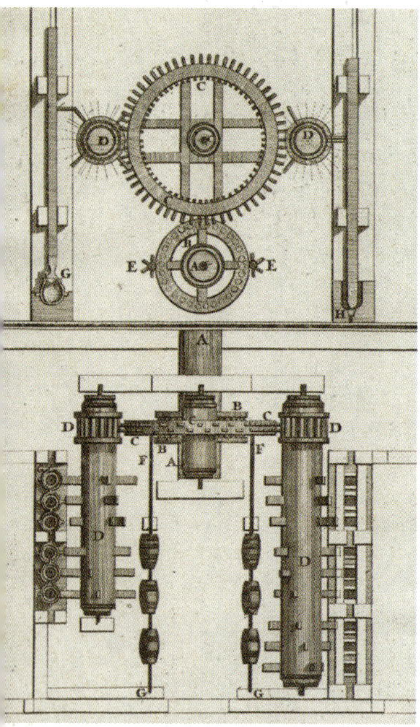

Weitere Nutzungsarten

Für die Werkstoffherstellung diente neben den bisher beschriebenen auch die Pulvermühle. In ihr wurde Schwarz- oder Schießpulver aus Holzkohle, Salpeter und Schwefel hergestellt. Entweder zerkleinerten Stampfen in Grubenstöcken die Rohstoffe oder Kollergänge übernahmen die Vorarbeit. Danach erfolgte die Zusammenstellung des explosiven Gemisches.

In der Knochenmühle wurde Knochenmehl aus Tierknochen produziert, das insbesondere in der Landwirtschaft als organischer Dünger Verwendung fand.

↑ Standriss und Horizontalriss einer vollständigen Pulver- und Hagelmühle
→ Knochenstampfe in Dorfchemnitz (Sachsen)

Bearbeitung von Werkstoffen

Sägemühle

Sägemühlen gibt es seit dem 4. Jahrhundert. Sie dienen dem Zersägen (Zerschneiden – daher oftmals auch als „Schneidmühlen" bezeichnet) von Baumstämmen zu Brettern und Balken, Dielen und Planken.

Die meisten Sägemühlen wurden durch Wasserkraft angetrieben. Sie standen dort, wo Holz geschlagen wurde, also in waldreichen Gebieten. In den Mittelgebirgen konnte die ausreichend vorhandene Wasserkraft zum Antrieb der Maschinen genutzt werden.

Doch auch Windmühlen trieben Sägewerke an. Meist in Verbindung mit anderen Gewerken (z. B. Getreide- oder Ölmühle), da in klassischen „Windmühlen-Gegenden" die Forstwirtschaft eine geringere Bedeutung spielte als in den waldreichen.

Charakteristisch für Sägemühlen bzw. Sägewerke sind ihre meist lang gestreckten Gebäude und die davor befindlichen Holzplätze, auf denen die zu verarbeitenden Stämme und das Schnittholz gelagert werden. Zur technischen Ausstattung eines Holzplatzes bzw. einer Sägemühle gehört meist auch ein Verladekran für das Be- und Entladen von Fuhrwerken und Rollwagen.

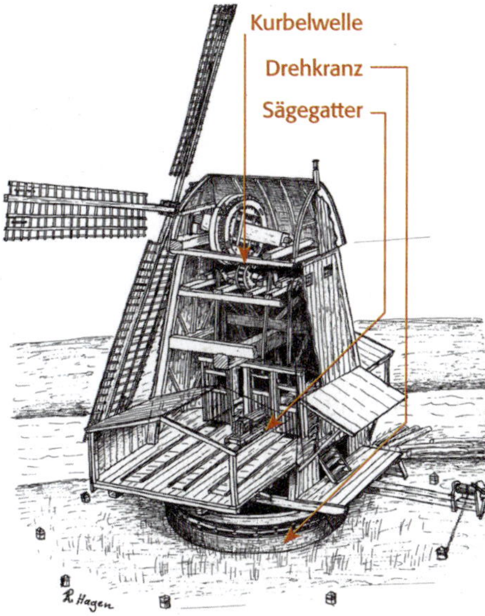

↑ *Paltrock-Sägemühle holländischer Art*
↙ *Vertikalgatter*
↓ *Horizontalgatter*

Steinsäge- und Schleifmühle

liegend angeordnete Stock- bzw. Korbräder

Zu den eher seltenen Mühlentypen gehören die Steinsäge-, Schleif- und Poliermühlen. Die Funktionsweise soll beispielhaft an der Schleifmühle Schwerin dargestellt werden. Sie diente der Verarbeitung von Natursteinen, die für Schlösser oder Kirchen, aber auch zur Herstellung von Schmucksteinen genutzt wurden. Zentrale Elemente der Natursteinbearbeitung sind die Steinsäge zum Auftrennen des Gesteins in Steinplatten und der Schleiftisch zur Bearbeitung der Oberflächen.

Die Schleifmühle Schwerin besitzt ein unterschlächtiges Wasserrad. Das Rad hat einen Durchmesser von 4,45 m und eine Radbreite von 1,60 m. Auf der 5,50 m langen Wasserradwelle aus Eiche befinden sich im Mühleninneren das Kammrad, von dem die Kraft über zwei Drehlinge (liegend angeordnete Stock- bzw. Korbräder) mit 32 und 17 Stöcken abgegriffen wird. Ein Drehling treibt über einen Kurbeltrieb und eine Schubstange die Arbeitsmaschinen an.

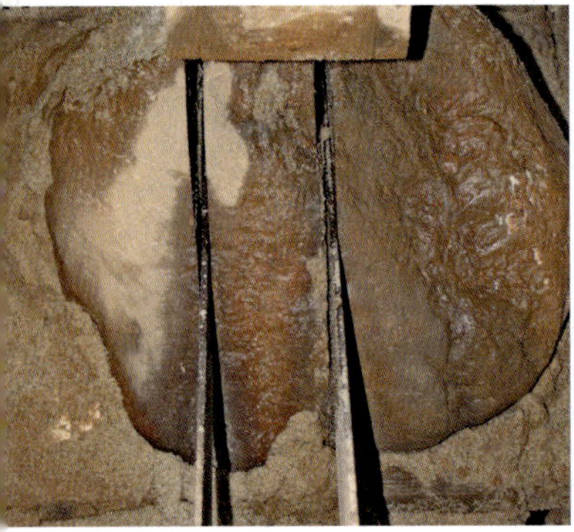

Sägeblätter im Spannrahmen

Die Steinsäge besteht aus Sägetisch und Sägewagen. Auf dem Sägetisch ist in einem Gipsbett der aufzusägende Natursteinblock gelagert. Das Gipsbett sorgt dafür, dass der Stein bei der Bearbeitung nicht verrutscht. Über dem Sägetisch befindet sich der horizontal auf Rollen bewegliche Sägewagen. In diesem sitzt der vertikal bewegliche Spannrahmen, in dem ein oder mehrere Sägeblätter montiert werden können. Bei den Sägeblättern handelt es sich um glattes, ungezahntes, geschmiedetes Bandeisen mit einer Stärke von 3 bis 5 Millimetern. Der Abstand der Sägeblätter ist frei einstellbar. Die im Spannrahmen des Sägewagens befestigten Sägeblätter werden über die Schubstange in eine horizontale Bewegung versetzt. Wesentlich für den Sägevorgang ist die kontinuierliche Hinzugabe von Wasser und grobem Quarzsand als Schleifmittel. Die Blätter werden durch den ca. 50 Kilogramm schweren Spannrahmen belastet.

Bei einer Betriebsdrehzahl des Wasserrades von 8 Umdrehungen pro Minute werden an der Säge 18 Hübe pro Minute, bei 12 Umdrehungen pro Minute 27 Hübe erreicht.

Schleiftisch zum Polieren der Steinoberflächen

Auf dem Schleiftisch findet die Oberflächenbearbeitung der zugeschnittenen Steinplatten statt. Diese werden zunächst manuell besäumt und damit in eine rechteckige oder quadratische Form gebracht. Die Steinplatte wird ebenfalls in ein Gipsbett, das zur Befestigung dient, gelegt. Über die Steinfläche wird der hölzerne Schleifrahmen gebracht, an dessen Unterseite eine Stahlplatte bzw. ein stärkeres Stahlblech befestigt ist. Der Schleifrahmen wird über eine Schubstange in eine horizontale Vor- und Zurückbewegung versetzt. Bei einer Betriebsdrehzahl von 12 Umdrehungen pro Minute werden ca. 50 Hübe pro Minute erreicht. Zwischen die Steinoberfläche und dem Schleifrahmen wird feiner Quarzsand als Schleifmittel und Wasser gegeben. Da der Tisch wannenförmig ausgebildet ist, verbleibt beides zwischen Rahmen und Stein. Am Rahmen ist ein Abweiser angebracht. Er sorgt dafür, dass der Rahmen keine Parallelbewegung ausführt, sondern über dem Werkstück schlingert. Während des Schleifens wird die Körnung des Schleifmittels kontinuierlich feiner und glättet somit mehr und mehr die Oberfläche.

Steinsäge mit Sägetisch und Sägewagen

Vornehmlich wurden eiszeitliche Granitfindlinge aus den herzoglich-mecklenburgischen Ländereien und zeitweise auch Carara-Marmor verarbeitet. Insbesondere von den Findlingen wurde zunächst eine Gesteinsprobe in die Mühle geschickt, um nach einem Anschliff die Qualität des Steins beurteilen zu können. Der Quarzsand kam vom 35 Kilometer entfernten östlich von Schwerin gelegenen Goldberger See. Quarzsand war notwendig, da Granit aus Feldspat, Quarz und Glimmer besteht. Quarz ist die härteste Komponente des Gesteins und kann nur unter Zuhilfenahme eines gleichharten Schleifmittels zerkleinert werden.

Über die Verarbeitungsleistung der Steinsäge und des Schleiftisches gibt es keine verlässlichen Angaben. Im Ludwigsluster Wochenblatt vom 5. April 1894 wird über die Anfertigung eines steinernen Sarkophags für die Ludwigsluster Stadtkirche berichtet. Ein behauener Granitblock wurde in der Schleifmühle in acht Platten zerschnitten. Sechs Platten von je 2,36 mal 1,12 m wurden für den Sarkophag verwendet, die beiden anderen zu Tischplatten verarbeitet. Von der Auftragserteilung nach April 1785 bis zur Aufstellung am 31. Juli 1787 vergingen etwas mehr als zwei Jahre. Die Kosten beliefen sich auf 6.000 Taler. Zehn Arbeitskräfte schufen die letzte Ruhestätte des Herzogs Friedrich dem Frommen von Mecklenburg-Schwerin und Güstrow.

Schleifmühle Schwerin (Mecklenburg-Vorpommern)

Zu Beginn der 1980er Jahre begannen Restaurierungsarbeiten an dem seit 1904 nicht mehr als Mühle genutzten Gebäude. 1985 war die Wiedereinrichtung als Schleifmühle abgeschlossen.

Wasserradwelle mit Daumen zum Bewegen des Schwanzhammers (Westfälisches Freilichtmuseum Hagen)

Aufwurfhammer mit Nockenwelle

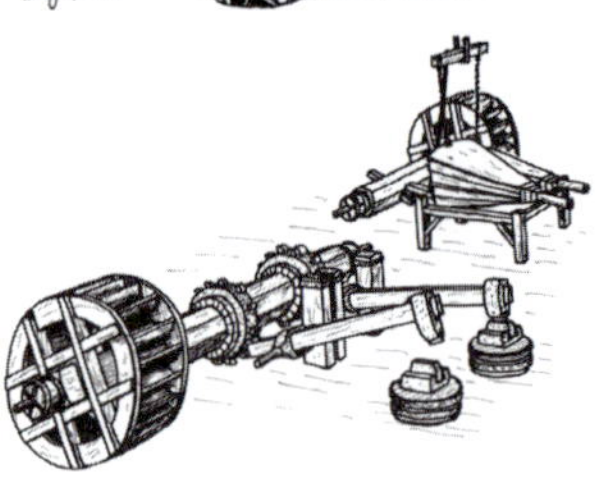

↑ Rottsiepershammer am Gelpebach b. Remscheid 1925
→ Presse zum Prägen von Ornamenten

Eisenverarbeitung und Hammerwerke

Mit der Eisenzeit begann im 8. Jahrhundert v. Chr. die dritte große Epoche der Menschheitsgeschichte, ebenfalls benannt nach dem hauptsächlich verwendeten Material zur Werkzeugherstellung. Eisen wird aus Eisenerz gewonnen. In Rennöfen wurde bei Temperaturen von knapp 1.300 °C Eisenerz zu Eisenklumpen geschmolzen und anschließend mit Schlagwerkzeugen weiter bearbeitet. Etwa ab 1400 v. Chr. konnte das spröde Eisen zu schmiedbarem Stahl verarbeitet werden.

Im 14. Jahrhundert n. Chr. stieg der Eisenbedarf sprunghaft an. Bis zur Einführung von Hochöfen und der damit verbundenen verbesserten Eisenqualität musste das in Kohleöfen gewonnene Roheisen mechanisch bearbeitet werden (Verhüttung), um die Qualität von Schmiedeeisen zu erlangen. Diese Aufgabe übernahmen Hammerwerke bzw. Eisenhämmer, die durch Wasserräder angetrieben wurden.

Eisenhämmer fanden vor allem in solchen Regionen Verbreitung, in denen neben ausreichender Wasserkraft auch große Wälder zur Gewinnung von Holzkohle vorhanden waren. Um auch den Rohstoff nicht über allzu lange Wege transportieren zu müssen, war ein ausreichendes Eisenerzvorkommen in der näheren Umgebung notwendig. Eisenhämmer entstanden daher vor allem im Thüringer Wald, im Erzgebirge, Fichtelgebirge, im Harz, Siegerland und Sauerland sowie im „Ruhrgebiet des Mittelalters“, der Oberpfalz.

Walkmühle

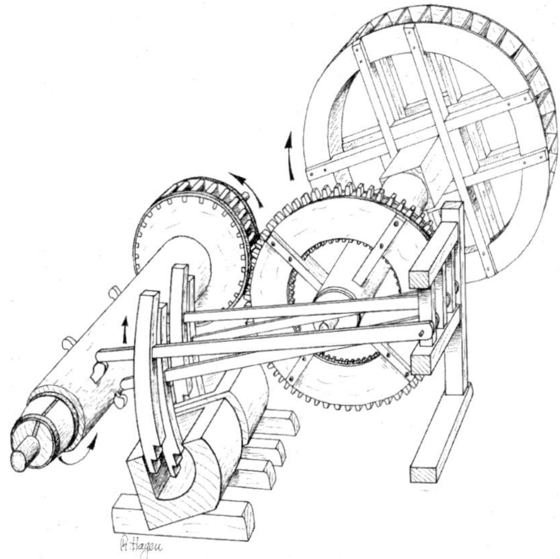

Walkmühle

Die Walkmühle stand seit dem Hochmittelalter im engen Zusammenhang mit der Herstellung von Tuchen bzw. deren Verdichtung und Veredelung. Sie wurde auch Dickmühle, Filzmühle oder Lochwalke genannt. Der Begriff „walken“ bezog sich zunächst auf einen Bearbeitungsprozess: Die frisch gewebten Tücher wurden durch Treten mit den Füßen gereinigt und an der Oberfläche verfilzt. Sie erhielten dadurch eine geschmeidige Struktur. Im 12. Jahrhundert wurde diese Art der Tuchbearbeitung durch Walkhämmer ersetzt, die von Wasserrädern angetriebenen wurden. Diese Holzhämmer stauchten, klopften und verdichteten das Wollgewebe in den Bottichen. So verfilzten die Fasern im Gewebe und Weblöcher wurden geschlossen. Der Stoff, nun regenabweisend und winddicht, wärmte also wesentlich besser als ungewalktes Material. In der Regel waren mehrere Bottiche nebeneinander im Walkstock angeordnet. Die Hämmer wurden über eine Daumenwelle gehoben und fielen anschließend auf das zu walkende Tuch. Dem Tuch wurde eine Walkflüssigkeit zugegeben, die die Gewebefasern aufquellen ließen.

Ein weiteres Anwendungsgebiet von Walkmühlen ist die Sämischgerbung, ein Zweig des Weißgerbens, bei dem vornehmlich Wildfelle von Hirschen, Rehen oder Gämsen verarbeitet wurden. Das Grundprinzip der (Alt-)Sämischgerbung basiert auf der Verwendung von Gerbstoffen wie Fischöl oder Fischtran. Das Grundproblem bestand in der Einarbeitung des Fettöls in die zu gerbende Haut. Es wurde mittels schwerer Hämmer regelrecht in die Haut „eingehämmert“. Es war eine mehrfache Wiederholung dieses Vorgangs notwendig, um einen langsamen Ausgleich des Wassers mit dem Fettöl zu erreichen. Für einen Walkvorgang wurden bis zu zwölf Stunden benötigt. Da bei der Sämischgerberei der Rohstoff Wasser unerlässlich ist, waren es in der Regel Wassermühlen, in denen dieses Handwerk praktiziert wurde.

Drahtzieherei

Metalldraht spielt bereits seit mehreren tausend Jahren in unterschiedlichen Verwendungen eine bedeutende Rolle: zur Herstellung von Schmuckstücken, von Federn (z. B. in Uhren), von soldatischen Panzerungen (z. B. Kettenhemden), als Bau-, Verbindungs- und Befestigungswerkstoff und auch in oder an Musikinstrumenten.

Drahtzieherei mit Ziehbänken und Zieheisen

In Deutschland gilt das Sauerland als die „Wiege" der maschinellen Drahtherstellung. Bereits im 13. und 14. Jahrhundert wurde die durch viele Bäche und Flüsse vorhandene Wasserkraft zum Antrieb von Ziehmaschinen, auch Rollen genannt, genutzt. Zuvor erfolgte in körperlich sehr anstrengender Arbeit das Ziehen des Drahts von Hand. Auch das seit dieser Zeit nachgewiesene umfassende Erzvorkommen war ein wesentlicher Faktor dafür, dass sich diese Region zum Zentrum der deutschen Drahtproduktion entwickelte.

Eine historische Drahtzieherei bestand in der Regel aus mehreren Drahtziehbänken mit einem Zieheisen bzw. Ziehstein und einer mechanisch, in der Regel durch Wasserkraft, angetriebenen Ziehscheibe. Auf diese wurde der fertig gezogene Draht unmittelbar nach dem Ziehen durch die Öffnung sauber aufgewickelt. Die Konstruktion und Arbeitsweise der Ziehbänke, die als „Klötze" bezeichnet werden, blieb bis in die Mitte des 19. Jahrhunderts praktisch unverändert.

Weitere Nutzungsarten

Neben den dargestellten gab es auch verschiedene Mühlen, die unter dem Begriff „Werkmühlen“ zusammengefasst sind. Zu ihnen gehört die Zwirnmühle – eine Mühle, in der wollenes oder leinenes Garn gezwirnt wurde, die Spinnmühle oder die Seidenmühle.

Eine besondere Sägemühle war die Furnierschneidemühle, in der Furniere für den Möbelbau geschnitten wurden. Zu den Schleifmühlen gehörten auch Glas- und Spiegelschleifmühlen. In Letzterer gab es Maschinen, mit denen große gläserne Tafeln abgeschliffen und geebnet werden konnten.

In der Märbel- oder Kugelmühle entstanden aus Naturstein (z. B. Muschelkalk) oder Ton Schmuck- und Spielkugeln (z. B. Murmeln). Sogar Nähnadelmühlen gab es. Und auch verschiedene Arten von Bohrmühlen. In der Flintenbohrmühle trieb die Wasserkraft langsam laufende Metallbohrer an. Das Werkstück als späterer Flinten- oder Gewehrlauf konnte so je nach Bauart vertikal oder horizontal in einen Bohrstuhl eingespannt, aufgebohrt werden. Ähnlich erfolgte die Herstellung hölzerner Wasserleitungsrohre, in dem ein Baustamm mittig aufgebohrt wurde.

Auch aus der Landwirtschaft sind viele Anwendungen bekannt, wie z. B. die Häckselmühle zum Zerkleinern von Stroh zu einem Strohhäcksel oder eine Dreschmühle, in der maschinell bereits Getreide gedroschen werden konnte.

„Horizontal-Riss einer Schleiff Polir und Flinten Bohr-Mühle“

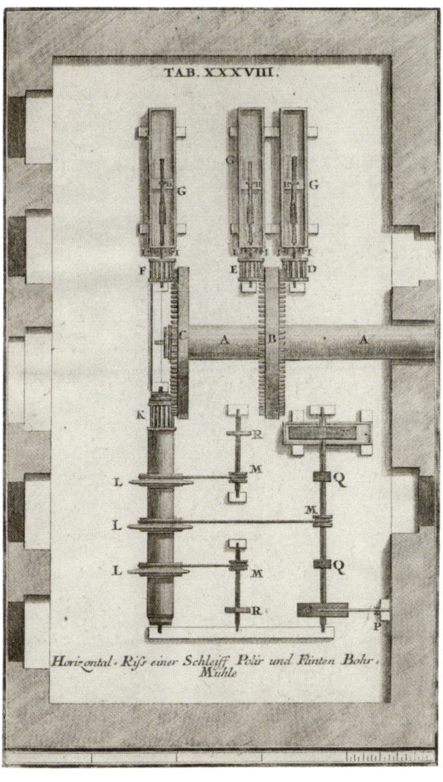

Andere Einsatzarten von Mühlen

hölzerne Archimedische Schraube

Wasserschöpfmühle

Das Leben der Menschen in den Küstenregionen war im Guten wie im Bösen stets vom Wasser geprägt. Große, dem Meer abgerungene, eingedeichte und unter dem Meeresspiegel liegende Flächen waren nur bewohnbar und für Land- bzw. Viehwirtschaft nutzbar, wenn sie laufend entwässert wurden. Deiche schützten das Landesinnere gegen Fluten von außen, ließen aber auch kein Wasser vom Binnenland ins Meer fließen. Dies machte ein künstliches Entwässerungssystem für die flachen, tief liegenden Marschen und Überschwemmungsgebiete (auch Polder, Koog oder Groden genannt) nötig.

Um das Wasser jedoch auf eine Höhe zu heben, die oberhalb des Meeresspiegels lag, so dass es eigenständig durch Kanäle fließen konnte, musste gepumpt werden. Diese Aufgabe übernahmen vom Wind angetriebene Wasserschöpfmühlen. Diese mussten verhältnismäßig leicht gebaut sein, da die zu entwässernden Gebiete üblicherweise keinen festen Untergrund boten. Als Wasserschöpfmühlen (auch Poldermühlen genannt) dienten daher vornehmlich Koker- und hölzerne Erdholländermühlen.

Sammelgräben führten das Wasser an die Mühlen, die es mit Hilfe von Schöpfrädern oder Archimedischen Schrauben in die höher liegenden Gräben pumpten. Nicht selten standen mehrere Schöpfmühlen „in Reihe geschaltet" hintereinander, so dass im Zusammenspiel der Mühlen größere Höhenunterschiede überwunden werden konnten. Schöpfräder, aus Holz oder Metall gebaut, hatten eine Hubhöhe von ein bis maximal zwei Metern, während die Archimedische Schraube in der Lage

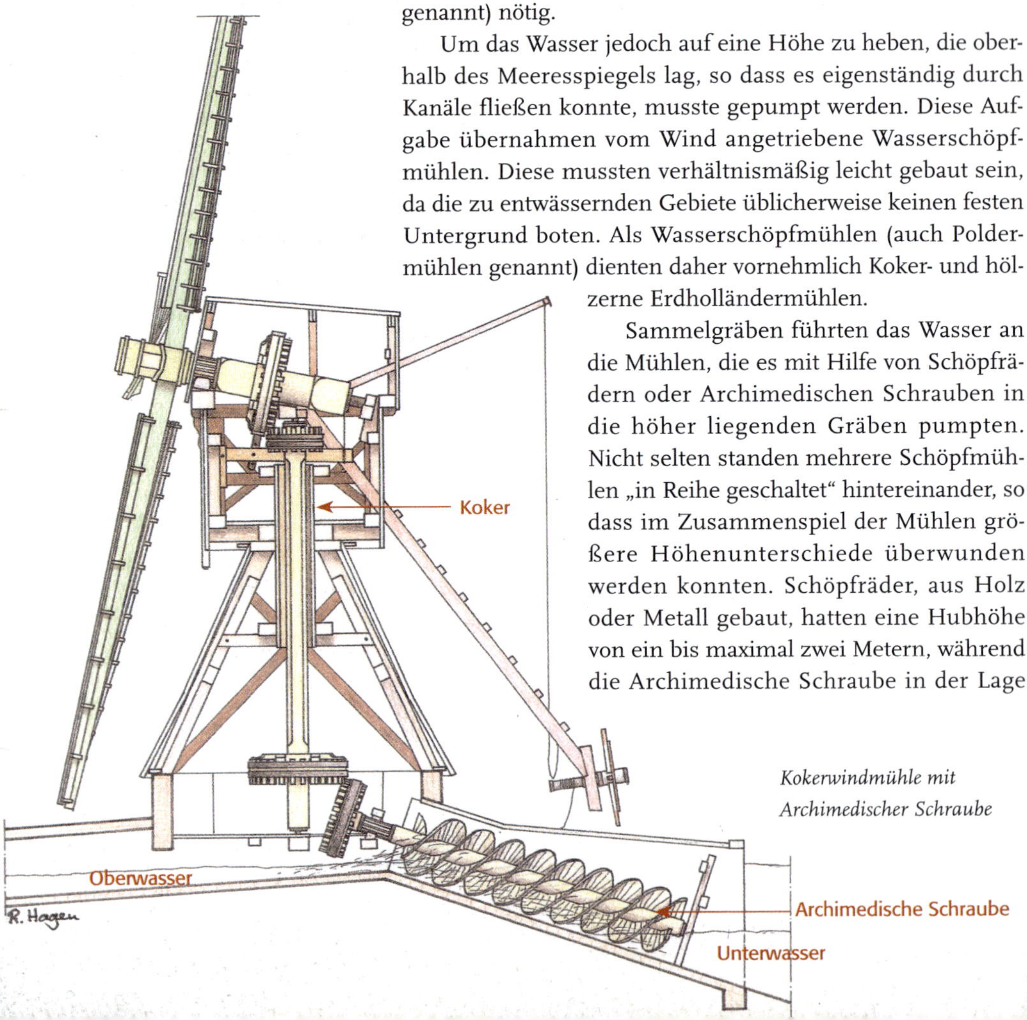

Kokerwindmühle mit Archimedischer Schraube

war, Höhenunterschiede von bis zu fünf Metern zu überwinden. Außerdem waren Letztere hinsichtlich der zu fördernden Wassermenge wesentlich leistungsfähiger als Schöpfräder.

Mit Einführung der Elektrizität verschwanden die meisten windgetriebenen Wasserschöpfmühlen und wurden durch leistungsfähigere, elektrisch betriebene Wasserschöpfwerke ersetzt, deren Arbeitsprinzip (Archimedische Schraube als Förderanlage) sich jedoch nicht wesentlich von den alten Schöpfmühlen unterschied.

In Deutschland sind heute nur noch sehr wenige Wasserschöpfmühlen erhalten. Einige Schöpfmühlen-Neubauten haben in den letzten Jahren eine neue Funktion übernommen: Sie entwässern nicht mehr, sondern dienen der Bewässerung neu angelegter Biotope. Im niederländischen Landschaftsbild sind Wasserschöpfmühlen aber noch immer in großer Zahl zu finden, viele von ihnen sind nach wie vor in Betrieb. Zu den bekanntesten gehören die 19 Schöpfmühlen auf dem Polder Nederwaard von Kinderdijk in der Provinz Zuid-Holland, die 1997 in die Liste des UNESCO-Weltkulturerbes aufgenommen wurden.

Archimedische Schraube einer Kokerwindmühle

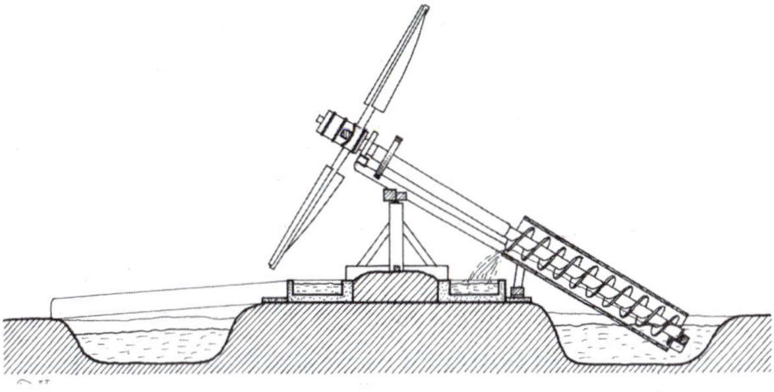

← Fluttermühle

↓ Schöpfmühlen auf dem Polder Nederwaard von Kinderdijk

Stromerzeugung in Mühlen

Das erste Elektrizitätswerk in Deutschland wurde 1884 in München unter der Leitung von Oskar von Miller, dem Gründer des Deutschen Museums in München erbaut. Bis zum Ende des 19. Jahrhunderts diente neben der Dampfkraft insbesondere die Wasserkraft zum Antrieb von Elektro-Generatoren. Es gab Mühlenbesitzer, die ihre Wasserkraftanlage nebenher zum Betreiben eines kleinen Elektrizitätswerks nutzten. Vor dem Aufbau eines allgemeinen Stromnetzes entstanden so Anlagen zur Inselversorgung, z. B. von land-

Außenansicht einer Kleinstwasserkraftanlage zur Stromerzeugung

wirtschaftlichen Gutsanlagen oder von Ortschaften. Mit dem Bau großer Kraftwerksanlagen, in denen zur Stromerzeugung fossile Energieträger genutzt wurden, verloren kleine Stromerzeuger nach und nach an Bedeutung. Erst die Stärkung des Umweltbewusstseins führte zu einer Rückbesinnung und zur Stromerzeugung aus erneuerbaren Energien. Zur Förderung der Nutzung trat 1991 das Gesetz über die Einspeisung von Strom aus erneuerbaren Energien (EEG) in das öffentliche Netz in Kraft. Für viele stillliegende Wassermühlen war dies Anlass für eine Reaktivierung der Wasserkraftanlage zur Stromerzeugung.

Technischer Ausgangspunkt bildet dabei die Rotationsenergie, die ein Wasserrad oder eine Wasserturbine für Generatoren liefert. Bedeutsam für das Antreiben eines Generators ist, dass eine Übersetzung der Ausgangsdrehzahl der Wasserkraftmaschine notwendig ist. Dazu dienen Getriebestufen, die unterschiedlicher Bauart sein können und die die Energie möglichst verlustarm übertragen. Bei entsprechenden Platzverhältnissen kann dies mittels eines einstufigen Flachriementriebs erfolgen. Üblicherweise werden jedoch geschlossene Zahnrad- oder Planetengetriebe eingesetzt, die nur geringen Platz benötigen. Der genutzte Generator wird davon bestimmt, ob er einem Netzparallelbetrieb dient, d.h. die erzeugte Elektroenergie in das Stromnetz des örtlichen Energieversorgungsunternehmens eingespeist wird (Netzparallelbetrieb). Oder aber, ob er im Inselbetrieb arbeitet, d.h. die erzeugte Elektroenergie zur netzunabhängigen Versorgung eines Verbrauchers eingesetzt wird.

Die Stromerzeugung mittels Windmühlen wird in Mühlenkreisen kontrovers diskutiert. So gab es in Holländerwindmühlen, z. B. in Bargum (Schleswig-Holstein) und in Sprengel (Niedersachsen), Versuche, netzgekoppelt Strom zu erzeugen und diesen einzuspeisen. Inzwischen ist aber bekannt, dass für diese Nutzungsoption die Windmühlentechnik nicht geeignet ist. Bei diesen kleinen Leistungsgrößen rechnen sich die hohen Investitionskosten nicht. Sehr wohl aber ist es möglich, mit Kleinstgeneratoren Strom z. B. für Licht in der Mühle zu erzeugen.

Zuppinger-Wasserrad zur Stromerzeugung an der Eulenmühle Glienecke bei Ziesar (Brandenburg)

Riementrieb zum Generator

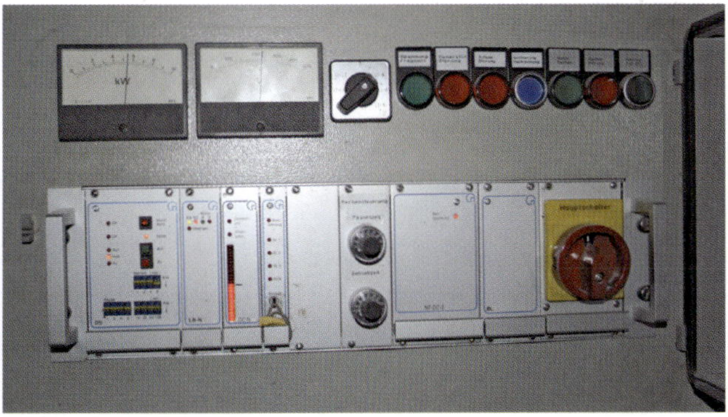

Schaltschrank

Müller und Mühlenbauer

Müller ist der häufigste Familienname in Deutschland. Alle Müllers, Möllers, Müllners usw. zusammen würden eine Stadt wie Frankfurt am Main füllen. Die große Verbreitung des Namens zeigt die Wichtigkeit des Müllers über Jahrhunderte hinweg. Die Besonderheit seines Berufsstandes zeigte sich in der Erlaubnis, auch an Sonn- und Feiertagen zu arbeiten. Außerdem musste er nicht in den Krieg ziehen.

Das Leben der Müller im 18. und 19. Jahrhundert war hart und entbehrungsreich. Durch die Abhängigkeit von den Naturkräften musste oftmals nachts gearbeitet werden. Stürme oder Überschwemmungen stellten stets eine Gefahr dar. Wurde die Mühle zerstört, so war auch gleichzeitig die Existenzgrundlage des Müllers und seiner Familie zerstört. Bis zum Anfang des 19. Jahrhunderts gab es den Mühlenbann und den Mahlzwang. Der Mühlenbann legte einen Umkreis um eine bereits bestehende Mühle fest. Dort durfte keine neue Mühle gebaut werden. Der Mahlzwang regelte den Einzugsbereich der Mühlen. Die Bauern waren verpflichtet, in einer bestimmten Mühle ihr Getreide mahlen zu lassen. Dies sicherte dem Landesherrn und dem Müller das Einkommen.

Der Müller fungierte auch als Steuereintreiber seines Herrn. Er zog direkt vom Mahlgewinn die Abgaben für ihn ab. Von seinem einbehaltenen Mahllohn musste er die Pacht seiner Mühle und den Unterhalt für Lehrlinge, Mahlburschen und Gesellen zahlen. Oftmals trug er auch die Kosten für Gebäudeerhaltung und Reparaturen selbst. Der Müller stand stets in Verdacht zu betrügen und wurde so-

Müller am Schrotgang einer Windmühle

Wir Assessor und Altmeister des Müller Gewerks in der Königlichen Preußischen Residenzstadt Potsdam bekennen hiermit, daß Vorzeiger dieses

aus ... gebürtig, ... Jahr hintereinander, nämlich vom 1. Juli 1800 bis ... 1833 die Müller Profession bei dem hiesigen Mühlen Meister und Mitglied unsers Gewerks, Herrn ... gehörig erlernt, sich darin die erforderliche Geschicklichkeit erworben, auch sich während der Lehrzeit treu, fleißig und redlich, sowohl gegen seinen Lehrherrn als sonst gegen Jedermann, betragen hat.

Wir ertheilen ihm daher diesen Lehrbrief unter unserm Gewerkssiegel, und ersuchen einen Jeden, dem er vorgezeigt wird, besonders unsere Gewerksgenossen, demselben völligen Glauben beizumessen, und dem ... überall zu seinem Fortkommen behülflich zu sein, welches wir in ähnlichen Fällen zu erwiedern bereit und willig sind.

So geschehen Potsdam, den 1ten Juli 1833.

Assessor und Altmeister des Müller Gewerks.

Lehrbrief für den Müller Gesellen

Lehrbrief eines Müllers von 1833 (Stadtarchiv Potsdam)

Der Lohn des Müllers ...

... betrug, je nach Region, zwischen einem Achtel und einem Sechzehntel des Mahlgutes. Das Maß dafür war der Scheffel, ein in der Kreisstadt amtlich geeichtes Maß, das nicht verändert werden durfte. Neben seinem Lohn musste der Müller auch die Steuern für seinen Dienstherrn einbehalten.

wohl von seinen Mahlgästen als auch von seinem Landesherrn misstrauisch beobachtet. Ein eigens dafür eingerichtetes Mühlenamt überwachte die Arbeit der Müller. Wurde ein Müller eines sogenannten „Diebswinkels" – einem kleinen Loch im Mehlrohr, worüber unbemerkt Mahlgut entwendet werden konnte – überführt, warteten harte Strafen auf ihn.

Gott schütze das Handwerk

Meisterbrief

Der Müller Richard Belger
zu Neuzelle geboren am ...
zu ... hat heute vor der
von dem Herrn Regierungs-Präsidenten zu
FRANKFURT a/Oder errichteten
Meisterprüfungskommission
für das Müller Handwerk
die „Meisterprüfung"
bestanden.
Des zur Urkund ist dem nunmehrigen Müllermeister
Richard Belger
dieser MEISTERBRIEF ausgefertigt u.
mit den besten Wünschen für sein ferneres
Wohlergehen ausgehändigt worden.

FRANKFURT a/O. den ...

Die MEISTERPRÜFUNGSKOMMISSION
für das Müller HANDWERK

im Bezirke der HANDWERKSKAMMER zu Frankfurt a/Oder.

Vorsitzender

Die Beisitzer:

Meisterbrief des Müllermeisters Richard Belger, Neuzelle (Brandenburg) 1928

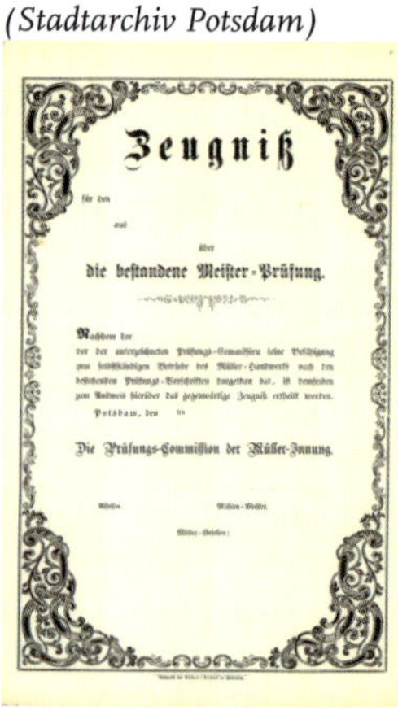

Zeugniß

für den
aus
über
die bestandene Meister-Prüfung.

Die Prüfungs-Commission der Müller-Innung.

↓ *Formular eines Zeugnisses für den Meisterbrief (Stadtarchiv Potsdam)*

Die Ausbildung der Müller war sehr langwierig. Nach ca. vier Jahren Lehrzeit bei einem Meister gingen sie weitere vier Jahre auf Wanderschaft. Danach konnte sich der Müllergeselle um den Meistertitel bewerben. Auch heute ist die Müllerei ein Ausbildungsberuf. An Müllerschulen erwerben die Auszubildenden alle Kenntnisse, die in einem heutigen Industriebetrieb erforderlich sind. Der Beruf des Müllers ist auch heute attraktiv. Er vereinigt moderne Technologien computergesteuerter Anlagen mit vielen traditionellen Merkmalen des Müllereihandwerks.

Getreide untersuchen – Unterweisung Auszubildender auf dem Walzenboden einer Mühle

Der Müller heute

Vielfach scheint es, dass es ein heutiger Müller im Vergleich zu seinen Kollegen, die vor 100 Jahren eine Mühle betrieben, „leichter“ hat. Nur gewiss dachte auch der Müller vor 100 Jahren so, als ihm die Dampfmaschine oder der elektrische Strom mehr und mehr die Arbeit erleichterten.

Lang ist es her, dass Müllergesellen nach ihrer Lehrzeit auf Wanderschaft gingen, heute ist jeder Müller Absolvent einer modernen Ausbildung. Seit dem 1. August 2006 trägt er ergänzend die Bezeichnung „Verfahrenstechnologe/Verfahrenstechnologin in der Mühlen- und Futtermittelwirtschaft“. Dieser Name soll eine Brücke schlagen zwischen Tradition und moderner Prozesstechnik, die mittlerweile die Herstellung von Mahlerzeugnissen kennzeichnet. Fachgerechte Getreideverarbeitung und die Herstellung von hochwertigen Lebens- und Futtermitteln, das sind die Aufgabenfelder im heutigen Berufsalltag.

Besatzanalyse einer Getreideprobe

Der Abschluss einer allgemeinbildenden Schule ist die Voraussetzung für die drei Jahre dauernde Ausbildung. Sie findet in einem bei der zuständigen Kammer eingetragenen Mühlenbetrieb und in Fachklassen an den Berufsschulzentren in Stuttgart (Baden-Württemberg) und Wittingen (Niedersachsen) statt. Nicht nur die Berufsbezeichnung ist neu, auch die Ausbildungsinhalte wurden 2006 aktuellen Anforderungen angepasst, dazu gehören Rohstoffkunde, Herstellung von Lebens- oder Futtermitteln, Bedienung und Wartung von Maschinen und Sicherstellung von Qualitätsvorgaben. Ausführliche Informationen gibt es auf den Internetseiten der Ausbildungseinrichtungen.

Siebanalyse von Roggenschrot im Labor

Qualitätskontrolle bei Rohstoff und Endprodukt

Berufsaussichten

Moderne Mühlen gleichen mit ihrer großen Produktionskapazität einem Industriebau, der häufig über eine Schiffs- und/oder Bahnanbindung verfügt. Silos, Verladeeinrichtungen und die Mühle selbst mit ihren modernen Maschinen und Anlagen werden vom Müller gesteuert, beaufsichtigt und reguliert. Nicht mehr Kraft, sondern Köpfchen wird vom heutigen Müller erwartet, weshalb auch immer mehr Frauen diesen vielseitigen Beruf ausüben. Die Prozesssteuerung der Anlagen über den Computer gehört genauso zum Berufsbild wie die Arbeit im Labor, in dem die Analyse der gelieferten Rohwaren und die Produktkontrolle stattfindet. Mit hochtechnologischen Verfahren wird die Qualität der hergestellten Produkte sichergestellt.

Dem Müller bieten sich über die eigentliche Getreideverarbeitung, der Mischfutterherstellung, der Schäl- und der Gewürzmüllerei hinaus weitere berufliche Aussichten. Da in vielen Bereichen der Lebensmittelwirtschaft ähnliche Anforderungen gestellt werden, findet ein Müller auch über die Mühlen hinaus attraktive Betätigungsfelder. In Deutschland ausgebildete Müllergesellen haben auch weltweit interessante Arbeitsmöglichkeiten mit guten Verdienst- und Aufstiegschancen. Fachzeitschriften wie „Die Mühle" und „Mischfuttertechnik" veröffentlichen regelmäßig Stellenangebote.

Eine Weiterbildungsmöglichkeit nach einer abgeschlossenen Berufsausbildung bietet der Besuch der Meisterschule mit der Prüfung zum Müllermeister. Auch wenn seit dem 1. Januar 2004 das Ablegen der Meisterprüfung zum Führen eines Mühlenbetriebes nicht mehr erforderlich ist, zum Ausbilden von Lehrlingen ist weiterhin die Ausbildereignungsprüfung notwendig.

Eine weitere Möglichkeit besteht in einem Studium an der Internationalen Technikerschule/Deutsche Müllerschule Braunschweig. Nach vier Studiensemestern in der Fachrichtung „Mühlenbau, Getreide- und Futtermitteltechnik" wird der Abschluss als staatlich geprüfter Techniker mit den Schwerpunkten müllereibezogene Verfahrenstechnik oder Anlagenbau erworben. Die Deutsche Müllerschule Braunschweig kann auch das Futtermittelzertifikat erteilen. Es ist Voraussetzung zur Führung eines Futtermittelbetriebs. Mit dem Abschluss der Technikerschule ist zudem die Zulassung

zu Fachhochschulen und Hochschulen in Niedersachsen verbunden. In der Gewerblichen Schule in Hoppenlau bei Stuttgart besteht durch die Kooperation mit der Schweizerischen Müllereifachschule (SMS) St. Gallen eine weitere Qualifizierungsmöglichkeit. Nach der zehnmonatigen Ausbildung verfügen die Absolventen über zwei begehrte Abschlüsse: den Meisterbrief im Müllerhandwerk und den Titel „Diplomierter Müllereitechniker SMS". Weiterbildungsmöglichkeiten gibt es auch in Form von Studiengängen an Fach- und Hochschulen. An der Fachhochschule Bremerhaven kann im Hauptstudium der Studienschwerpunkt „Technologie der Lebensmittel pflanzlicher Herkunft" gewählt werden. Die Fachhochschule Lippe und Höxter bietet den Bachelor-Studiengang „Lebensmitteltechnologie" mit verschiedenen Studienschwerpunkten an. An der Fachhochschule Fulda kann „Lebensmitteltechnologie" mit dem Pflichtfach „Lebensmittel pflanzlicher Herkunft" studiert werden, an der Fachhochschule Neubrandenburg „Lebensmitteltechnologie mit Getreidetechnologie", an der Fachhochschule Weihenstephan in Bayern „Lebensmitteltechnologie" mit dem Pflichtfach „Technologie und Biotechnologie der Lebensmittel pflanzlichen Ursprungs". Die Technische Universität München bietet den Studiengang „Food and Lifescience" an, die Technische Fachhochschule Berlin im Rahmen des Studiums der Lebensmitteltechnologie das Wahlpflichtfach „Getreidetechnologie".

Neben dem Beruf des Müllers gibt es auch heute noch den des Mühlenbauers. Seine korrekte Berufsbezeichnung lautet „Staatlich geprüfter Techniker mit Schwerpunkt müllereibezogener Anlagenbau". Die Ausbildung dauert als Vollzeitstudiengang zwei Jahre. Der Schwerpunkt liegt in der Vermittlung von Kenntnissen zur Lösung müllereitechnischer Probleme. Dementsprechend wichtig ist den Ausbildern die Praxisnähe, die in Form von Fachexkursionen und Versuchspraktika auf verfahrens-, labor-, elektrotechnischem und EDV-Gebiet gewährleistet wird. Die Ausbildung endet mit einer Abschlussprüfung. Schriftlich geprüft wird in den Fächern Förder- und Silotechnik, Steuerungs- und Regelungstechnik, Müllereimaschinen und Mühlenbauplanung. Mit bestandener Prüfung erhält der Absolvent ein Abschlusszeugnis über die staatliche Technikerprüfung, das ihn zur Führung der Berufsbezeichnung berechtigt.

Die Mühle als Kulturgut

Als Künstler begannen, den dörflichen Alltag ihrer Zeit in Gemälden darzustellen, gehörten Mühlen einfach in die Landschaft. Zunächst als selbstverständlicher Teil des Lebens, später aber auch als ein Ort romantisch verklärter Sehnsucht. Heute sind die Mühlen der vorindustriellen Zeit selbst zum Kulturgut geworden. Und das gleich in verschiedener Hinsicht: als technisches Denkmal, das es zu bewahren gilt, als kultureller Ort, der vielerlei Künsten einen Raum zur Betätigung bietet und – nach wie vor – als malerisches Motiv. Mühlen ziehen Besucher an und werten manchen Ort touristisch auf.

Mühlensterben und Mühlenrettung

Vor fast 100 Jahren begann eine Entwicklung, die gemeinhin als „Mühlensterben" bezeichnet wird. Geprägt wurde sie vor allem durch den zunächst schleichenden, später rasanten Verlust traditioneller Wind-, Wasser- und Motormühlen, bedingt durch technische Neu- und Weiterentwicklungen bei den Antriebskräften und Verarbeitungsmaschinen.

Die zweite „Welle" des Mühlensterbens setzte in der Bundesrepublik Deutschland ab 1957 ein, als das Mühlengesetz beschlossen wurde. Es sah vor, mit Hilfe finanzieller Zuwendungen kleineren und mittleren Mühlenbetrieben den Ausstieg aus der Mehlherstellung zu versüßen und eine zentralisierte, auf wenige Großbetriebe beschränkte Versorgung mit Mehl zu erreichen. Zunächst zeitlich begrenzt, wurde das Mühlengesetz mehrfach verlängert. Die staatlich verordnete Stilllegungswelle mündete schließlich am 1. Januar 1971 im „Gesetz über abschließende Maßnahmen zur Schaffung einer leistungsfähigen Struktur des Mühlengewerbes", dem Mühlenstrukturgesetz.

In der DDR spielten kleine und mittlere Mühlenbetriebe bis 1990 noch eine bedeutende Rolle in der Mehlproduktion. Neben Motormühlen mit zeitgemäßer und moderner technischer Einrichtung hielten staatliche Kontingente auch kleine Motor- bzw. Wind- und Wassermühlen in Betrieb. Mit der politischen und damit auch wirtschaftlichen Neuordnung ab 1990 verloren diese Betriebe an Bedeutung, da die Mehlversorgung in zunehmendem Maße von westdeut-

↑ „sterbende" Windmühle Menninghausen bei Sudwalde (Niedersachsen)
← Wassermühle Gollmitz (Brandenburg)

Aus der Holländermühle im ostfriesischen Groothusen (Niedersachsen) wurde ein moderner Landhandelsbetrieb.

schen Großmühlen übernommen wurde. Ein weiteres Mühlensterben hatte begonnen und in kürzester Zeit den gesamten Osten Deutschlands erfasst.

Infolge der Stilllegung kleinerer Mühlenbetriebe setzte der Verfall historischer Mühlen ein, die mangels Nutzung für ihre Eigentümer nur noch ein im Unterhalt kostenaufwendiges Bauwerk darstellten. Waren sie doch den Naturkräften – bislang noch ihre willkommenen Kraftspender – oft stärker ausgesetzt als andere Gebäude. Insbesondere Windmühlen litten schnell unter den äußeren Einwirkungen der Witterung. Wassermühlen standen geschützter und waren, ähnlich anderen Wirtschafts- oder Wohngebäuden, Stürmen und Wind nicht in so hohem Maße ausgeliefert. Außerdem konnten sie als „Haus" auch ohne großen Aufwand anderen Zwecken dienen, so dass teilweise eine gewisse bestandserhaltende Nutzung den Verfall verhinderte oder zumindest verzögerte.

Aus der früheren Holländermühle Steinlah bei Salzgitter (Niedersachsen) wurde eine motorgetriebene Handwerksmühle. Die Windkraft wird in moderner Form genutzt.

Nicht alle Mühlenstandorte wurden nach Stilllegung ihrer traditionellen Antriebstechniken gänzlich aufgegeben. Nach Entfernung der äußeren Windmühlenattribute (Flügelkreuz, Kappe usw.), von Wasserrädern, Turbinen und unter Umständen auch der inneren Antriebs- und Verarbeitungseinrichtungen verblieben Gebäude, die in modernere Mühlen- oder Landhandelsbetriebe integriert werden konnten. So finden wir noch heute – alt neben neu – an manchem historischen Mühlenstandort einen modernen Betrieb mit Relikten seiner traditionellen Vorgänger.

Mühlen und Denkmalschutz

Wasserführung an der Steinmühle Polleben (Sachsen-Anhalt)

Traditionelle Mühlen sind heute, da sie ihre wirtschaftliche Bedeutung und ihren Versorgungsauftrag verloren haben, überkommene Relikte der Vergangenheit. Sie entstammen einer abgeschlossenen Zeitepoche und werden in Zukunft keine nennenswerte wirtschaftliche Bedeutung mehr haben. Aus dieser Erkenntnis heraus setzt eine neue, veränderte Bedeutung der alten Mühlen an: Sie sind Kulturgüter geworden. In dieser Funktion geben sie Zeugnis von der Bauweise und Technik vergangener Zeiten und stehen deshalb häufig unter Denkmalschutz. Mühlen lassen sich dabei in ihrer Komplexität mehreren Gruppen von Kulturdenkmalen zuordnen. Sie sind zugleich

- Baudenkmal,
- Industriedenkmal,
- Technisches Denkmal sowie
- Bodendenkmal (wassertechnische Anlagen).

Mühlen können Einzeldenkmale oder Denkmal-Ensembles (Klosteranlage oder Gehöft) sein.

Besonders schützenswerte Kulturgüter können unter Denkmalschutz gestellt werden. Entscheidend ob eine Mühle unter Denkmalschutz gestellt wird ist, dass sie aus einer abgeschlossenen Zeitepoche stammt. Ein „auf alt gemachtes“, aber in heutiger Zeit errichtetes Gebäude erfüllt diese Kriterien nicht. Ob ein Objekt Denkmalwert hat bzw. denkmalschutzwürdig ist, richtet sich international nach wissenschaftlich definierten Kriterien, die für Bauten (und damit auch Mühlen) in der Charta von Venedig und für historische Siedlungen und Stadtgebiete (auch hier können Mühlen betroffen sein) in der Charta von Washington festgesetzt sind. Für Gärten und Landschaften bildet die Charta von Florenz die Rahmenbedingungen – Mühlen als Landschaftselemente können auch hier tangiert werden. Mühlen gehören einer Schnittmenge aus verschiedenen Kriterien an und bedürfen daher einer besonderen Bewertung.

Aufgabe des Denkmalschutzes ist die dauerhafte und unverfälschte Erhaltung bedeutsamer Kulturgüter. Im Falle einer Renovierung, Restaurierung, Sanierung oder Instandsetzung gilt es, so viel Altsubstanz wie möglich zu erhalten, um den Zeugniswert aus der Vergangenheit nicht zu zerstören. Auf „alt“ getrimmte, weitgehende Neubauten verlieren einen

Die Hoper Mühle „Edda“ bei St. Michaelisdonn (Schleswig-Holstein) befindet sich dank fachgerecht durchgeführter Restaurierungsarbeiten und laufender Pflege in gutem Zustand.

wesentlichen Teil ihrer historischen Aussagekraft und damit ihres Denkmalwertes. Dennoch ist gelegentlich der Austausch eines größeren Teils der Substanz notwendig, um ein Denkmal für die Zukunft zu retten.

In der Mühlenerhaltung sind oftmals Kompromisse unvermeidbar, die auch einem Denkmalpfleger schwerfallen. Mühlen sind Maschinen. Im Vordergrund steht die Technik: Antrieb, Übersetzung, Verarbeitungsmaschinen. Das Gebäude ist eine die Maschine schützende „Hülle“ und zunächst zweitrangig zu betrachten. Um Maschinen, die für einen Arbeits- bzw. Verarbeitungszweck eingerichtet wurden, erhalten zu können, müssen sie sicher und einwandfrei funktionieren. Dies setzt fachgerechte Bedienung, fachgerechte Pflege und gelegentlichen Austausch der durch Verschleiß unbrauchbar werdenden Bauteile voraus. Eine dauerhafte Erhaltung sämtlicher Bauteile ohne Erneuerung und Austausch ist angesichts der zum Teil extremen Beanspruchung des Materials praktisch nicht möglich.

Im dauerhaften Stillstand aber lässt sich eine Mühle auch nicht erhalten – zumindest nicht vollständig. Zwar tritt in diesem Fall kein Verschleiß auf, die „Maschine Mühle“ aber steht sich selbst kaputt. Zunächst treten kleinere Mängel auf, die sich zu größeren Schäden entwickeln. Das gilt, neben der technischen Einrichtung, insbesondere für den Antrieb: Flügelkreuze, Wasserräder und Turbinen zeigen schnell sichtbare Schäden, wenn sie nicht regelmäßig bewegt und gepflegt werden. Denkmalpfleger stehen somit häufig vor dem Dilemma, sich zwischen möglichst umfangreicher Bewahrung historischer Altsubstanz bei still- und kaputtstehender Mühle und einem funktionierenden technischen Denkmal, das Kompromisse in der Substanzerneuerung fordert, entscheiden zu müssen.

Grundsätzlich sollte einer Mühlenrestaurierung daher eine umfassende und detaillierte Planung vorausgehen, in der u.a. zunächst folgende Fragen geklärt werden müssen:

- Welches Ziel wird mit der Mühlenrestaurierung verfolgt?
- Wie wird die Mühle nach erfolgter Restaurierung genutzt?
- Wer nutzt, betreibt und pflegt die restaurierte Mühle?
- Wie wird die Pflege nach der Restaurierung finanziert?

Vor Beginn aller Arbeiten (auch vor dem berühmten „Aufräumen“) sollte zunächst eine komplette Dokumentation des vorhandenen Bestandes erfolgen, und zwar in Text und

↑ *Verfall als Folge fehlender Nutzung und Pflege*

↓ *Windmühlen prägen Orts- und Landschaftsbilder wie hier die berühmten „Zwillingsmühlen" in Greetsiel (Niedersachsen).*

Bild (Aufmaße, Schnitte, Fotos). Sämtliche technischen Zusammenhänge und Entwicklungen sind dabei festzuhalten. Nicht zu unterschätzen sind auch sozialkundliche Informationen aus dem Arbeitsleben des letzten Müllers oder von ehemaligen Angestellten der Mühle, da sich zuweilen nur durch sie bestimmte bauliche und technische Zusammenhänge und Besonderheiten erschließen. Da hier ein behördlicher Denkmalpfleger und auch ein Architekt in der Regel überfordert sind, kann die Planung bzw. deren Vorbereitung von Beginn an nur gemeinschaftlich im Zusammenspiel von Besitzer bzw. Bauherr, Bauplaner (Architekt), Baubehörde/ Denkmalpflege und einem müllereitechnisch versierten Fachmann erfolgreich sein. Bei Wassermühlen kommen die Wasserbehörden als weitere Beteiligte hinzu, da auch die Wassergesetzgebung zu beachten ist. Außerdem ist es ratsam, potenzielle Förderinstitutionen von Beginn an mit „ins Boot" zu holen, da die verschiedenen Förderprogramme klar definierte Ziele verfolgen und bestimmte Voraussetzungen erfüllt werden müssen, um finanzielle Unterstützung für die Mühle zu erhalten.

Mühlenerhaltung und -restaurierung, zumal unter Einbeziehung der staatlichen Denkmalpflege, sind interdisziplinäre Vorgänge. Von einer guten Abstimmung aller Beteiligten hängt der Erfolg der gesamten Maßnahme ab. Hohe Folgekosten für „kaputtrestaurierte" Mühlen, die mangels fachkundiger Beratung entstehen, können so vermieden werden.

Leider fehlt es heute noch an der Definition von möglichst bundesweit geltenden Grundstandards, die bei der Restaurierung einer Mühle gelten müssen. Ähnlich verhält es sich bei der Planung und Ausführung von Restaurierungen. Eine berufliche Ausbildung zum Wind- oder Wassermühlenbauer existiert seit Jahrzehnten nicht mehr, ebenso für den Bau und die Wartung von Mühlenausrüstungen historischer Art. Auch eine Zertifizierung der Firmen, die auf dem Gebiet tätig sind, wäre wünschenswert.

Unterwasser an den Mühlen des Hofes Overmeyer Halverde bei Hopsten (Nordrhein-Westfalen)

Landschaftsbild und Mühlenumfeld

Wind- und Wassermühlen mussten, um die Naturkräfte sinnvoll als Antriebsenergie nutzen zu können, an Standorten errichtet werden, die geografisch und hydrologisch geeignete Voraussetzungen boten. Mühlen wurden in die Landschaft integriert, waren jedoch auch deren prägende Bestandteile. Ihre Umgebung wurde naturgemäß von jeder weiteren Bebauung weitgehend freigehalten.

Wassermühlen wurden an natürlichen Flussläufen oder an von diesen abgezweigten Mühlengräben angelegt. Wasserläufe und Mühlenteiche prägten das Umfeld der Mühle entscheidend mit. Mühlen sind also wesentliche Bestandteile unserer durch den Menschen und sein Handeln geprägten Kulturlandschaft. Sie können und dürfen nicht losgelöst von ihrer Umgebung und der sie umgebenden Landschaft betrachtet und bewertet werden. Im Umkehrschluss ist es notwendig, auch das Umfeld der Mühle dergestalt zu bewahren und zu schützen, dass negative Einflüsse auf die Mühle vermieden werden.

erste Verfallserscheinungen und ungenügende Umfeld-Pflege an der Bockwindmühle in Hohenhameln (Niedersachsen)

Die Bauleitplanung hat die Belange von Wind- und Wassermühlen rechtzeitig zu beachten – leider geschieht dies heute oft nicht in dem erforderlichen Maße. „Wohnen an der Mühle" klingt chic, der Blick auf die „schöne alte Mühle" lockt Bauherren. Da wird gedankenlos ein Neubaugebiet an der Windmühle geplant oder ein bestehendes Baugebiet rückt immer stärker an eine historische Windmühle heran – mit der Folge, dass die vormals frei stehende Mühle von Häusern eingekreist wird, ihre orts- und landschaftsbildprägende Wirkung verliert, durch in Folge der dichten Bebauung auftretende Windverwirbelungen Schaden nimmt oder Anlieger sich durch die „Geräuschkulisse" drehender Flügelkreuze belästigt fühlen.

Auch von unnötigem Bewuchs ist das Umfeld einer Windmühle möglichst frühzeitig frei zu halten. Haben Bäume erst einmal eine bestimmte Größe erreicht, nehmen sie negativen Einfluss auf die optische Wirkung der Mühle, auf ihre ästhetische und historische Aussagekraft, auf die Windsituation und Betriebsfähigkeit und tragen damit auch zum schleichenden Verfall einer Mühle bei.

Der Umgebungsschutz eines Kulturdenkmals ist im Denkmalschutzgesetz fest verankert – wird jedoch oftmals nicht ausreichend verfolgt, da den Verantwortlichen die Problematik eines sich verändernden Mühlenumfeldes nicht immer bewusst wird. Es ist an der Zeit, den Umgebungsschutz auch für Mühlen stärker zu forcieren und auf der Grundlage schon bestehender Denkmalschutzgesetze durchzusetzen. Hier sind vor allem die Denkmalschutzbehörden in der Pflicht, im Rahmen der Bauleitplanung die Belange des Denkmals „Mühle" offensiv zu vertreten.

Die frühere Holländermühle an der Fidicinstraße im Berliner Stadtteil Kreuzberg wurde bereits Ende des 19. Jahrhunderts von zunehmender Wohnbebauung bedrängt (Foto: ca. 1890).

Die frühere Zichorienmühle in Potsdam ist heute ein Restaurant.

Fachgerechtes und sicheres Betreiben einer historischen Mühle erfordert ein hohes Maß an Wissen und Fertigkeiten, nicht nur beim Segelsetzen.

Die Mühle in Melbeck (Niedersachsen) wurde zum „Kunstwerk Wassermühle".

Neue Nutzungskonzepte

Die ideale Nutzungsform einer (restaurierten) Mühle orientiert sich an dem Zweck, für den sie ursprünglich errichtet wurde. Die Erhaltung und Nutzung als funktionsfähiges Technisches Denkmal setzt voraus, dass sie fachgerecht restauriert bzw. instand gesetzt wird und dass sich jemand um sie kümmert, der die „Maschine Mühle" sicher bedienen und pflegen kann. Dieses Können setzt eine intensive Auseinandersetzung mit der Thematik „Mühle als Maschine", eine ständige Begleitung der Restaurierung und die Schulung durch erfahrene Mühlenbetreiber voraus. Eine Mühle, die in Funktion ist, erfordert vom Betreuer ein hohes Maß an Wissen und Fertigkeiten im Umgang mit der Maschine. Sie birgt aber auch für Betreuer und Besucher Gefahren, die es zu erkennen gilt. Hinzu kommt die Notwendigkeit, alle Bau- und Maschinenteile regelmäßig und sorgfältig pflegen sowie Mängel rechtzeitig erkennen und ggf. selbst beheben zu können. Mühlen sind keine „Spielzeuge", deren Betreuung so nebenbei sich selbst beigebracht werden kann.

Seit einigen Jahren bieten verschiedene Mühlenvereine (u. a. in Berlin, Niedersachsen und Nordrhein-Westfalen) Ausbildungskurse zum „Hobbymüller" oder „Freiwilligen Müller" an. In diesen Kursen erlernen interessierte Mühlenfreunde den Umgang mit einer Wind- oder Wassermühle. Trotz teilweiser umfangreicher Schulung darf diese Ausbildung aber selbstverständlich nicht mit der ehemaligen Berufsausbildung zum Müller in einer Wind- oder Wassermühle gleichgesetzt werden.

Vorbild für die Ausbildung zum Hobby- oder Freiwilligen Müller ist ein, wenn auch viel strengeres, Ausbildungssystem in den Niederlanden. Dort müssen Interessierte die sehr aufwendige Ausbildung zum „Vrijwillige Molenaar" erfolgreich bestanden haben, um eine historische Wind- oder Wassermühle betreiben zu dürfen. In Anbetracht der Komplexität dieses Themas sind hohe Anforderungen gerechtfertigt. In Deutschland fehlt leider bis heute eine Diskussion um verbindliche und einheitliche Ausbildungsstandards.

Nicht alle Mühlen können authentisch in funktions- oder gar betriebsfähigem Zustand erhalten werden. Um sie zumindest als Bauwerke zu bewahren, teilweise mit erhaltener Technik oder unter Sicherung bzw. Wiederherstellung ihres äußeren Bildes, ist vielfach eine Nach- bzw. Umnutzung notwendig. Allgemein ist bekannt, dass leer stehende und ungenutzte Bauwerke schneller verfallen als solche, die einer sinnvollen Nutzung unterliegen. Fällt die Nutzungsmöglichkeit „Mühle“ bzw. „Mühlenbetrieb“ weg, muss ein Ersatz gefunden werden, der sich den baulichen Eigenarten einer (ehemaligen) Mühle anpasst. Bei Wasser- und Motormühlen, die mit ihren geraden und rechtwinklig zueinander stehenden Wänden sowie ihrer in der Regel massiven Bauweise baulich ohnehin einem „normalen“ Haus gleichen, fällt eine Umnutzung nicht schwer. Unter Umständen können sogar Teile der inneren Technik in die neue Nutzung einbezogen werden. Windmühlen in ihrer Nutzung zu verändern, ggf. sogar unter Erhalt technischer Einrichtungen, ist aufgrund des begrenzten Raumangebots und der Bauweise erheblich schwieriger – oft ist damit ein Verlust der Mühlentechnik und eine starke Veränderung des Mühlenäußeren, z. B. durch Anbauten oder veränderte (vergrößerte) Fenster verbunden.

Kreativität, mühlenkundliches Einfühlungsvermögen und Geschick sind gefragt, um einer historischen Mühle eine neue Nutzung zu geben, ohne ihren Gesamteindruck zu schädigen oder gar zu zerstören. Zu den gängigsten Umnutzungsformen gehören:

- gastronomische Nutzung, Hochzeitsmühle (Trauzimmer)
- Wohnnutzung
- Kulturzentrum, Kunstgalerie bzw. Atelier
- museale Nutzung, Touristinformation
- energetische Nutzung (Wasserkraft)

Besteht die Zielsetzung darin, die Mühle als solche zu erhalten, der Öffentlichkeit zugänglich zu machen und ihre Geschichte und Technik zu vermitteln, bietet sich vor allem eine museale Nutzung an. Die Umsetzung (Translozierung) an einen anderen Standort, gegebenenfalls in ein Mühlen- oder Freilichtmuseum, ist nur dann sinnvoll, wenn die Mühle am ursprünglichen Ort nicht mehr erhalten werden kann. Die Mühle wird dann zwar aus ihrem gewachsenen Umfeld entfernt, dennoch kann sie zumindest als Bauwerk erhalten werden. In zahlreichen Museumsdörfern oder Freilichtmuseen finden wir heute neben Siedlungs- und verschiedenen Wirtschaftsgebäuden auch historische Mühlen. Sie stehen nach Möglichkeit im Kontext zu der jeweiligen Region.

Sowohl die „Jungfernmühle“ ↑ (Berlin, Stadtteil Buckow) als auch die Bekemühle ↓ Dannenwalde (Brandenburg) werden heute gastronomisch genutzt.

Trauung in der Holländermühle Tonnenheide (Nordrhein-Westfalen)

Holländermühle Bierde an der Westfälischen Mühlenstraße

Mühlen und Tourismus

Im Rahmen touristischer Konzepte haben alte Mühlen in den letzten Jahre zunehmend an Bedeutung gewonnen. Sie stellen Identifikationspunkte für eine bestimmten Region bzw. Wahrzeichen einzelner Orte dar und geben Landschaften ein Gesicht. Auch als Ausflugsziele sind Mühlen interessant geworden, zumal viele von ihnen für die Öffentlichkeit wieder zugänglich sind und an bestimmten Aktionstagen mit Mahlvorführungen oder kulturellen Programmen locken. Über diese Programme lassen sich für Betreiber auch finanzielle Mittel erwirtschaften, die dem Erhalt der Mühlen zugute kommen.

Um Mühlenstandorte touristisch zu erschließen und einen Marketing-Rahmen zu schaffen, sind „Mühlenstraßen" zu beliebten Konzepten geworden, um interessierte Besucher und Touristen gezielt auf die Mühlen aufmerksam zu machen.

Der (sanfte) Tourismus gehört durchaus zu den Konzepten, die Mühlen und ihre Betreiber unterstützen, indem Besucher, die Eintrittsgelder zahlen oder auf andere Weise einen finanziellen Obolus leisten, zu ihnen geführt werden. Und die Touristen machen sich mit den regionaltypischen Bauwerken ihres Urlaubsgebietes vertraut und gewinnen (im günstigen Fall positive) Erinnerungen an die Freizeitgestaltung in einer bestimmten Region. Auf diese Weise werden Mühlen wieder zu Orten des Zusammentreffens und der Kommunikation zwischen Menschen.

Wallholländermühle Südhemmern an der Westfälischen Mühlenstraße

Eine zu stark auf den Tourismus ausgerichtete Konzeption birgt aber auch die Gefahr, dass die Mühle als technisches Kulturdenkmal in den Hintergrund tritt und zum reinen Marketing-Instrument verkommt. Die Träger der Mühlenstraßen (Vereine, Kommunen, Tourismusverbände usw.) sind in der Pflicht, behutsam mit dem Kulturdenkmal Mühle umzugehen. Nachfolgende Mühlenstraßen seien exemplarisch vorgestellt.

DÄNEMARK
Flensburg
Kappeln
Schleswig
Eckernförde
Kiel
Schleswig-Holstein
Neumünster
Itzehoe
Lübeck
Cuxhaven
Norderstedt
Hamburg
Stralsund
Rostock
Greifswald
Świnoujście
Swinemünde
Mecklenburg-Vorpommern
Güstrow
Neubrandenburg
Pasewalk
Szczecin
Schwerin
Parchim
Neustrelitz
Prenzlau
Norden
Wilhelmshafen
Friesische Mühlenstraße
Emden
Bremerhaven
Buxtehude
Lüneburg
Niedersächsische Mühlenstraße
Oldenburg
Bremen
Rotenburg
Soltau
Uelzen
Wildeshausen
Verden
Walsrode
Salzwedel
Altmärkischer Mühlenweg
Wittenberge
Brandenburg
Neuruppin
Schwedt
POLEN
DERLANDE
Haren
Cloppenburg
Vechta
Niedersachsen
Celle
Gifhorn
Stendal
Rathenow
Oranienburg
Berlin
Kostrzyn
Küstrin
Nordhorn
Hannover
Wolfsburg
Brandenburg a.d.Havel
Potsdam
Frankfurt (Oder)
Osnabrück
Minden
Braunschweig
Burg
Ludwigsfelde
Rheine
Westfälische Mühlenstraße
Helmstedt
Eisenhüttenstadt
Hildesheim
Salzgitter
Magdeburg
Luckenwalde
Guben
Gubin
Münster
Bielefeld
Sachsen-Anhalt
Lutherstadt Wittenberg
Dessau
Cottbus
Emmrich
Nordrhein-Westfalen
Gütersloh
Wernigerode
Aschersleben
Osterode
Finsterwalde
Spremberg
Salzkotten
Gelsenkirchen
Lutherstadt Eisleben
Delitzsch
sburg
Essen
Dortmund
Göttingen
Warburg
Halle (Saale)
Leipzig
feld
Bochum
Sondershausen
Görlitz
Kassel
Düsseldorf
Meißen
Dresden
nchen-
dbach
Solingen
Leverkusen
Eisenach
Erfurt
Altenburg
Sachsen
Köln
Gotha
Jena
Gera
Chemnitz
hen
Siegen
Hessen
Bad Hersfeld
Thüringen
Zwickau
Bonn
Marburg
Giessen
Suhl
Fulda
Plauen
Koblenz
Frankfurt am Main
Hof
TSCHECHISCHE REPUBLIK
Wiesbaden
Rheinland-Pfalz
Mainz
Schweinfurt
Bayreuth
Aschaffenburg
Bamberg
Trier
Bad-Kreuznach
Darmstadt
Würzburg
Kitzingen
Idar-Oberstein
Erlangen
Mannheim
Fürth
Nürnberg
Saarland
Ludwigshafen
Kaiserslautern
Heidelberg
Ansbach
Neumarkt i.d.Opf.
Saarbrücken
Baden-Württemberg
Heilbronn
Bayern
Regensburg
Karlsruhe
Bietigheim-Bissingen
Straubing
RANKREICH
Aalen
Pforzheim
Ingolstadt
Stuttgart
Baden-Baden
Heidenheim a.d.Brenz
Pfaffenhofen a.d.Ilm
Passau
Landshut
Tübingen
Offenburg
Reutlingen
Neu-Ulm
Neusäss
Augsburg
Freising
Ulm
Erding
Waldkraiburg
Mühlenstraße Oberschwaben
Königsbrunn
Fürstenfeldbruck
München
Villingen-Schwenningen
Starnberg
Freiburg im Breisgau
Überlingen
Weingarten
Kaufbeuren
Rosenheim
Radolfzell a.Bodensee
Ravensburg
Kempten (Allgäu)
ÖSTERREICH
Friedrichshafen
SCHWEIZ

Holländermühle Hille an der Westfälischen Mühlenstraße

Mühlenstraßen

Westfälische Mühlenstraße

Im Kreis Minden-Lübbecke wurde die erste touristisch konzipierte Mühlenstraße Deutschlands eingerichtet. Sie entstand aus den Bemühungen, im Rahmen eines Mühlenerhaltungsprogramms mehrere historische Wind-, Wasser- und Rossmühlen im Kreis Minden-Lübbecke zu erhalten. In gemeinsamen Anstrengungen der Kreisverwaltung, der zuständigen politischen Gremien und des 1978 gegründeten Kreismühlenvereins konnten bis heute 42 Mühlenstandorte erschlossen und in die Mühlenstraße aufgenommen werden. Örtliche Mühlengruppen kümmern sich unter dem Dach des Kreismühlenvereins um die Bauwerke, öffnen sie zu bestimmten Zeiten für die Öffentlichkeit, führen Mahl- und Backtage durch und leisten kleinere Wartungs- und Reparaturarbeiten an „ihren" Mühlen. Unterstützt werden sie dabei von Handwerkern des kreiseigenen Mühlen-Bauhofes mit seinen Werkstätten in Petershagen-Frille.
www.muehlenkreis.de

Niedersächsische Mühlenstraße

Gemessen an Fläche und Mühlenstandorten ist die Niedersächsische Mühlenstraße die größte unter den touristischen Mühlenrouten in Deutschland. Sie entstand im Rahmen der Aktivitäten zur Belebung des sanften Tourismus in der Lüneburger Heide im Vorfeld der EXPO 2000. Von Beginn an war eine Erweiterung auf andere Regionen Niedersachsens vorgesehen. Der Mühlenförderverein Lüneburg e.V., unter dessen Obhut die Mühlenstraße geplant und 1998 mit 75 Mühlen eröffnet wurde, teilt sich heute zusammen mit der Mühlenvereinigung Niedersachsen-Bremen e.V. die Trägerschaft. Finanziert wird das Konzept aus Mitteln der Landkreise sowie aus Mitteln des Landes Niedersachsen und der EU. Rund 300 Mühlenstandorte in 21 niedersächsischen Landkreisen sowie in Bremen gehören heute zur Niedersächsischen Mühlenstraße, weitere Landkreise werden noch hinzukommen. Nicht alle Mühlen sind betriebsfähig oder im Innenbereich zu besichtigen. Auch solche, die z.B. als Wohnung oder Gastronomie eine neue Nutzung gefunden haben, werden in die Mühlenstraße aufgenommen, um die Vielfalt der heutigen Nutzungsformen historischer Mühlen zu demonstrieren.
www.niedersaechsische-muehlenstrasse.de

Mühlenstraße Oberschwaben

Aus einer privaten Initiative des Müllers Gerd Graf und des Wasserhistorikers Dr. Lutz Dietrich Herbst entstand 2005 die Mühlenstraße Oberschwaben, die zu ca. 100 Mühlenstandorten führt: Betriebsmühlen, Museumsmühlen und Mühlen mit Gaststättenbetrieb. Auch hier wird nahezu die gesamte Bandbreite heutiger Mühlennutzungsformen aufgezeigt. Bemerkenswert sind insbesondere die vielen noch in Betrieb befindlichen Gewerbemühlen.

Mühlenladen der Dinkelmühle Graf in Tannheim an der Mühlenstraße Oberschwaben

Die Mühlenstraße entstand unter dem Dach der Oberschwaben-Tourismus GmbH und würdigte das Engagement zahlreicher Privatpersonen und Kommunen bei der Erhaltung der oberschwäbischen Mühlen- und Weiherlandschaft.

Neben dem Ehrenamtspreis des Landkreises Biberach wurde das Projekt auch mit einem Extrapreis des württembergischen Kulturlandschaftspreises 2005, der vom Schwäbischen Heimatbund und dem württembergischen Sparkassenverband verliehen wird, ausgezeichnet. In der kurzen Zeit ihres Bestehens hat sich die Mühlenstraße Oberschwaben zu einem Markenzeichen der regionalen Kulturlandschaftspflege entwickelt.
www.muehlenstrasse-oberschwaben.de

Altmärkischer Mühlenweg

Die Altmark ist eine historische Kulturlandschaft im Norden des Landes Sachsen-Anhalt. Zahlreiche private Mühlenbesitzer, Vereine und Kommunen haben in dieser landschaftlich reizvollen Region historische Wind-, Wasser- und Motormühlen vor dem Verfall bewahren können und sie teilweise einer neuen (touristischen) Nutzung zugeführt.

Als Gemeinschaftsprojekt des Vereins Wasserkraft Altmark e.V., des Tourismusverbandes Altmark e.V. und der ABS Drömling GmbH (Gesellschaft für Arbeitsförderung, Beschäftigung und Strukturentwicklung) wurde der Altmärkische Mühlenweg konzipiert, der zu 33 Mühlenstandorten in dieser Region führt.
www.wasserkraft-altmark.de

Bockwindmühle Wanzer am Altmärkischen Mühlenweg

Das Internationale Mühlenmuseum in Gifhorn

Als einzigartig gilt das im niedersächsischen Gifhorn gelegene Internationale Mühlenmuseum. Einzigartig, da das Freilichtmuseum einerseits ausschließlich dem Thema „Mühlen" gewidmet ist, andererseits aber auch deshalb, weil es nicht nur regionalgeschichtlich konzipiert wurde, sondern einen internationalen Ansatz verfolgt – für Freilichtmuseen eher ungewöhnlich. Als Besonderheit kann das Museum außerdem darauf verweisen, dass es aus einer rein privaten Initiative entstand und aufgebaut wurde. Es wird auch heute noch privatwirtschaftlich geführt.

Portugiesische Windmühle „Anabela" im Internationalen Mühlenmuseum

Das Internationale Mühlenmuseum hat seinen Ursprung in der persönlichen Leidenschaft des früheren Dekorateurs und Designers Horst Wrobel, der die 1965 noch in Betrieb befindliche Bockwindmühle in Abbenrode am Elm im Maßstab 1:25 detailgetreu nachbaute.

Es folgten weitere Mühlen, und er beschränkte sich nicht auf Deutschland, sondern fuhr nach Holland, Belgien und in andere Länder bzw. ließ sich Informationen und Materialien zuschicken, nach denen er seine Modelle anfertigen konnte. Innerhalb von fünf Jahren entstanden so 25 maßstabsgerechte Mühlenmodelle.

Mit dem Bau zahlreicher Mühlenmodelle legte Horst Wrobel den Grundstein für sein Lebenswerk.

Seit 1970 zeigte Horst Wrobel seine Modelle in Ausstellungen. Nach einer großen Präsentation 1973 in Hamburg gründete er mit seiner Familie in Suhlendorf im Landkreis Uelzen das Internationale Mühlenmuseum. Die geplante Erweiterung des Museums und der Aufbau weiterer originaler Mühlen scheiterten. So nahm 1977 Horst Wrobel das Angebot von Gifhorn an, am Rande der Stadt ein ca. acht Hektar großes Gelände für den Aufbau seines Museums zu übernehmen. Zwischen 1978 und 1980 wurde das Gelände gestaltet und das neue Museum aufgebaut.

↑ Die Modelle zeichnen sich durch Detailgenauigkeit aus.
↖ das Ausstellungsgebäude mit etwa 50 internationalen Mühlenmodellen

Zur Eröffnung wurden neben dem Ausstellungsgebäude auf dem Freigelände drei originale Mühlen aufgebaut: die Holländermühle „Immanuel“ aus Westdorf bei St. Michaelisdonn (Schleswig-Holstein), eine Tiroler Wassermühle und die Bockwindmühle „Viktoria“ aus der benachbarten Ortschaft Osloß.

Bis heute wurde das Museumsgelände auf eine Größe von etwa 15 Hektar erweitert. Auch die Zahl der Mühlen im naturnah gestalteten Landschaftspark wuchs beständig. Zu sehen sind heute Windmühlen aus Deutschland, Griechenland, Portugal, Spanien (Mallorca), Frankreich, Russland und der Ukraine, Wassermühlen aus Österreich (Tirol), Serbien und Korea, eine ungarische Schiffmühle, eine westfälische Rossmühle und eine kleine taiwanesische Wassertret-Mühle. Dabei handelt es sich teilweise um translozierte Originalbauten, die am ursprünglichen Standort nicht erhalten werden konnten.

Modelle von Windmühlen aus Persien und Ägypten

Ein im Stil niedersächsischer Rundlingsdörfer angelegter Dorfplatz mit mächtigen Fachwerkhäusern bietet Museumsbesuchern frisch gebackenes Brot und Kuchen aus holzbefeuerten Steinöfen. Nach wie vor „lebt“ das Internationale Mühlenmuseum ausschließlich aus eigenen Einnahmen, die durch den Museumsbetrieb erwirtschaftet werden. Zahlreiche Kontakte in verschiedene Länder, aus denen die Mühlen stammen, ermöglichten schon manch hochkarätiges Kulturprogramm im Mühlenmuseum. Es ist damit auch zu einem Ort der internationalen Begegnungen geworden. Auch eine 1989 ins Leben gerufene Städtepartnerschaft zwischen Gifhorn und Korssun-Schewtschenkiwski in der Ukraine hat ihren Ursprung im Internationalen Mühlenmuseum, nämlich in der ukrainischen Windmühle „Natascha“, die hier aufge-

Tiroler Mühle mit zwei oberschlächtigen Wasserrädern

Ukrainische Windmühle „Natascha“

baut werden konnte. Die Stadt Gifhorn hat die Bekanntheit des Mühlenmuseums als „Zugpferd“ erkannt und bezeichnet sich inzwischen werbewirksam als „Mühlenstadt“. Auch das touristische Marketing der Region Südheide (Stadt und Landkreis Gifhorn) orientiert sich wesentlich am Internationalen Mühlenmuseum.

Internationales Mühlenmuseum
Bromer Straße 2, 38518 Gifhorn
Tel.: 05371-55466, Fax: 05371-55640
Öffnungszeiten:
15. März – 31. Oktober täglich 10 – 18 Uhr
1. November – 14. März geschlossen
www.muehlenmuseum.de

Turmwindmühlen aus der Provence und von der Insel Mallorca

Die Historische Mühle in Potsdam

Die Geschichte der Historischen Mühle beginnt zu einer Zeit, als Windmühlen zum selbstverständlichen und alltäglichen Landschaftsbild gehörten. 1737 entstand am „Wüsten Berg“ eine Bockwindmühle, die 1745 mit Schloss Sanssouci und Friedrich dem Großen einen königlichen Nachbarn bekam. Diese nicht immer sorgenfreie Nähe von Mühle und Schloss spiegelt sich in der wohl allgemein bekannten Legende um einen Streit zwischen dem König und dem Müller Grävenitz wider. Friedrich störte angeblich das „Geklapper“, und er forderte den Müller auf, die Mühle an anderer Stelle neu zu errichten. Dieser widersetzte sich und drohte mit einer Klage vor dem Kammergericht in Berlin. Der König fügte sich seinem Schicksal – und die Grävenitz'sche Mühle gelangte zu ihrer bis heute reichenden Berühmtheit. Interessanterweise bildet die Geschichte eine der Grundlagen für eine bedeutende Rechtsreform, das gleiches und verständliches Recht für jedermann schaffen sollte und 1794 als Preußisches Landrecht in Kraft trat.

Legende vom Müller und dem König – fernab der Wirklichkeit

Die Symbolik des alten Potsdamer Mühlenstandortes beförderte in den Jahren 1787 bis 1791 einen Neubau in Form einer Galerieholländerwindmühle, ausgeführt von der holländischen Einwandererfamilie van der Bosch. Nur bis 1858 in Betrieb, wurde sie 1861 zum Denkmal erklärt. In den letzten Kriegstagen 1945 wurde sie zerstört und damit auch die bis dahin original erhaltene Technik des ausgehenden 18. Jahrhunderts. Das Kapitel der musealen Nutzung der Mühle begann 1983, als über einen Wiederaufbau nachgedacht wurde. Die Potsdamer Handwerkskammer beabsichtigte die Einrichtung eines Handwerksmuseums. An eine betriebsfähige Getreidemühle dachte damals niemand, da das die finanziellen und technischen Möglichkeiten dieser Zeit überstieg. Der Bau stagnierte in der Wendezeit, jedoch ab 1992 wurde weitergebaut. Die Deutsche Gesellschaft für Mühlenkunde und Mühlenerhaltung (DGM) e.V. und der Mühlenkreis Minden-Lübbecke unterstützten die Stiftung Preußische Schlösser und Gärten beim Wiederaufbau. Im Frühjahr 1993 war es so weit: Die Flügel drehten sich. 1995 wurde die Mühlenvereinigung Berlin-Brandenburg e.V. als Betreiberin mit in das Boot genommen. Ab dem Jahr 2000 begann ein intensives Nachdenken über die zukünftige Nutzung. Es zeigte sich, dass die Mühle erhebliche bauliche und technische Mängel aufwies

Beginn des Wiederaufbaus

Dauerausstellung

Wiederaufbau der Mühle im Frühjahr 1993

Restaurierungsarbeiten an der Historischen Mühle 2010

und nicht betriebsfähig war. Es gab ferner kein Gesamtkonzept für die inhaltliche Ausgestaltung der Ausstellungsbereiche. In den Folgejahren wurde intern an einer Museumskonzeption gearbeitet, deren Umsetzung zwischen 2006 und 2008 erfolgte. Die Dauerausstellung widmet sich heute mehreren ineinandergreifenden Themenkomplexen. Auf dem ersten Boden wird „Die handwerkliche Windmühle des 18. und 19. Jahrhunderts“ mit den Unterthemen „Technik und Bau“, „Sozialgeschichte“ und „Kulturgeschichte“ vorgestellt. Nach gleicher Struktur wird auf dem zweiten Boden die Geschichte der Historischen Mühle behandelt. Ziel war es, an die Gegenwart des Themas Mühle anzuknüpfen. Auf dem dritten Boden sind Erhaltung von Mühlen und deren Nachnutzung Thema, betrachtet werden aber auch der heutige Müllerberuf und die Entwicklung der Windkraftnutzung.

Parallel zur Ausstellungsentwicklung erhielt die Mühle ein betriebsfähiges Mahlsystem. Gezeigt werden die Kernarbeitsschritte der Getreideverarbeitung: Zerkleinern im Schrot-/Mahlgang, Sieben im zweistufigen Wurfsichter und Mischen in stehender Mischmaschine. Roggen, Weizen und Dinkel werden im Museumsbetrieb verarbeitet, regelmäßig überprüft von der Lebensmittelaufsicht. Gerade dieser Bereich macht die Historische Mühle als Ort des Lernens außerordentlich wichtig und unterstreicht den Anspruch der Mühlenvereinigung Berlin-Brandenburg e. V., möglichst viele Erfahrungen aus der aktiven Arbeit in und an der Historischen Mühle an Interessierte weiterzugeben. Mittlerweile ergänzen eine Fachbibliothek und das Mühlenstandortarchiv für Berlin/Brandenburg die museale Nutzung.

Durchschnittlich kommen jährlich 60.000 Besucher in die Mühle. Dieses große Interesse erfordert ein hauptamtliches Betreiben – und das bei freier Finanzierung, denn bis heute gibt es keine öffentlichen Zuwendungen. Ein Museumsladen und strenge Haushaltsdisziplin sorgen für die Aufrechterhaltung des musealen Betriebes. Dessen Ziel bleibt es, ein technisches Museum als „Werbemühle" zu präsentieren, bei qualitätvoller Authentizität.

Handmühle zum Selbermahlen

Historische Mühle im Park von Sanssouci
Maulbeerallee 5, 14469 Potsdam, Tel.: 0331–5506851
Öffnungszeiten:
April – Oktober täglich 10 – 18 Uhr,
November und Januar – März Sa/So 10 – 16 Uhr,
Dezember geschlossen
www.historische-muehle-potsdam.de

Restaurierung der Mühle in Wiegboldsbur (Niedersachsen). Die Kappe wurde 1994 neu gebaut.

Gesellschaftliche Aufgabe: Mühlenerhaltung

Da historische Mühlen als technische Kulturgüter im öffentlichen Interesse stehen, ist es eine gesamtgesellschaftliche Aufgabe, die Erhaltung dieser Bauwerke zu sichern. An vielen Orten haben sich daher in den vergangenen Jahren Gruppen und Vereine gegründet, die sich um eine Mühle kümmern bzw. den Eigentümer unterstützen. Neben reinen Fördervereinen, deren Hauptziel die Beschaffung finanzieller Mittel ist, wächst die Zahl der aktiven Vereine beständig. Sie leisten Arbeitsdienste in und an der Mühle, öffnen sie zu bestimmten Zeiten für die Öffentlichkeit, führen kulturelle Veranstaltungen oder Mühlenfeste durch und sorgen in zunehmendem Maße für einen Betrieb der Mühle. Damit leisten sie auf ehrenamtlicher Basis einen nicht zu unterschätzenden Beitrag zur Erhaltung der Mühlen.

Auch die Besitzverhältnisse haben sich in den letzten Jahren geändert. Viele Mühlen sind von ihren Eigentümern, die längst keine Müller mehr sind, in „öffentliche" Hände übertragen worden. Städte, Gemeinden oder Landkreise, aber auch gemeinnützige Vereine oder Stiftungen wurden zu Mühlenbesitzern. Ein Grund hierfür liegt in den zahlrei-

Wiederaufbau der restaurierten Bockwindmühle Meseberg (Sachsen-Anhalt) 2009

chen Förderprogrammen, die so angelegt sind, dass Privateigentum nur sehr geringe Fördersätze erfährt, während Bauten in kommunalem oder gemeinnützigem Eigentum weitaus bessere Chancen auf finanzielle Förderung erhalten. Bleibt eine Mühle in Privateigentum, haben sich langfristig angelegte Pacht- bzw. Nutzungsverträge zwischen Eigentümer und Nutzer bzw. Träger (Gemeinde, Verein etc.) als eine weitere Möglichkeit bewährt, an öffentliche Fördergelder oder Zuwendungen aus speziellen Förderstiftungen zu gelangen. Die Fördergeld-Geber legen in aller Regel Wert auf eine längerfristig abgesicherte öffentliche Zugänglichkeit der geförderten Objekte, so dass öffentliche Mittel nicht in private Objekte fließen, die der Eigentümer anschließend vor der Öffentlichkeit versperrt bzw. hieraus einen rein privatwirtschaftlichen Nutzen zieht.

Neben den vielen lokalen Gruppen und Vereinen gibt es auch Verbände auf regionaler bzw. Länder- und Bundesebene. Die ersten auf Landesebene tätigen Mühlenvereine wurden in Niedersachsen (1956/57) und Schleswig-Holstein (1960) gegründet. Als erster Mühlenverein auf Kreisebene gründete sich 1978 der Mühlenverein im Kreis Minden-Lübbecke (Nordrhein-Westfalen).

In der DDR organisierten sich Mühlenfreunde im „Kulturbund der DDR“. Anfang der 1980er Jahre bildete sich darin die Gesellschaft für Denkmalpflege mit dem zentralen Fachausschuss „Technische Denkmale“, aus dem heraus 1982 das „Mühlenaktiv“, später in „Arbeitskreis Mühlen“ umbenannt, gegründet wurde. Hier fanden sich zahlreiche ehrenamtliche Denkmalpfleger und Mühlenfreunde zusammen, um u.a. durch Arbeitseinsätze zum Erhalt historischer Mühlen in der DDR beizutragen. Die größte Herausforderung lag dabei in der Beschaffung geeigneter Baumaterialien. In gemeinschaftlicher Anstrengung gelang es, viele Mühlen als „Freizeitobjekte“ oder „Denkmäler der Produktionsgeschichte“ vor dem sicheren Verfall zu bewahren.

In der Bundesrepublik gründete sich 1984 in Ober-Ramstadt (Hessen) der Arbeitskreis für Mühlenkunde, der sich zum Ziel setzte, einen bundesweit tätigen Verband für Mühlenfreunde ins Leben zu rufen. So wurde 1987 in Minden (Westfalen) die Deutsche Gesellschaft für Mühlenkunde und Mühlenerhaltung (DGM) e.V. gegründet. Mit der politischen und gesellschaftlichen „Wende“ in der DDR 1989

verfallene Bockwindmühle Wolmirstedt (Sachsen-Anhalt) 1977. Ab 1983 wurde sie schrittweise restauriert.

und dem Zusammenschluss beider deutscher Staaten 1990 wurde die DGM zum Verband der Mühlenfreunde in allen deutschen Bundesländern. Nach und nach gründeten sich in den Folgejahren unter dem Dach der DGM weitere Landesmühlenvereine, so dass heute in jedem Bundesland Mühlenfreunde in „ihrem" Landes- oder Regionalverein tätig sind, um historische Mühlen als Bauzeugen einer vergangenen Epoche der Technikgeschichte zu erhalten, zu beleben und der interessierten Öffentlichkeit zugänglich zu machen.

Seit 1994 richtet die DGM zusammen mit ihren Landes- und Regionalvereinen immer am Pfingstmontag den Deutschen Mühlentag aus. An diesem Tag öffnen bundesweit über 1.000 Mühlen ihre Türen und Tore und laden zu Besichtigungen, Vorführungen und teilweise sehr umfangreichen Rahmenprogrammen ein. Das technische Kulturgut „Mühle" soll dabei jedoch immer im Vordergrund stehen und nicht zum „Anhängsel" eines großen Volksfestes werden. Diesen Anspruch umzusetzen, liegt in der Verantwortung der örtlichen Betreiber und Vereine.

Als Periodikum der DGM erscheint seit 1988 in Kooperation mit dem Detmolder Verlag Moritz Schäfer die Zeitschrift „Der Mühlstein". In zurzeit vier Ausgaben pro Jahr erhalten alle Mitglieder Informationen und Wissenswertes aus der Arbeit der DGM. Außerdem werden hier Fachbeiträge, die von Mitgliedern der DGM und anderen Mühlenfreunden verfasst werden, publiziert und damit einem großen Kreis engagierter Mühlenunterstützer zur Kenntnis gegeben. Einige Landesmühlenvereine bringen zusätzlich eigene Schriften und Vereinszeitungen für ihre Mitglieder heraus.

Jeder Mühlenfreund ist willkommen, an der Mühlenerhaltung mitzuwirken und sich in einem der Mühlenvereine zu engagieren. Über 3.200 Mitglieder in der DGM bilden bereits heute bundesweit ein großes Netzwerk im Sinne der Mühlenerhaltung und Mühlenkunde.

Auf internationaler Ebene haben sich Mühlenfreunde seit 1965 in der TIMS (The International Molinological Society) zusammengeschlossen. Im zeitlichen Abstand von vier Jahren treffen sie sich immer in einem anderen Land, um Forschungsergebnisse zu verschiedenen mühlenkundlichen Themen auszutauschen, zu diskutieren und gemeinsam auf Mühlenexkursionen zu gehen.

↑ Restaurierung der Bockwindmühle Wilhelmsaue (Brandenburg) 1988
← Wilhelmsaue 2009

Literatur (Auswahl)

Agricola, Georg: Zwölf Bücher vom Berg- und Hüttenwesen. Berlin 1928

Anton, Karl-Wilhelm (Hrsg.): Illustrirte Encyclopädie für Müller, Mühlen- und Maschinenbauer. Leipzig 1871

Baumgartner, Wilhelm: Lehr- und Handbuch für Müllerei und Mühlenbau. Leipzig 1936

Brandt, Reinhard: Mumm´s Mühle. Bilder und Geschichten vom Müller und Mehl, vom Wasser und seiner Kraft. Göttingen 1984

Benneckenstein, Horst: Die Waidstadt Erfurt. Erfurt 1991

Beyer, Johann Matthias: Theatrum machinarum molarium, Oder Schau-Platz der Mühlen-Bau-Kunst ... Leipzig 1735

Betz, Albert: Wind-Energie und ihre Ausnutzung durch Windmühlen. Staufen 1994

Böhm, Fritz: Hafer- und Reismüllerei. Leipzig 1936

Brüdern, Richard: Wie man Wasserräder baut – Ein Beitrag zur Technikgeschichte, Berechnung und Konstruktion von Wasserrädern. Schwülper 2006

Erling, P. (Hrsg.): Handbuch der Mehl- und Schälmüllerei. 2008

Fröde, Edelgard und Wolfgang: Windmühlen. Energiespender und ästhetische Architektur. Köln 1981

Geese, Rudolf: Steprather Mühle Geldern-Walbeck – Ein funktionierendes technisches Kulturdenkmal. Geldern 2002

Giesecke, J.: Wasserkraftanlagen: Planung, Bau und Betrieb. Berlin 1997

Gleisberg, Hermann: Technikgeschichte der Getreidemühle. München 1956

Gräf, Daniela: Boat Mills in Europe from Early Medieval to Modern Times. Dresden 2006

Großmann, Georg Ulrich und Ingrid Schulte: Die Bockwindmühle im Westfälischen Freilichtmuseum Detmold. Detmold 1986

Haas, Micaela; Varchmin, Jochim: Mühlen gestern und morgen. Wind- und Wasserkraft in Berlin u. Brandenburg. Nümbrecht 2002

Hagen, Rüdiger: Historische Mühlen und ihre Technik. Leipzig 2004

Heymann, Matthias: Die Geschichte der Windenergienutzung 1890–1990. Frankfurt (M.)/New York 1995

Honnef, Hermann: Windkraftwerke. Dinglingen 1932

Hopf, Leo: Mühlentechnisches Praktikum. Stuttgart 1950

Hörter, F.: Getreidereiben und Mühlsteine aus der Eifel. Ein Beitrag zur Steinbruch- und Mühlengeschichte. 1994

Jüngel, Karl: Schiffmühlen: eine Flotte, die fast immer vor Anker lag. Bad Düben 1987

Jüttemann, Herbert: Schwarzwaldmühlen. Karlsruhe 1985

Jüttemann, H.: Bauernmühlen im Schwarzwald. Stuttgart 1990

Kaiser-Alexnat, R., 2008: Indigo – Der König der Farbstoffe. Südostasien Magazin, Ausgabe 3, 110-121. http://www.dyeplants.de/pdf/Indigo.pdf

Kaiser-Alexnat, R., 2009: Isatis tinctoria L. – Färberwaid. Datenblatt, Institut für Färbepflanzen. http://www.dyeplants.de/pdf/Datenblatt_Isatis_tinctoria.pdf

Karstens, Uwe: Kurt Bilau – Annäherung an einen Visionär. Schleswig 2003

Kastenmüller, Stefan und Hasso Klabunde: 150 Jahre Müllerei und Mühlentechnik. Martinsried und Braunschweig 2003

Kettenbach, Friedrich: Müllerei und Mühlenbau. Leipzig 1908

Kettner, Otto: Ich werde Müller. Leipzig 1950

Keyl, Ludwig und Häckert, Hans: Wasserkraftmaschinen und Wasserkraftanlagen. Leipzig 1926

König, Felix von: Bau von Wasserkraftanlagen. Karlsruhe 1985

König, Felix von: Windenergie in prakt. Nutzung. München 1976

Kubovsky, Otto: Der Mühlenbetrieb ... Berlin 1942

Leupold, Jacob: Theatrum Machinarum in 7 Bänden. Leipzig 1724–27

Möhn, Dieter (Hrsg.): Die Sprache der Müller und Mühlenbauer in Ostfriesland. Aurich 1986

Müller, Wilhelm: Die eisernen Wasserräder: Berechnung, Konstruktion und Bestimmung ihres Wirkungsgrades. Bd. 1: Die Zellenräder. Bd. 2: Die Schaufelräder. Bd. 3: Atlas. Leipzig 1899

Müller, Wilhelm: Die Wasserräder. Berechnung, Konstruktion und Wirkungsgrad. Leipzig 1940

Müller, Wilhelm: Wasserkraft. Wasserturbinen und -räder. Leipzig 1921

Müller, Wilhelm: Die neuen Wasserturbinen und Turbinenregler. Stuttgart 1922

Neumann, Friedrich: Die Windmotoren. Beschreibung, Konstruktion und Berechnung der Windflügel, Windturbinen und Windräder. Weimar 1881

Norzel, Walter und Hartmut Weßling: Ostfriesisches Mühlenbuch. Hannover 1991

Notebaart, J. C.: Windmühlen. Der Stand der Forschung über das Vorkommen und den Ursprung. Den Haag und Paris 1972

Op de Hipt, Hermann: Windmühlenpraxis. Detmold 1985 (unver. Nachdr. d. Originalausg. v. 1937)

Pálffy, Sandor O. (Hrsg.): Wasserkraftanlagen – Klein- und Kleinstkraftwerke. Renningen-Malmsheim 1998.

Quantz, Ludwig und Karl Meerwarth: Wasserkraftmaschinen. Eine Einführung in Wesen, Bau und Berechnung von Wasserkraftmaschinen und Wasserkraftanlagen. Berlin 1907, 1963, Nachdr. 1974

Sacher, Rudolf: Handbuch des Müllers und Mühlenbauers. Leipzig 1921

Schlottau, Klaus und Günther Bayerl und Ulrich Troitzsch: Bibliographie deutschsprachiger Mühlenliteratur. Hamburg 2003

Single, Dr. Frank: Die Lohmühle und die Rotgerber zu Wittislingen. 2007

Springer, Walter (Bearbeitung): Die blaue Blume – Von der Schwester des Kaffees, der Zichorie und ihrer Industrie. Forschungen zur Geschichte der Industrie. Berlin 1940

Stadler, Gerhard A.; Kuisle, Anita (Hrsg.): Technik zwischen Akzeptanz und Widerstand. Gesprächskreis Technikgeschichte 1982–1996, aus der Reihe: Cottbuser Studien zur Geschichte von Technik, Arbeit und Umwelt, Bd. 8. 1999

Sturm, Leonhard Christoph: Vollständige Mühlen-Baukunst. 1718

Ulmer, Karl: Maschinenkunde Müllerei. Mehlmüllerei, Futtermittelherstellung, Schälmüllerei, Spezialmüllerei. 2009

Van Heys, J. Wilhelm: Wind und Windkraftanlagen. Berlin u. Bielefeld. 1956

Wagenbreth, Otfried; Düntzsch, Helmut; Gieseler, Albert: Die Geschichte der Dampfmaschine: historische Entwicklung, Industriegeschichte, technische Denkmale. Münster 2002

Wagenbreth, Otfried; Düntzsch, Helmut; Tschiersch, Rudolf; Wächtler, Eberhard: Mühlen, Geschichte der Getreidemühlen: technische Denkmale in Mittel- und Ostdeutschland. Leipzig und Stuttgart 1994

Weber, Therese: Die Sprache des Papiers: Eine 2000-jährige Geschichte. Haupt Verlag, Bern 2004

Wolf, Lothar: Müllerei. Leipzig 1957

Der Mühlstein – Periodikum für Mühlenkunde und Mühlerhaltung. Hrsg.: Deutsche Gesellschaft für Mühlenkunde und Mühlenerhaltung (DGM) e.V., Verlag Moritz Schäfer, Detmold

Der Mühlstein – Regionalausgabe für Niedersachsen und Bremen, Hrsg.: Mühlenvereinigung Niedersachsen-Bremen e.V.

Mühle + Mischfutter – Fachzeitschrift für Getreideverarbeitung und Tiernahrungs-Produktion, Verfahrenstechnik im Schüttgut-, Lebensmittel- und Non-Food-Bereich, Verlag Moritz Schäfer, Detmold

Wassertriebwerk – Verbandsorgan des Bundesverbandes Deutscher Wasserkraftwerke und der Arbeitsgemeinschaften Wasserkraft der Bundesländer, Verlag Moritz Schäfer, Detmold

Abbildungsverzeichnis

Archiv Mühlenvereinigung Berlin-Brandenburg e.V.:
S. 43, 59, 64, 95, 96 o.+u., 99 o., 100 o., 102, 105, 110, 111, 112, 113, 120, 121, 127 u., 131 m.+u., 159 o., 171 u., 181 o.+m., 182

Wetzig Mühlenbauarchiv Wolf, Jürgen, Berlin:
S. 23, 33 l., 83 o., 99 o., 100 u., 101 u., 104 u.

Agricola, Georg: Zwölf Bücher vom Berg- und Hüttenwesen. 1556:
S. 12 u., 13 u., 31 u., 146 o.

Sturm, Leonhard Christoph, Vollständige Mühlen-Baukunst, 1718:
S. 34 u., 141, 146 m., 153

Pollio, Marcus Vitruvius (Vitruv) „Zehn Bücher über Architektur“:
S. 17

Moderne Mühlen, Firmenprospekt, Fa. Bühler: S. 13 o.

Mühlenverein im Kreis Minden-Lübbecke e.V.:
S. 15 o.r., 18

Mayers Großes Konversationslexikon, Bd. 20, Leipzig 1909:
S. 24 o., 28 o., 31 o., 32 m., 41 o.+u., 42 o., 119 o.

Grittner, Ulrike, Berlin: S. 30 u.

Mechler, Klaus, Doberburg:
S. 41 m.

Vogelmann, Martin (www.gebrauchtturbine.de):
S. 42 u., 44 o., 45 alle, 47

OSSBERGER GmbH + Co, Weissenburg: S. 47 u., 48

Verkerk, Robbert: S. 52

Archiv Janssen, Dietrich, Emden:
S. 52

Sammlung Maywald, Bernd:
S. 76 u.l., 186, 187 r.

Wernicke, Conny u. Martin, Kyhna:
S. 76 u.r.

Arlt, Ingo, Goldberg:
S. 84 o., 85 o.r.

Goldenstein, Bernhard A., Völlerfehn: S. 92 l.

Frey, Marianne, Saalow:
S. 93

Wendt, Marcel, Niemegk:
S. 106 m.+u.

Morgenroth, Friedrich, Kleinhettstedt:
S. 108, 124 u.l., 134 m., 135 o.

GMF, Vereinigung Getreide-, Markt- und Ernährungsforschung GmbH, Bonn:
S. 125 o., 161, 162,

Thiel, Bernd, Frankfurt/Oder:
S. 108 u.

Franke, Rudolf, Klostermühle Heiligenrode:
S. 126

www.biolib.de, Kurt Stüber's Online Library:
S. 131 o., 134 o.

Kaiser-Alexnat Dr. Renate, Michelstadt (www.dyeplants.de):
S. 139 o.+m.

Heimatarchiv Brandis, Dieter, Söhlde: S. 143 m.

Hummel, Rolf, Lohmühle Leustetten:
S. 144 u.l, S. 145 u.l., u.r.

Museum Historische Knochenstampfe Dorfchemnitz:
S. 146 u.

Bost, Gerald, Berlin:
S. 155 u.

Rogozinski, Kai, Gollmitz:
S. 165

Franke, Michael, Berlin:
S. 173 o.

Martens, Dr. Ute, Dannenwalde:
S. 173 m.

Graf, Gerd, Dinkelmühle Tannheim: S. 177 o.

Mühlen- und Heimatverein Garbe e.V.: S. 177 u.

Archiv Internationales Mühlenmuseum Gifhorn:
S. 178 u.l.

Blümner, Ulrich, Dipl.-Ing. (FH):
S. 184 u.

fotolia/Markus Dick: S. 97

Heimann, Ilona:
S. 15 o.l., 167 u., 173 u., 174 u., 176 o.

terra press:
S. 10, 108 u., 138, 178 l.

bpk/:
S. 27 l. (A. Waterloo), 171 (Schwarz), 99 m.

Adressen

Deutsche Gesellschaft für Mühlenkunde und Mühlenerhaltung (DGM) e.V.
Schwarzer Weg 2 (Mühlen-Bauhof)
32469 Petershagen-Frille
Tel.: 05702-2694
Fax: 05702-4963
info@muehlen-dgm-ev.de
www.muehlen-dgm-ev.de

Verein zur Erhaltung der Wind- und Wassermühlen in Schleswig-Holstein und Hamburg e.V.
Dieter Haack (Geschäftsführung)
Klinter Weg 19 a
24787 Fockbek
Tel.: 04331-182310, Fax: 1812310
dieter.haack@eon-hanse.com
www.muehlen-im-norden.de

Mühlenverein Mecklenburg-Vorpommern e.V.
Jürgen Kniesz (Vorsitz)
Lindenstraße 38
17192 Waren/Müritz
Tel.: 03991-177106, Fax: 177138
j.kniesz@muehlenverein-m-v.de
www.muehlenverein-m-v.de

Vereinigung zur Erhaltung von Wind- und Wassermühlen in Niedersachsen und Bremen e.V.
Rüdiger Heßling (Vorsitz)
Engelkestraße 46
28279 Bremen
Tel.: 0421-832271
r.hessling@arcor.de
www.muehlenland-niedersachsen.de

Arbeitskreis Mühlen Sachsen-Anhalt e.V.
Helmut Notzke (Vorsitz)
Ouluer Straße 23
06130 Halle
Tel.: 0345-4721445

Mühlenvereinigung Berlin-Brandenburg e.V.
Maulbeerallee 5 14469 Potsdam
Tel.: 0331-5506851, Fax: 5506853
Ansprechpartner: Torsten Rüdinger
geschaeftsstelle@muehlenvereine-online.de
www.muehlenvereine-online.de

Westfälisch-Lippische Mühlenvereinigung e.V.
Willi Niemann (Geschäftsführung)
Theo-Breider-Weg 1
48149 Münster
Tel.: 0251-9812012, Fax: 9812040
info@muehlenhof-muenster.org

Rheinischer Mühlenverband e.V.
Jochen Ciosz (Geschäftsführung)
Valkenburger Straße 45
52525 Heinsberg
Tel.: 02452-131005, Fax: 131095
jochen.ciosz@kreis-heinsberg.de
www.muehlenverband-rheinland.de

Mühlenverein im Kreis Minden-Lübbecke e.V.
Hartmut Heinen, Friedrich Rohlfing (Geschäftsführung)
Schwarzer Weg 2
(Mühlen-Bauhof)
32469 Petershagen-Frille
Tel.: 05702-2694 u. 4863
Fax: 05702-4963
h.heinen@minden-luebbecke.de
f.rohlfing@minden-luebbecke.de
www.muehlenverein-minden-luebbecke.de

Hessischer Landesverein zur Erhaltung und Nutzung von Mühlen (HLM) e.V.
Samuel Mink (Geschäftsführung)
Müllerweg 39, 35410 Hungen
Tel.: 06402-512866, Fax: 512867
info@hessischermuehlenverein.de
www.hessischermuehlenverein.de

Thüringer Landesverein für Mühlenerhaltung und Mühlenkunde (TVM) e.V.
Alfred Kirsten (Vorsitz)
Mittelhäuser Straße 3
99089 Erfurt
Tel.: 0361-7913874

Sächsischer Mühlenverein e.V. Geschäftsstelle: Lehmannmühle
01665 Klipphausen
Tel.: 035204-48484
Ansprechpartner: Thomas Kunz
kontakt@saechsischer-muehlenverein.de
www.saechsischer-muehlenverein.de

DGM-Landesverband Rheinland-Pfalz und Saarland e.V.
Dr. Helmhold Schneider (Vorsitz)
Postfach 1460
57604 Altenkirchen
Tel.: 02681-807105, Fax.: 7165

Bayerischer Landesverband für Mühlenkunde und Mühlenerhaltung e.V.
Hans Georg Walzer (Vorsitz)
Wölzlstraße 2
81929 München
Tel.: 089-931659, Fax: 12593662
hans@walzer-muenchen.de
www.muehlenverband-bayern.de

DGM-Landesverband Baden-Württemberg e.V.
Dr. Ulrich Höppner (Vorsitz)
Glaserweg 18
79871 Eisenbach
Tel.: 07657-400
uhoeppner@z.zgs.de

Register

Das Register soll helfen, Fachbegriffe aus der Mühlentechnik schneller aufzufinden, um – buchstäblich – besser mitreden zu können. Es enthält eine Auswahl, jedoch keine vollständige Auflistung der im Buch enthaltenen technischen Begriffe. Im Register finden sich auch nicht alle Mühlenkomponenten, die mit einem eigenen Kapitel bedacht sind und im Inhaltsverzeichnis genannt werden.

A
Auflöser 127

B
Bock 54, 56, 67, 75, 76, 77
Boden 68, 85, 89, 129
Bodenstein 12, 118, 133
Brechstuhl 122
Bremse 57, 64, 69, 72, 83, 84, 85, 86
Bunkler 72, 89, 108
Bütte 36, 117, 119, 141

D
Dachkappe 81
Daumenwelle 141, 151
Drehheck 64, 65
Durchfahrtholländer 84
Durchströmturbine 42, 46, 47, 48

E
Eckstiel 68
Einlaufschütz 24

F
Federjalousie 63
Feinmüllerei 117
Felgen 31, 33
Flachmüllerei 119, 120
Flucht 54
Flügel 53, 54, 55, 56, 57, 59, 60, 62, 64, 65, 68, 69, 73, 79, 81, 83, 84, 85, 86, 88, 99, 137, 181
Flügelkreuz 53, 56, 58, 60, 62, 63, 67, 68, 69, 73, 81, 86, 87, 88, 89, 94, 100, 108, 115, 166
Flügelrute 54, 55, 64, 65
Flügelwelle 53, 56, 60, 61, 68, 69, 71, 72, 73, 76, 89, 100, 108
Francis-Turbine 42, 45, 46

G
Gangwerk 89
Gerbgang 144
Gerinne 23, 31, 32, 33, 40
Geschirr 140, 141
Geschoss 68, 75, 79
Glattwalzenstuhl 127, 134

H
Hammer 67, 68, 143
Haspel 68, 87
Haube 83
Haue 118
Hauptheck 55, 56, 57, 64, 65
Hausbaum 67, 68, 72, 77
Heckscheite 55, 56, 57
Heckwerk 54, 55, 56, 59
Hochholländer 85

J
Jungferntür 59

K
Kaltvermahlung 135
Kammrad 36, 38, 69, 71, 72, 73, 76, 81, 89, 108, 148
Kaplan-Turbine 42, 45, 46
Kappe 79, 80, 81, 83, 84, 85, 86, 87, 88, 89, 92, 108, 166, 184
Kettenzug 87, 89
Kleiekotzer 119
Koker 54, 72, 154
Kollergang 115, 132, 133, 142, 143, 146
Kollerstein 143
Königswelle 38, 71, 72, 73, 76, 81, 89, 108
Korbrad 69, 72, 73, 108
Kreuz 56
Kulisse 24
Kunstmühle 101, 123

L
Lamellen 46, 60, 94
Lamellenflügel 60
Läuferstein 38, 117, 118, 133, 134
Leerschussgerinne 24
Lichtewerk 36, 117, 118
liegendes Zeug 38
Löffelradantrieb 28, 40
Luftfurchen 118, 123

M
Mahlbahn 118
Mahlbalken 123
Mahlpost 129
Mahlspalt 118, 122, 135
Mahlwerk 36, 81
Mehlkasten 119
Mehlleisten 68
Mehlpfeife 119
mittelschlächtig 28
Mühleisen 36, 38, 118, 135
Mühlengebäude 27, 38, 41, 48, 67, 75, 79, 83, 88, 94, 101, 104, 107
Mühlenkasten 67, 68, 72, 73, 75, 77
Mühlgraben 19, 20, 21, 22
Mühlstein 9, 17, 36, 40, 100, 117, 118, 120, 122, 139, 186, 189

N
Nassmahlgang 135

O
Obereisen 118
oberschlächtig 28

P
Pansterrad 35
Passage 123, 124
Plansichter 112, 125, 126
Poldermühle 154
Ponceletrad 35
Prallschäler 131

Q
Quetschstuhl 122

R
Radachse 33
Radarm 30
Radkammer 27
Radkranz 30, 34
Radwelle 25, 28, 29, 30, 31, 33, 35, 38
Radzellen 24, 31, 32
Rechen 22, 44
Remklappen 55
Riffel 123, 124
Rinne 23, 122, 139
Rollenkranz 75, 77, 88
Rührwerk 133, 134
Rumpfzeug 36, 117
Rute 53, 54, 55, 56, 57
Rüttelschuh 117, 118

S
Sagebienrad 28, 32, 33
Saumleisten 55, 57
Scheuermaschine 122
Schlagleistenrotor 122
Schmirgelmantel 122
Schöpfräder 73, 154, 155
Schrick 68
Schroten 93, 119, 123, 128
Schrotgang 118, 123, 159
Schützentafeln 21
Schützenwehr 21
Schutzgitter 22
Schwemmbalken 22
Sechskantsichter 119, 124
Sichter 76, 77, 119, 124, 127
Siebkästen 125
Siebmaschine 122, 125
Speichen 30, 31
Spindel 69, 71, 135
Spitzgang 122
Sprengschärfe 123
Stahlblechschaufeln 97
Stampfhämmern 141
Stampfmühle 117, 142, 145
Stampfwerk 140, 141, 144
Standfinken 67
Staubohlen 21
Stauteich 19
Stauwehr 19, 20, 21
Steert 68, 72, 73, 75, 76, 86, 87, 89, 108
stehendes Zeug 38
Steinauge 117, 118
Stempel 133, 145
Stockrad 36, 38, 73, 89
Stoßbalken 145

T
Topp 56

U
Untereisen 118, 135
unterschlächtig 28

V
Vorheck 55, 60, 64, 65
Vor- und Hauptheck 55, 56, 64

W
Walzenstuhl 76, 77, 99, 120, 127, 138
Wasserkraftanlage 20, 49, 156
Wasserrad 18, 19, 22, 24, 25, 26, 27, 28, 30, 31, 32, 33, 34, 37, 38, 40, 41, 48, 91, 99, 108, 115, 135, 139, 141, 148, 150, 157, 168, 188, 189
Wasserradwelle 19, 28, 29, 31, 35, 36, 38, 40, 148, 150
Wasserturbine 22, 24, 40, 49, 108, 157
Wellkopf 53, 54, 59
Windkünste 137
Windrose 75, 76, 81, 83, 87, 88, 89, 100
Windsichter 131
Wurfsichter 124, 125, 182

Z
Zentrifugalsichter 124
Zuppingerrad 24, 32, 33, 34, 47

Impressum

Kleine Mühlenkunde
Torsten Rüdinger und Philipp Oppermann

Herausgeber:
Deutsche Gesellschaft für Mühlenkunde und Mühlenerhaltung (DGM) e.V.

eine Marke der terra press GmbH Berlin/Potsdam
Albrechtstraße 18, 10117 Berlin
Maulbeerallee 5, 14469 Potsdam
Tel.: 030-847124642
info@terra-press.de
www.terra-press.de

Satz und Gestaltung: terra press GmbH

Druck: TZ-Verlag & Print GmbH

Grafiken: Rüdiger Hagen

Fotos: siehe Abbildungsverzeichnis S. 190,
alle übrigen die Autoren

Bibliografische Information der Deutschen Bibliothek:
Die Deutsche Bibliothek verzeichnet diese Publikation in der Deutschen Nationalbibliografie; detaillierte bibliografische Daten sind im Internet unter http://dnb.ddb.de abrufbar.

Alle Angaben in diesem Buch wurden nach bestem Wissen recherchiert. Sollten sich dennoch Fehler eingeschlichen haben, bedankt sich der Verlag für jeden Hinweis.

1. Auflage 2010
ISBN 978-3-9811626-7-7

Titel: Hilter Windmühle bei Lathen im Emsland (Niedersachsen)
Rücktitel: Eltzer Wassermühle bei Uetze (Niedersachsen) und Zeichnung der Wasserschöpfmühle Dykhausen (Niedersachsen)